U0315398

# 高浓度充填料浆管道挤压输送理论与应用

何哲祥　隋利军　著

北　京

冶金工业出版社

2013

# 内 容 提 要

本书概述了充填料浆管道水力输送的发展历程、充填料自流输送和泵压输送技术；重点阐述了充填料浆管道挤压输送方法思路的形成及原理，充填料浆单缸及双缸（并联）挤压输送模型，在机械力和重力的耦合作用下充填料浆的各种运动状态及受力分析，充填料浆管道挤压输送计算机模拟；介绍了首台管道挤压输送工业样机及挤压输送相关参数的确定方法与应用实例。

本书可供矿山及充填设备公司的技术人员阅读，也可供大专院校矿业类和机械类师生参考。

## 图书在版编目（CIP）数据

高浓度充填料浆管道挤压输送理论与应用／何哲祥，隋利军著 . —北京：冶金工业出版社，2013.6

ISBN 978-7-5024-6278-9

Ⅰ.①高… Ⅱ.①何… ②隋… Ⅲ.①高浓度—填充物—矿山运输—管道输送 Ⅳ.①TD5

中国版本图书馆 CIP 数据核字（2013）第 120934 号

出 版 人 谭学余
地　　址　北京北河沿大街嵩祝院北巷 39 号，邮编 100009
电　　话　(010)64027926　电子信箱　yjcbs@ cnmip. com. cn
责任编辑　于昕蕾　美术编辑　彭子赫　版式设计　孙跃红
责任校对　郑　娟　责任印制　张祺鑫
ISBN 978-7-5024-6278-9
冶金工业出版社出版发行；各地新华书店经销；北京百善印刷厂印刷
2013 年 6 月第 1 版，2013 年 6 月第 1 次印刷
148mm×210mm；7 印张；205 千字；212 页
**28.00** 元
冶金工业出版社投稿电话：(010)64027932　投稿信箱：tougao@cnmip. com. cn
冶金工业出版社发行部　电话：(010)64044283　传真：(010)64027893
冶金书店　地址：北京东四西大街 46 号(100010)　电话：(010)65289081(兼传真)
（本书如有印装质量问题，本社发行部负责退换）

# 前　言

自 1864 年在美国宾夕法尼亚州的一个煤矿区进行了第一次水砂充填以保护一座教堂的基础以来，水力充填技术已在国内外矿山广泛推广应用。但由于缺乏高浓度充填输送专用设备，充填料浓度普遍偏低，造成材料的严重离析、水泥的流失和料浆的离析，降低了充填体质量，增加了水泥耗量和充填成本，产生一系列问题。

相对于其他工业领域，矿山充填管道水力输送具有运输物料成分复杂、充填骨料粒径变化大、输送浓度差别大、输送距离长等特点。针对这些特点以及为了克服低浓度充填给采矿工艺带来的问题，发展高浓度泵压输送一直是矿山充填管道输送的一个发展方向。由于矿山充填料是一种低标号的混合物，其级配以满足采矿工艺的力学性能为基本原则，不像混凝土集料级配那样严格，因此，其泵送性能远不如混凝土。过去几十年来，在泵送混凝土的基础上发展起来的泵送充填技术仅在少数矿山得到应用。国外引入建筑混凝土泵技术的充填法矿山往往要在细骨料的尾砂中掺部分粗骨料，以满足泵对物料的基本要求。另外，泵送充填对泵的关键机构——阀门的耐磨和腐蚀性要求高，并且泵的结构复杂，造价与运行费用高。

充填料浆管道挤压输送方法是作者与同事们在多年矿山充填研究与实践的基础上，提出的一种除自流输送和传统泵压输送方法之外的第三种水力输送方法。与传统膏体泵送的不同之处在于，它利用充填管路中垂直管路及其内的充填料浆自重和浆体沿管边的屈服应力，取代正排量泵结构的心脏部分——分配阀门。

因此，输送设备本身的结构与混凝土泵相比要简化得多，并且易磨损件少，相应大幅度降低运行费用。此外，此输送设备能够直接安装在已建成的任何一个水力充填系统上，不需要对原有系统进行改造，因而投资费用低。挤压输送设备具有正压排量泵的作用，使得充填管道挤压输送方法能够继承高浓度／膏体泵送充填的优点。

在研究充填料浆管道挤压输送方法的过程中，作者得到了尹慰农、刘德茂、周爱民、谢开维、谢长江、张常青和谢续文等专家及相关企业的前期支持，得到了"九五"国家重点科技专题（攻关）计划"大倍线高浓度充填新工艺技术研究"、湖南省自然科学基金"充填料挤压输送过程中重力－机械力耦合作用的料浆流动特性"和"十二五"国家科技支撑计划"废弃矿区尾矿处理与循环利用技术及示范"等课题的资助。在本书的撰写过程中，得到了古德生院士的悉心指导，在此一并表示诚挚的感谢！

作　者

2013 年 3 月于中南大学

# 目　录

# 1  概　　述

## 1.1  矿山水力充填的早期发展

水力充填的历史可追溯至 19 世纪中叶。1864 年，在美国宾夕法尼亚州的一个煤矿区进行了第一次水砂充填以保护一座教堂的基础。1884 年，在该州的另一矿山曾将废渣用水力充填到井下以控制火灾。大约在 1909 年前后，南非的威特瓦特斯兰、德国的煤矿、澳大利亚与美国科罗多州的金矿，首先实行了水砂充填[20]。1932 年，美国的霍姆斯退克（Homestake）金矿开始采用水砂充填制止地表沉陷，由分级磨砂和水泥组成的充填料通过重力自流至采空区[21]。1949 年，芒特艾沙矿首次采用了脱泥后的铅尾矿作水砂充填料，1972 年，随着该矿新充填站的建立，质量浓度为 68% 的充填料用瓦曼（Warman）系列 A 型 6/4 高压密封离心式砂泵输送至井下[22]。在 20 世纪 40 ~ 50 年代，加拿大萨德伯里（Sudbury）盆地各矿山广泛采用分级尾砂水力充填[23]。我国水力充填始于 20 世纪 60 年代，湘潭锰矿从 1960 年开始采用碎石水力充填工艺，以防止矿坑内火灾。1965 年，锡矿山南矿为了控制大面积地压活动，首次采用了尾砂水力充填采空区工艺[24]。同年，金川龙首矿和凡口铅锌矿开始试验水砂胶结充填[25,26]。在 20 世纪 70 年代末之前，国内外矿山水力充填主要采用的是自流输送，在充填料浆临界流速和水力坡度方面，开展了大量环管试验并归纳出许多计算管道摩阻损失和临界流速的经验式[13,27]。

由于自流输送充填浓度低，给采矿工艺带来诸多问题，所以自 20 世纪 70 年代末开始，加拿大、南非、澳大利亚、德国、美国和中国等国家开始研究高浓度/膏体泵压输送充填技术[28~32]。

## 1.2  泵压输送充填

泵压输送充填是基于高浓度固液混合物的流变特性及其在管道

内的特有流动状态，并在泵送混凝土的基础上而发展起来的一种充填方式。膏体泵送充填可获得高密度的高质量充填体，在井下不需脱水，由于采用加压输送，则充填不受倍线的限制[33]。1979 年，德国普鲁萨格金属股份公司在格伦德铅锌矿开始试验泵送充填，采用经过改型的 BRA 2100H 型四活塞混凝土泵输送膏体充填[34,35]。1985 年，该矿正式采用泵送高浓度充填料，采用两台 160kW 经过改装的双活塞液压混凝土泵，输送距离达到 3500m，充填料浆浓度为71% ~82%[36~38]。1982 年，加拿大多姆矿（Dome Mine）开始研究高浓度充填工艺[14]。Inco 公司利瓦克（Levack）也在大约同期开发高浓度管道输送充填系统[39,40]。1986 年，利瓦克矿开始试验采用混凝土泵（Schwing BP 250）输送高浓度充填料[41]。为确定高浓度充填料的泵送特性，美国矿业局 Vickery 等人于 1989 年完成了 6 次大规模泵送试验，结果表明，在一定流量下，随管道直径减小，压力梯度增加[8]。南非在一座矿山建设了一套水力输送试验系统，利用Schwing KSP17 双缸正排量泵或 Warman AH3/2 离心泵进行环管试验，研究高浓度充填料浆输送的流变性能[42,43]。1991 年加拿大国际镍公司加森矿进行了泵送膏体充填料试验，充填料输送水平距离1006m，垂直距离 1036m，膏体充填料质量浓度为 84.7%[44]。除此之外，先后试验和采用泵送高浓度/膏体充填料的矿山还有德国瓦尔苏蒙煤矿(Ruhrkohle Walsum Colliery)和莫洛波(Monopol)煤矿[45]、加拿大 Louvicourt 矿[46]和 Morocco 矿[47,48]、美国 Lucky Friday 金矿[6]等。国内金川有色金属公司[49~52]、山东铝厂湖田石灰石矿[53]、济钢张马屯铁矿[17,54,55]、大冶有色金属公司铜绿山矿[56,57]、江西武山铜矿[58,59]等矿山先后试验和/或应用了泵送高浓度/膏体充填。

## 1.3　高浓度充填料流变特性

### 1.3.1　流型的分类

与单相流的流型分类不同，管道输送的固液混合状态属于两相流动问题。由于液体中掺入了固体物料，因此除了层流与紊流之分外，管道两相流的流型还要根据两相间的相对位置、相对含量和相对速度等划分为各种复杂流型[10,60~64]。几十年来，各国学者根据对流动机理的分析和实验提出了许多用来确定流型分类的标准，但是由于影响因素的复杂性和测试的困难，迄今对此尚无统一的看法。

充填料浆流一般可分为均质流、非均质流和复合流三大类。

均质流是指流体系统中，固体颗粒均匀分布在整个液体介质中。固体含量高且粒径细小的浆体基本上属于均质流或近似均质流。含有大量固体微粒的均质流体在输送时，常常使黏度迅速增大，呈现非牛顿流体的特性。除常见的井下污泥外，高浓度尾砂浆、高浓度水泥浆和高浓度棒磨砂浆都可呈现近似均质流。

非均质流是指流体系统中，固体颗粒不是均匀分布的，沿管道流动方向的垂直轴线有明显的浓度梯度，甚至在高流速时，在流体断面也有浓度梯度。流体相和固体相在很大程度上保持各自的特性。非均质流浆体与均质流浆体相比，一般固体颗粒含量较少而颗粒较大些，如普通的水砂充填料浆、低浓度分级尾砂充填料浆等。

复合流是介于均质流与非均质流之间的一种流型。

Wasp[65]从工程设计的实际考虑，提出用管道断面的垂向浓度分布作为一定量指标，即以管顶下 0.08 倍管径处的固体体积浓度 $C$ 与管中心处的体积浓度 $C_A$ 之比来作为判定均质性的指标。他认为 $C/C_A > 0.8$ 时为均质流，$C/C_A < 0.1$ 时为非均质流，值得注意的是，对于 $C/C_A = 0.1 \sim 0.8$ 的中间状态，Wasp 并没有说明属于哪一类流型，费祥俊[13]把它称为均质非均质复合流。表 1-1 列出了 3 类不同的流动状态及其主要特征。

表 1-1 均质流、非均质流和复合流的主要特征

| 名称 | 均质流 | 非均质流 | 复合流 |
| --- | --- | --- | --- |
| $C/C_A$ | $C/C_A > 0.8$ | $C/C_A < 0.1$ | $0.1 < C/C_A < 0.8$ |
| 载体 | 浆体本身 | 清水 | 两相载体 |
| 粒度 | 细颗粒 | 粗颗粒 | 粗细混合颗粒 |
| 流型 | 非牛顿体 | 牛顿体 | 非牛顿体 |
| 流态 | 层流或紊流 | 紊流 | 紊流 |
| 实例 | 高浓度煤浆或精矿浆 | 粗颗粒矿石水力输送 | 尾矿浆、灰渣浆、粗细颗粒矿石 |

## 1.3.2　高浓度浆体输送的流变模型

高浓度充填料浆是一种多项复合体，包含有不同粒级的粗骨料、尾砂、水泥和水，有时还包含一部分无机集料、添加剂或水泥代用品等材料。陈广文等[66]根据细颗粒在高浓度浆体输送中的作用，提出下列浓度判据：

$$C_{vc} = C_{vm}/P_{0.04} \qquad (1-1)$$

式中　$C_{vc}$——细颗粒浓度达到 $C_{vm}$ 时的浆体体积浓度；

$C_{vm}$——浆体浓度达到某一值时，其中细颗粒浓度；

$P_{0.04}$——物料中 $d \leqslant 0.04$mm 的细颗粒的百分比含量。

由式 1-1 可以判定，当浆体浓度 $C_v \geqslant C_{vc}$ 时，即为高浓度浆体，否则属低浓度浆体。

根据以上判据，计算出国内外几条商用管路输送物料浆体的高浓度临界值，见表 1-2。

表 1-2　国内外几条商用管路输送物料浆体的高浓度临界值[66]

| 管　路　名　称 | $P_{0.04}$ | 临界值 $C_{vc}$ | 实际输送浓度 $C_v$ |
|---|---|---|---|
| 加拿大 Mc Intrre 输煤管路 | 16 | 42 | 45 |
| 加拿大 Sheerness 输煤管路 | 18 | 37 | 45 |
| 加拿大 Lignife 输煤管路 | 16 | 42 | 33 |
| 美国 Black Mesa 输煤管路 | 17 | 39 | — |
| 澳大利亚 Keebla 铁精矿管路 | 15 | 45 | — |
| 中国大红山矿全尾砂管路 | 24 | 28 | — |

高浓度充填料浆性质复杂、影响因素多，而且某些参数的变化又不易控制，随着充填料浆浓度的提高，使胶结充填料浆的流变特性也逐渐发生变化，当浓度提高到一定时，充填料浆已从非均质的两相流体转变成似均质的结构流体，即流体的性质发生了质的变化，呈现非牛顿体特性，其特性之一就是存在屈服剪切应力 $\tau_0$。在输送中，只有当边壁剪切应力达到 $\tau_0$ 时，浆体才开始运动。由于 $\tau_0$ 的存

在，且输送过程中，浆体的剪切应力从管壁处的 $\tau_w$ 变到管心处为零，管道中心还有一部分半径为 $r_0$ 的浆体不受剪切作用，以流核的形式运动着[65]。因此，在水流结构上，管道中运动浆体可划分为流核区和非流核区，如图 1-1 所示。在流核区，浆体的速度梯度 $du/dr = 0$，且不存在速度脉动和浓度梯度；在非流核区，速度梯度 $du/dr \neq 0$，同时存在浓度梯度[66]。随着输送速度的变化，非流核区内可能出现层流流态，也可能为紊流流态。

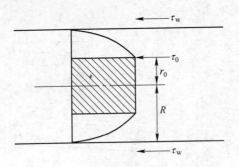

图 1-1 高浓度浆体输送的水流结构

图 1-2 是金川公司全尾砂料浆剪切应力与剪切速率的关系曲线[67]，从图中可以看出，当质量浓度达到 77% 左右时，剪切应力与剪切速率的关系呈线性，当浓度降低时，便发生剪切稀化，剪切速

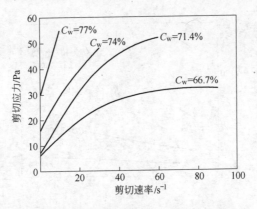

图 1-2 剪切应力与剪切速率的关系曲线

率的增长比剪切应力要快。于润沧等试验证明，金川全尾砂膏状充填料可以近似地由宾汉姆模型来描述[63]。

Wingrove 等[11]对南非西部地区金矿的尾矿管道试验结果见图 1-3 和图 1-4，从图中可以看出，膏体总是呈某种屈服应力状态，其屈服应力值随质量浓度增大而提高。这种线性关系表示出随质量浓度加大而产生一种伪塑性体特性曲线的某种宾汉型流体。西部地区金矿的尾矿泥还表现出触变特性，图 1-5 表示用黏度计测定尾矿黏度所得出的这种触变特性。

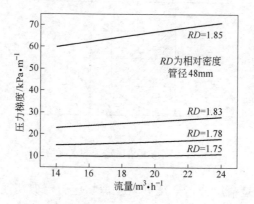

图 1-3 直径 48mm 的管道中尾矿的管道摩擦损失

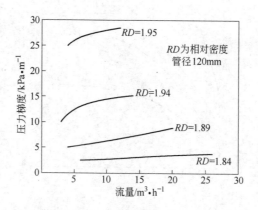

图 1-4 直径 120mm 的管道中尾矿的管道摩擦损失

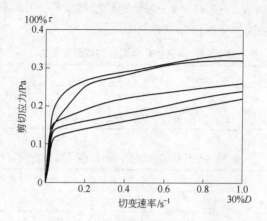

图 1 - 5　西部地区金矿尾砂的触变特性

综合国内外的研究[69~76]，对于高浓度充填料浆，普遍用赫谢尔－布尔克莱（Hershel-Bulkey）流变模型来描述高浓度充填料浆的流变方程，即：

$$\tau = \tau_0 + \mu \left( \frac{\mathrm{d}u}{\mathrm{d}r} \right)^n \qquad (1-2)$$

式中　$\tau$——半径为 $r$ 处的剪切应力，Pa；

　　　$\tau_0$——屈服应力，Pa；

　　　$\mu$——黏度系数，Pa·s；

　　$\mathrm{d}u/\mathrm{d}r$——剪切速率，$\mathrm{s}^{-1}$；

　　　$n$——流变特性指数，$0 < n < 1$。

流变特性指数 $n$ 对料浆的浓度非常敏感，并随浓度的提高而逐渐增加，最后接近于1。由于料浆触变性的影响，黏度系数表现为剪切速率的函数，随剪切速率的增加而减小，但变化范围不大，黏度系数和流变特性指数都需经试验求得。

当充填料浆的浓度超过临界浓度，形成在静止状态下颗粒不沉淀，可保持一定形状的膏状浆体时，流变方程1-2可以简化为：

$$\tau = \tau_0 + \mu \left( \frac{\mathrm{d}u}{\mathrm{d}r} \right) \qquad (1-3)$$

充填料浆的 $\tau_0$、$\mu$ 值主要是由组成料浆的材料和料浆浓度决定的。表 1 - 3、表 1 - 4 和表 1 - 5 分别是招远金矿、凡口铅锌矿和金川公司试验测得的全尾砂充填料浆的屈服应力[77]。

**表 1 - 3　招远金矿全尾砂料浆屈服应力**

| 项　目 | 全 尾 砂 浆 | | | | 另加 5% 水泥 | |
|---|---|---|---|---|---|---|
| 浓度 $C_w$/% | 75.1 | 76.0 | 77.3 | 78.0 | 76.0 | 77.2 |
| 屈服应力 $\tau_0$/Pa | 53.9 | 69.6 | 109.8 | 168.6 | 74.5 | 79.4 |

**表 1 - 4　凡口铅锌矿全尾砂料浆屈服应力**

| 项　目 | 全尾砂浆 | | 灰砂比 1:8 | | 灰砂比 1:4 | |
|---|---|---|---|---|---|---|
| 浓度 $C_w$/% | 67.17 | 72.57 | 70.01 | 71.97 | 70.31 | 72.74 |
| 屈服应力 $\tau_0$/Pa | 43.60 | 170.09 | 102.23 | 187.78 | 95.52 | 175.59 |

**表 1 - 5　金川公司全尾砂料浆屈服应力**

| 项　目 | 全 尾 砂 浆 | | | 灰砂比 1:4 |
|---|---|---|---|---|
| 浓度 $C_w$/% | 72.2 | 75.8 | 78.9 | 78.1 |
| 屈服应力 $\tau_0$/Pa | 144.4 | 271.5 | 564.5 | 208.7 |

德国埃森矿业公司利用管式黏度计测定选厂尾砂加电厂粉煤灰浆体的流变参数，当质量浓度 $C_w = 67.6\%$ 时，其屈服应力值 $\tau_0 = 92.99\text{Pa}$[64]。

## 1.4　高浓度充填料管道输送设备

目前用于矿山充填的泵送设备主要是以下三类：

(1) 低扬程的离心泵，包括衬胶泵、瓦曼泵及渣浆泵；

(2) 高压力的往复泵（即正排量泵），如柱塞泵、活塞泵等，前者具有更良好的抗蚀性；

(3) 介于离心泵和往复泵之间的隔离泵，如油隔离泵、水隔离泵（又称球隔离泵）、膜隔离泵等。

### 1.4.1　离心式浆体泵

离心式浆体泵由泵内叶轮旋转将动能转化为压力能，泵内没有密封线，其流量随输出压力的变化而有较大幅度的改变。离心式浆体泵，因它的压力头有限，机壳耐压低和整机效率较低，属于低扬程泵。近年来离心式浆体泵技术发展很快，在寿命、扬程和效率方面都有很大的提高。例如 A. R. 威尔弗利父子公司生产 HD 系列重渣浆泵，采用水压密封设计，由于不与叶轮产生摩擦接触，可长时间干式运转[78]。环保技术泵系统公司已改进了人造橡胶材料和固结方法，提高了复合型渣浆泵内衬的稳定性，从而可防止因气蚀、冲击或其他破坏引起内衬的脱落。GIW 工业公司 LCC2R 渣浆泵用的天然橡胶或合成橡胶经硫化处理压在金属背板上和装在对开的泵壳、进出口法兰和填料盒等部件上，以保持内衬的完整性。现为 ITT 流体技术集团分公司的古尔兹泵公司利用超厚的合成橡胶作 SRL/ SRL - XT 系列重型渣浆泵的内衬，以增强抗磨损性和减少扭曲变形[79]。煤炭科学院唐山分院设计的 ZJ 耐磨型渣浆泵，流量为 $30 \sim 1800 \mathrm{m}^3/\mathrm{h}$，扬程为 $5 \sim 120 \mathrm{mH}_2\mathrm{O}$（$1 \mathrm{mH}_2\mathrm{O} = 9.8 \times 10^3 \mathrm{Pa}$）[80]。澳大利亚瓦曼公司生产的瓦曼泵，是一种高效率耐磨离心泵，适用于输送各种浓度的浆体，流量为 $10 \sim 5400 \mathrm{m}^3/\mathrm{h}$，扬程为 $6 \sim 95 \mathrm{mH}_2\mathrm{O}$，可以多级串联使用，以增加输出压力。石家庄水泵厂生产的 250PN 泵，也是一种新型的耐磨离心泥浆泵，该泵流量为 $1200 \mathrm{m}^3/\mathrm{h}$，扬程为 $90 \mathrm{mH}_2\mathrm{O}$[81]。

离心泵因扬程较低，多用于距离较短的管道。限于泵的结构形式，使承受高工作压力的泵壳在机械连接上有困难，多级串联的离心泵，其输送压力也不宜超过 4.5MPa。又因接触浆体的泵的零件因磨损而需要定期更换，所以离心泵必须有备用泵。在长距离管道中，离心泵用作喂料泵。

## 1.4.2 隔离泵

浆体泵的最大特点或缺点之一是磨损较严重，泵的使用寿命低。为提高浆体泵的使用寿命有两种途径：一种是从过流部件的材质入手，研制出更加耐磨耐蚀的材质；另一种是把浆体隔离在泵体之外，即泵体本身不直接接触浆体，此种形式的泵即为隔离泵。隔离泵的种类很多，目前，国内长距离浆体输送采用的高扬程浆体泵主要有活塞式隔膜泵（荷兰）、柱塞泵（美国）、水隔泵、油隔泵、喷水柱塞泵等。这些泵种输送浆体的粒径都小于 2mm，不适于大颗粒浆体输送系统。马露斯泥浆泵在技术上解决了泥浆进入活塞的难题。1968 年，在日本秋田县到能代市之间，68.1km 的无中继全程管道输送成功，推进了水力输送技术的发展[82]。太白金矿采用 PZNB 型喷水式柱塞泥浆泵，输送距离为 7km，尾矿浆浓度为 40%，压力为 4MPa[83]。吴畏等研究的水隔离浆体泵在岩金地下矿山采场充填的应用中，尾矿浓度达 69%[84]。张宏艺介绍了往复式隔膜泵在鞍钢集团鞍山矿业公司高浓度尾矿浆输送技术中的应用[85]。沈阳大学浆体输送研究所研制的一种新型高扬程水隔泵，已成功地应用于云南大红山铜矿，广西大新锰矿等有色、黑色矿山中[86]。鲁中冶金矿山公司选矿厂采用 YTB 型油隔离泵输送高浓度尾矿，尾矿浓度为 30% ~ 35%[87]。

### 1.4.3　正排量泵

与离心泵相比，正排量泵有很高的输送压力。正排量泵有活塞泵和柱塞泵两种，柱塞泵的最大压力达 24 ~ 28MPa，并配备有清水冲洗系统，以保证工作过程中柱塞上不存在磨蚀性固体颗粒。活塞泵输送流量较大，但输送压力低于柱塞泵，最大压力为 17 ~ 20MPa。

正排量泵由两个主要部分组成，即动力端和输液端。动力端部分将原动机的旋转运动转换成输液端部分需要的往复运动，是一个装配式的钢制箱，内装曲轴、连杆、十字头、十字头导承和其他辅助零部件。输液端对柱塞泵来说一般由三个单作用柱塞、单独或整体并列的工作缸和每个缸的吸入阀及排料阀组成。三个工作缸中的柱塞成 120°角，做往复运动，其容积交替增加和减少，从而实现连续的吸浆和排浆。在活塞泵中，单作用或双作用的活塞代替了柱塞[88]。

正排量泵常受磨损的部件有阀门、阀座、柱塞或活塞的密封圈、柱塞或缸的衬套等。对于高磨蚀性浆体，这些易损件的寿命一般只几百小时。因此，易损件寿命短，备件费用高是正排量泵的缺点之一[13]。

正排量泵是长距离浆体管道的主泵，在国外经过较长时间的考验，性能是比较好的。但由于结构复杂，维护困难，流量偏小等，柱塞泵在中、低压浆体输送系统中较少采用。

1959 年，施维因（Schwing）公司生产了世界上第 1 台全液压混凝土泵[89]。该泵用油做工作液体驱动活塞和阀门，使用后用压力水冲洗泵缸和输送管。由于全液压混凝土泵功率大、振动小、排量大、可输送距离远，并可无级调速，活塞还能逆向动作，将输送管中将要堵塞的混凝土拌和物吸入工作缸中，以减少堵管的可能性，特别是物料分配阀的不断改进，使设计制造和泵送技术方面日趋完善，为大规模应用于实际工程创造了条件。

矿山膏体充填泵是在建筑工程混凝土泵的基础上发展起来的，是由德国混凝土泵制造商 – PM 公司与 Preussag 公司合作在格隆德铅锌矿研究成功的。目前已在世界上一些国家的矿山推广应用。不同国家的膏体充填系统与设备见表 1 – 6[89,90]。

**表 1–6 不同国家的膏体充填系统与设备**

| 年份 | 国家及矿山名称 | 主要应用条件 | 设备型号 |
|---|---|---|---|
| 1979 | 德国格隆德铅锌矿 | 下向充填，开采深度 600m，35m³/h，5MPa | BRA2100 ×2，160kW |
| 1985 | 南非 JCI 公司库克（Cooke）3 号金矿 | 房柱法，开采深度 800m，50m³/h，5MPa，250000m³/a | KOS2160 ×2，132kW |
| 1985 | 南非 ACC/Welcome | 扩大研究包括破碎、脱水、搅拌与泵送，60m³/h，10MPa | KOS2100，132kW |
| 1987 | 英国 Fairclough 土木工程 | 老的矿房和矿柱回采，深度接近 80m，120m³/h，4MPa | KOS2180，90kW |
| 1988 | 美国 Lucky Friday 铜铅锌银矿[6] | 下向充填，开采深度 1600m，60m³/h，3MPa | KOS2176，90kW |
| 1988 | 南非 ACC 公司 Freddies 5 金矿 | 长壁法开采深部盲矿体，深1300m，80000m³/a | BRA1406E，160kW KOS1467E |
| 1988 | 德国 Ruhrkohle Monopol 煤矿 | 长壁法作业，开采深度 1000m，100m³/h，6MPa | KOS3080，160kW |

| 年份 | 国家及矿山名称 | 主要应用条件 | 设备型号 |
|---|---|---|---|
| 1989 | 金川公司二矿区[49~52] | 下向进路充填，50m³/h，5MPa | KOS2170,132kW,KOS2140×2,132kW |
| 1989 | 奥地利布莱堡铅锌矿 | 分段充填法，开采深度500m，35m³/h，8MPa | KOS2160HP，160kW |
| 1990 | 德国 Ruhrkohle Walsum 煤矿 | 长壁法回填采空区，开采深度900m，100m³/h，12MPa | KOS3080×2×500kW，1×630kW |
| 1992 | CSFR OKD Dul Pascov 煤矿 | 长壁法作业，开采深度1000m，60m³/h，6MPa | KOS1470HP，160kW |
| 1992 | Moroccan 铅锌矿[47,48] | 分层充填，开采深度500m，115m³/h，6MPa | KOS2180HP，160kW |
| 1993 | 俄罗斯 Norilsk 镍矿 | 空场采矿嗣后充填，采深度100m，300m³/h，5MPa | KOS2160，200kW |
| 1994 | 山东铝厂湖田矿[53] | 倾斜分条充填，36m³/h | 液压双缸活塞泵 |
| 1994 | 铜绿山铜矿[56,57] | 分层充填，50m³/h，6MPa | KOS2180×3，220kW |
| 1994 | 加拿大 Louvicourt[46] | 185t/h | Putzmeister 混凝土泵 |
| 1996 | 葡萄牙 Sominor 公司 Noves Corvo 铜矿 | 巷道充填与梯段充填，环管试验65m³/h，11.5MPa | KSP86×2，120kW |
| 1996 | 济钢张马屯铁矿[54,55] | 阶段空场充填，29m³/h | 混凝土泵，80kW |
| 1997 | 金川公司二矿区[49~52] | 机械化盘区下向进路充填，80m³/h，12MPa | KSP140HDR×2,250kW×2/台 |

# 1.5　充填料管道自流输送

## 1.5.1　自流输送充填倍线

对于水力胶结充填来说，充填料输送方法的不同将产生诸如水泥离析流失、充填料浆浓度变化大等问题，这些问题直接影响充填质量。目前的充填料水力输送方法包括自流输送和泵压输送两种。

自流输送是以自身的势能为动力克服管道沿程阻力而流动，实现自流的条件是在系统中具备的势能必须大于充填料浆通过管道系统时克服沿程阻力所需消耗的能量。根据能量守恒的基本原则，自流的必要条件可用式 1-4 表示[91]。管道的长度（$L$）和管道进出口之间的高差（$H$）是决定料浆能否自流的关键因素：

$$H\gamma \geq IL \qquad (1-4)$$

式中 $H$——管道进出口之间的高差；

    $L$——管道长度；

    $\gamma$——充填料浆的密度；

    $I$——压力损失。

设计自流输送充填系统时，常暂不考虑局阻、无压区和负压区等的影响，而以"充填倍线 $N$"（$N = L/H$）来描绘系统自流输送的难易程度。如果 $N$ 值大，则表示系统输送困难，自流输送能力低，甚至不能实行自流输送[27]。

对于矿山充填来说，随着采区延伸，管线不断加长，倍线 $N$ 相应增大，输送能力逐渐降低，当倍线 $N$ 增大到极限值时，充填料浆停止自流。由式 1-4 可知，倍线 $N$ 必须小于比值 $\gamma/I$（即 $L/H \leq \gamma/I$）。在实际运行中，随着输送管道的延伸，垂直管道中充填料浆高度都在自行调整，以提供相应的压头，满足式 1-4 中的条件。式 1-4 表示的自流条件既适用于整个管道输送系统，也适用于管线的每个区段自流系统，这是判断整个输送系统能否实现连续自流的基本原则。

马树元等对阜新五龙煤矿水砂充填研究表明，充填倍线越大，充填料输送越困难，当倍线为 2~8 时，砂浆在管路中可正常运行；当倍线大于 8 时，充填作业不能正常进行[92]。表 1-7 是五龙煤矿充填倍线、水砂比（浓度）充填能力平均数值[92]。

表 1-7　五龙煤矿充填倍线、水砂比（浓度）充填能力平均数值

| 充填倍线 | 2~3 | 3~4 | 4~5 | 5~6 | 6~7 | 7~7.5 |
|---|---|---|---|---|---|---|
| 充填能力 /m³·h⁻¹ | 400~350 | 350~250 | 250~200 | 200~150 | 150~100 | 100~80 |
| 砂水比 | 1:2 | 1:2.5 | 1:3.5 | 1:4.5 | 1:5.5 | 1:6 |

　　方志甫根据安庆铜矿井下充填管网现状，结合西部马头山矿体和东部东马鞍山矿体的开拓及开采的延伸，研究了该矿各采区充填管网充填料浆输送参数与充填倍线，在料浆浓度为72%、充填料浆密度为2.103t/m³条件下，得出了不同流量的输送最大充填倍线（表1-8）[93]。

表1-8　料浆浓度72%时的最大充填倍线

| 料浆流量/m³·h⁻¹ | 最大充填倍线 | |
| --- | --- | --- |
| | 灰砂比 1:5 | 灰砂比 1:10 |
| 60 | 16.87 | 14.09 |
| 70 | 14.42 | 11.66 |
| 80 | 12.57 | 9.89 |
| 90 | 11.14 | 8.56 |
| 100 | 10.00 | 7.52 |
| 110 | 9.07 | 6.69 |
| 120 | 8.30 | 6.01 |

## 1.5.2　自流输送低浓度充填料浆对采矿的影响

　　受投资和地形等因素的限制，采用自流输送充填料浆的矿山，往往一套充填系统要服务较大范围的充填任务，造成充填倍线逐渐增大，为了将充填料输送至充填倍线较大的地点，不得不采用低浓度输送。由此给生产带来一系列问题[1,94]，包括由于料浆的离析脱水、带走部分水泥和尾砂中的细颗粒，严重地污染了井下环境，给排水、清仓造成麻烦；胶结充填中水泥随矿石进入选厂，会给选矿带来不良影响；充填料浆的离析，使充填体表层形成一层不凝结的稀泥，为采矿作业带来不便；更为重要的是，水泥的流失和料浆离析，降低了充填体的强度和均质性，保证不了矿柱的安全正常回采，也增加了充填成本；细粒级尾砂送往尾矿库后，增加了堆坝的困难；充填效率低，充入采场多余的水需要排至地表，增加排水费用；充填难以接顶，因为每分层分一次或多次充填，由于料浆浓度极低，大量的水从采场中滤出后，必然留下一定的空间而不能接顶；低浓度的充填料浆一方面泄水时带走大量细颗粒，另一方面所产生的静压常常压垮充填挡墙，造成料浆流向井下巷道，污染工作环境，增加巷道清理费用。例如，希腊 Stratoni 矿采用下向进路充填法开采铅锌矿体。由于输送存在困难，造成充填体梁常常发生破坏。因此，依靠多添加水泥来解决，造成充填成本增加，而新建一个充填站，在经济上又不合理[5]。武山铜矿采用简易的水力充填工艺，由于充填料浆浓度低，充填质量无法控制，使矿山达产、稳产几乎不可能[3]。金城金矿东季矿充填时常出现低浓度砂浆充入采场，导致胶结体产生离析层，影响胶结体整体性，时常出现落顶，为下分层采矿带来不安全因素[4]。目前的生产实践中，由于缺乏专用的充填料输送设备，充填料浆浓度低是一个较为普遍的现象。

## 1.6 泵压输送高浓度/膏体充填料的研究

泵送充填料是基于高浓度固液混合物的流变特性及其在管道内的特有流动状态，并在泵送混凝土的基础上而发展起来的一种充填方式。由于采用加压输送，则充填不受倍线的限制。由于充填料浓度高，相应地降低了水灰比，在充填料不脱水、水泥消耗量大幅度降低的条件下，仍可得到完整性好、强度高的优质充填体[95~97]。因此，泵送充填试验成功后，在一些矿山得到推广应用（参见表1-6）。

### 1.6.1 泵压管道输送的充填料粒级组成

泵送充填能否取得成功，取决于所制备的充填料流变特性和在管道流动及静止时的稳定性。由于高浓度充填料所具有的内聚力和黏性，在管道内的流动状态与传统的两相流动具有本质的区别，具有满管低流速的特点，在管道断面上全部或部分充填料流速一致形成所谓柱塞流。所以，泵送充填要求所制备的充填料具有一定的内聚力，而不至于在输送过程中特别是停泵时产生沉淀、离析而引起堵管。同时为了减少沿程阻力和局部弯道阻力，要求充填料具有良好的流动性和可塑性，对充填料的这些性质可用一个综合性指标可泵性来衡量。混凝土泵送实践表明，在混合充填料泵送设计中，选择适宜的集料及合理得当的级配是最为重要的[98]。

对于大多数矿山而言，最为广泛的充填料为尾砂、磨砂、山砂、戈壁集料、废石或其他工业废料。矿山充填料是一种低标号的混合物，其级配是以满足采矿工艺的力学性能为基本原则的，不像混凝土集料级配那样严格。因此，其泵送性能远不如混凝土。由于不能满足泵送的要求，在采用泵送膏体充填料的矿山常出现堵管现象。为解决充填料的级配问题，格隆德铅锌矿的经验是在尾砂中掺重选废石[9]。

图1-6是Verkerk等[10]推荐的在任何条件下均可泵送的两种膏体尾砂的粒度分布（曲线1和曲线2）和一种不可泵送的膏体尾砂的粒度分布（曲线3），对于不可泵送的膏体尾砂，在泵压输送时，将会产生管道堵塞或膏体尾砂在管道内滞留一段时间。

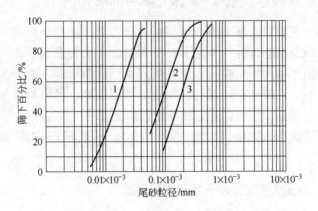

图1-6　可泵送或不可泵送膏体尾砂的粒度分布

Lerche等[37]推荐的混凝土和膏体充填料可泵送的粒级分布曲线框图见图1-7。图中标明了粗骨料范围、细粒级范围、混凝土的粒级范围以及充填混合料的粒级范围。配制膏体可选择的粒度范围较宽，从0~40mm皆可用，但要遵守一定的规则。德国以0.25mm为界，将充填料划分为粗粒级和细粒级。小于0.25mm的细集料与水混合形成浆体，黏附在粗颗粒的表面并填充其空隙。特别是$-20\mu m$

的超细粒级含量应大于20%，这是保持膏体稳定的决定因素。细集料浆体作为粗骨料载体，其体积与粗骨料孔隙体积之比应大于1。

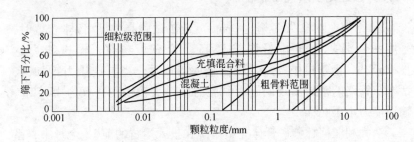

图1-7　混凝土和膏体充填料可泵送的粒级分布曲线框图

## 1.6.2　泵送设备易损件寿命

正排量泵常受磨损的部件有阀门、阀座、柱塞或活塞的密封圈、柱塞或缸的衬套等。南非约翰内斯堡联合投资公司（JCI）研究表明，正排量泵的高磨损率是由以下原因造成的[11]：（1）泵的排放工作压力高，达到40~60bar（1bar=0.1MPa）；（2）泵送速度高，为40~50m³/h；（3）连续运行工作制；（4）石英岩物料的磨蚀性；（5）井下环境条件。现在所使用的泵的关键性元件之一是泵缸与排料管之间的密封装置，这种密封装置由一种S形管构件及耐磨板和耐磨环组成。S形管是装在枢轴上的，而且当处在泵送工作状态时，S形管交替地将每个缸与排料管连通。耐磨环附着在S形管上并在耐磨板上横向滑动，而耐磨板又附着在缸壳上[89,98]。

据Wingrove[11]介绍，耐磨板和耐磨环的使用寿命平均为50h。但是，如果没有正确地调整好耐磨板与耐磨环之间的间隙，在开始泵送2~3min这样短的时间内，这种密封装置就有可能出现故障。这会使细石英岩颗粒被从两配合面间高速压出，导致泵送工作突然失效。

1996年，亨蒂金矿进行似高浓度泵送充填试验，采用2台正排量泵输送高浓度充填料浆，泵不能可靠地输送充填料，并且泵的球阀磨损大，试验结果表明长距离膏体泵送，在高压和磨损件方面对泵要求严格[12]。

### 1.6.3 泵送充填系统可靠性

Perry 等在加拿大多姆（Dome）金矿试验高浓度/膏体充填时，采用一台混凝土正排量泵输送高浓度充填料浆，输送能力达 $1.27m^3/h$，由于机械故障，试验未取得成功。当泵送压力增加时，活塞与管路的密封出现问题。试验时的最大输送距离仅为 45.72m，输送能力小于 $6t/h^{[14]}$。

澳大利亚柯林顿矿膏体充填系统在投入运行的前 18 个月中，系统运行不正常，出现的问题大多与管道磨损有关，后来在易磨损地段采用陶瓷和橡胶衬垫，减少磨损，从而大大减少停运时间[16]。

1993~1997 年，济钢张马屯铁矿在试验全尾砂泵送充填时，由于充填站制浆能力波动范围大，很难与泵送能力匹配，试验期间泵送平均充填能力只达到 $29m^3/h$，远低于泵的额定能力 $50m^3/h$，泵送试验未获得成功[54,55]。

高浓度/膏体泵送充填系统包括尾矿浓缩脱水工艺与设备、充填料浆制备工艺与设备、泵送工艺与设备、活化搅拌工艺与设备、计算机在线控制技术与装备等，系统庞大复杂，可靠性低。金川二矿区的膏体充填系统试运行期间整个系统的故障主要集中在过滤、粉煤灰系统和地表搅拌系统。这 3 个部分的故障总数占整个系统故障的 60%[99]。此外，由于系统的复杂性，对操作人员的要求高。

## 1.7 充填料管道输送的发展趋势

自 1864 年在美国宾夕法尼亚州的一个煤矿区进行了第一次水砂充填以保护一座教堂的基础以来，水力充填技术已在国内外金属矿山广泛推广应用。但由于缺乏高浓度充填输送专用设备，充填料浓度普遍偏低，造成材料离析严重，水泥的流失和料浆离析，降低了充填体质量，增加水泥耗量和充填成本，以及一系列问题，至今，世界上还没有专门为矿山充填开发的输送设备。

相对于其他工业领域，矿山充填管道水力输送具有运输物料成分复杂、充填骨料粒径变化大、输送浓度差别大、输送距离长等特点。针对这些特点以及为了克服低浓度充填给采矿工艺带来的问题，发展高浓度泵压输送一直是矿山充填管道输送的发展方向。然而，过去近几十年来，在泵送混凝土的基础上发展起来的泵送充填技术在国外少数矿山得到应用，国内少数公司或矿山先后引进泵送充填技术，但由于矿山充填料是一种低标号的混合物，其级配是以满足采矿工艺的力学性能为基本原则，不像混凝土集料级配那样严格。因此，其泵送性能远不如混凝土，国外引进建筑混凝土泵的充填法矿山往往要在细骨料的尾砂中掺部分粗骨料，以满足泵对物料的基本要求。另外，泵送充填对泵的关键机构——阀门的耐磨和腐蚀性要求高，并且泵的结构复杂，泵造价与运行费用高。由于存在上述诸多方面的技术问题和难点，导致实际上成功应用泵送充填的矿山较少。因此开发简单、可靠、实用的高浓度/膏体输送技术，仍是充填管道输送技术研究的重点。刘同有等[77]将高浓度充填料的管道输送技术的研究课题归纳为以下几个方面：

（1）一般料浆的管道输送；

（2）高浓度砂浆的管道输送特性及水力坡度计算；

（3）膏体的管道输送及减阻方法；

（4）充填料管道输送中产生的主要问题及其解决途径；

（5）充填钻孔的设计、施工与管理；

（6）管道输送充填料的新理论、新技术、新方法。

# 2  充填料浆管道挤压输送原理

## 2.1  充填料浆管道挤压输送方法

### 2.1.1  矿山充填料浆水力输送存在的问题

目前矿山充填料浆水力输送方法主要是自流输送和泵压输送两种[1]。采用自流输送充填料的矿山，为了将充填料输送至充填倍线大的地点，不得不采用低浓度输送，由此给生产带来诸如水泥的流失和料浆离析、增加排水费用、污染井下环境等一系列问题[2]。如武山铜矿采用简易的水力充填工艺，由于充填料浆浓度低，充填质量无法控制，使矿山达产、稳产几乎不可能[3]。金城金矿东季矿充填时常出现低浓度砂浆充入采场，导致胶结体产生离析层，影响胶结体整体性，时常出现落顶，为下分层采矿带来不安全因素[4]。希腊 Stratoni 矿采用下向进路充填法开采铅锌矿体，由于输送存在困难，造成充填体梁常常发生破坏。因此，依靠多添加水泥来解决，造成充填成本增加，而新建一个充填站，在经济上又不合理[5]。目前的生产实践中，由于缺乏专用的充填料输送设备，充填料浆浓度低是一个较为普遍的现象。

高浓度/膏体泵送充填是基于高浓度固液混合物的流变特性及其在管道内的特有流动状态，并在泵送混凝土的基础上而发展起来的一种充填方式。膏体泵送充填可获得高密度的高质量充填体，在井下不需脱水，由于采用加压输送，则充填不受倍线的限制[6,7]。因此，泵送充填试验成功后，在一些矿山得到应用。

然而，泵送充填对充填料的级配严格[8]，为解决充填料的级配问题，德国格隆德铅锌矿在尾砂中掺重选废石[9]。而对于大多数矿山而言，最为广泛的充填料为尾砂、磨砂、山砂、戈壁集料、废石或其他工业废料。其级配是以满足采矿工艺的力学性能为基本原则，不像混凝土集料级配那样严格。因此，充填料浆的泵送性能远不如混凝土。由于充填料级配不能满足泵送的要求，在采用泵送膏体/高浓度充填料的矿山常常出现堵管现象[10]。

此外，泵送充填普遍采用的正排量泵，受磨损的部件有阀门、阀座、柱塞或活塞的密封圈、柱塞或缸的衬套等。据 Wingrove 介绍，泵缸与排料管之间的密封装置的使用寿命平均为 50h[11]。亨蒂金矿试验表明，泵的球阀磨损大[12]。对于高磨蚀性浆体，这些易损件的寿命一般只有几百小时，所以易损件寿命短，备件费用高是正排量泵的缺点之一[13]。加拿大多姆（Dome）金矿采用一台混凝土正排量泵输送高浓度充填料浆，输送能力为 1.27m³/h，由于机械故障，试验未取得成功。当泵送压力增加时，活塞与管路的密封出现问题。试验时的最大输送距离仅为 45.72m，输送能力小于 6t/h[14]。

再者，高浓度泵送充填系统庞大复杂，故障率高。金川二矿区的膏体充填系统试运行期间整个系统的故障主要集中在过滤、粉煤灰系统和地表搅拌系统。这 3 个部分的故障总数占整个系统故障的 60%[15]。澳大利亚柯林顿矿膏体充填系统在投入运行的前 18 个月中，系统运行不正常，出现的问题大多与管道磨损有关，后来在易磨损地段采用陶瓷和橡胶衬垫，减少磨损，从而大大减少停运时间[16]。1993 ~ 1997 年，本书作者在济钢张马屯铁矿试验全尾砂泵送充填时，由于充填站制浆能力波动范围大，很难与泵送能力匹配，试验期间泵送平均充填能力只达到 29m³/h，远低于泵的额定能力 50m³/h，试验未获得成功[17]。

由于存在上述诸多方面的缺点，膏体泵送充填受到限制，至目前为止，实际上成功应用高浓度/膏体泵送充填的矿山甚少，尤其是国内。

针对矿山充填料自流输送和高浓度/膏体泵送方法存在的上述诸多缺点，著者基于以下思路提出了一种全新的高浓度充填料浆输送方法[18,19]。其思路是，在井下充填管路中间安装一种不同于传统正排量泵（混凝土泵）的挤压输送设备，在挤压输送设备的作用下，迫使充填料浆向充填管道出口方向流动，实现高浓度充填料的输送。

## 2.1.2 充填料浆管道挤压输送方法思路的形成

充填料挤压输送方法的形成是受到以下模型实验的启发。试验装置由 1 只漏斗、两根玻璃小管、1 根橡胶软管组成，见图 2 - 1。

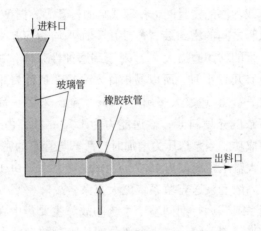

图 2 - 1 挤压输送模型实验示意图

两根玻璃管中间用橡胶软管连接，其中一根玻璃管垂直放置，其上部放置漏斗，另一根玻璃管水平放置。

实验时，从漏斗注入砂浆，在重力作用下，砂浆经垂直管向下流动至橡胶软管与水平管连接处附近，然后不再流动。此时，用手挤压橡胶软管，橡胶软管内砂浆向水平管出口方向移动，松开手指，橡胶软管恢复原状，垂直管内砂浆向下流动，充填橡胶软管。如此循环挤压橡胶软管，砂浆不断向水平管出口方向流动，直至流出。受上述实验现象启发，设想在井下充填管路中间安装一种不同于传统正排量泵的输送设备（图 2 - 2），在此输送设备的作用下，迫使充填料浆向充填管道出口方向流动，实现高浓度充填料的输送。与传统的膏体泵送充填的不同之处在于，它利用充填管路中垂直管路及其内的充填料浆自重和浆体沿管边的屈服应力，取代正排量泵结构的心脏部分——分配阀门。因此，输送设备本身的结构与混凝土泵相比要简化得多，并且易磨损件少，相应大幅度降低运行费用。

此外，此输送设备能够直接安装在传统的任何一个水力充填系统上，也不需要对原有系统进行任何改造，因而投资费用低。挤压输送设备具有正压排量泵的作用，使得新的充填管道输送方法能够继承高浓度/膏体泵送充填的优点。

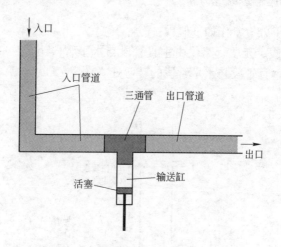

图 2-2　高浓度充填挤压输送原理示意图

## 2.2　管道挤压输送原理及分析

### 2.2.1　挤压输送基本原理

充填料挤压输送方法的基本思路是，在井下充填管路中安装挤压输送设备，输送装置主要由三通、挤压输送缸和活塞、动力执行部分、润滑辅助部分等组成。三通把整个充填管道分成两部分：连接三通的一个接口和从这个接口至充填料制备站进料口之间的管道称为入口管道；连接三通的另一个接口和从这个接口至充填采场的管道称为出口管道。三通的第三个接口与挤压输送设备的输送缸相连（图 2-2）。

输送料浆时，活塞在输送缸内作往复运动。当活塞回程时，输送缸内将产生一定的空腔，入口管道内的料浆在垂直管道内料浆自重的作用下，加速向三通方向移动，以填充输送缸；当活塞冲程时，活塞将输送缸内的料浆推入三通，此时，该方法利用入口管道内充填料自重、浆体的屈服应力和惯性力，代替了泵（正排量泵）的分配阀，使料浆流向出口管道，实现充填料的输送。

### 2.2.2 挤压输送原理分析

为便于分析，作如下假设：

（1）假定充填管路仅由垂直管段与水平管段组成，挤压输送设备安装在垂直管段与水平管段的转弯处（图2-3）。

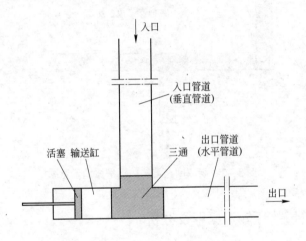

图2-3 挤压输送设备安装位置示意图

（2）管道内充填料浆不含气泡，在挤压输送设备的机械作用下，充填料浆体积变化很小，可视为不可压缩体，充填管道内料浆中任意一点的压力 $P$ 是向四周均匀传播的。

（3）充填料浆在管道内呈柱塞状运动，其运动方程可用下式表示[71~75]：

$$\tau_\omega = \mu_\beta \left( \frac{8v}{D} \right) + \frac{4}{3} \tau_0 \qquad (2-1)$$

式中　$\tau_\omega$——管壁处剪切应力，N/m²；

　　　$\mu_\beta$——塑性黏度，N·s/m²；

　　　$v$——管道内浆体平均流速，m/s；

$D$——管道直径，m；

$\tau_0$——浆体的屈服应力，N/m$^2$。

充填料浆沿程摩阻损失用式 2 - 2 计算[75]：

$$i = \frac{16}{3D}\tau_0 + \frac{32v}{D^2}\mu_\beta \qquad (2-2)$$

式中 $i$——沿程摩擦阻力，MPa/m。

由式 2 - 2 可知，管道输送阻力 $i$ 与管径成反比，与浆体平均流速成正比，与浆体的屈服应力和黏性系数成正比，在泵送充填管路系统一定的情况下，当浆体流速不变时，管道输送阻力随屈服应力 $\tau_0$ 和黏度系数 $\mu$ 的增加而增大。

（4）垂直管道、水平管道和挤压输送设备输送缸的直径相同。

基于以上假设，在垂直管段内距入口垂高为 $h$ 处微元 $A$ 的浆体的受力分析见图 2 - 4。$A$ 点的作用力为大气压强 $p_0$、重力、加速度惯性力和摩擦阻力。其中：

$$a_1 = \frac{\mathrm{d}v_1}{\mathrm{d}t} \qquad (2-3)$$

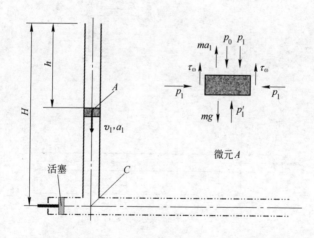

图 2 - 4　垂直管段浆体受力分析

在管段转弯处 $C$ 点浆体压力 $p_1$ 与浆体移动速度 $v_1$ 和浆体移动加速度 $a_1$ 呈如下单值分段函数：

当浆体向下运动时：$p_1 = p_0 + \gamma H - \dfrac{\gamma}{g} a_1 H - \left(\dfrac{16}{3D}\tau_0 + \dfrac{32}{D^2}\mu_\beta v_1\right)H$

当浆体静止时：　　$\gamma H - \dfrac{16}{3D}\tau_0 H < p_1 < \gamma H + \dfrac{16}{3D}\tau_0 H$

当浆体向上运动时：$p_1 = p_0 + \gamma H + \dfrac{\gamma}{g} a_1 H + \left(\dfrac{16}{3D}\tau_0 + \dfrac{32}{D^2}\mu_\beta v_1\right)H$

$$(2-4)$$

式中　$a_1$——垂直管内浆体加速度，$\mathrm{m/s^2}$；

　　　$p_1$——垂直管内任一点浆体压力，$\mathrm{kN/m^2}$；

　　　$p_0$——大气压强，$\mathrm{kN/m^2}$；

　　　$H$——垂直管总高度，$\mathrm{m}$；

　　　$\gamma$——浆体密度，$\mathrm{kN/m^3}$；

　　　$v_1$——垂直管内浆体运动速度，$\mathrm{m/s}$。

水平管段内任一距出口长度为 $l$ 的浆体微元 $B$ 的受力分析见图 2-5。

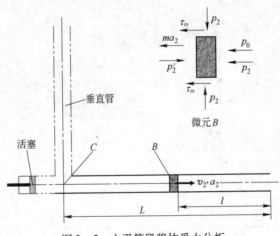

图 2-5　水平管段浆体受力分析

根据水平管内浆体受力分析，在管段转弯处 $C$ 点可得出如下方程式：

$$a_2 = \dfrac{\mathrm{d}v_2}{\mathrm{d}t} \qquad (2-5)$$

当浆体向管道出口方向运动时： $p_2 = p_0 + \left(\dfrac{16}{3D}\tau_0 + \dfrac{32}{D^2}\mu_\beta v_2\right)L + \dfrac{\gamma}{g}a_2 L$

当浆体静止时： $p_0 - \dfrac{16}{3D}\tau_0 L < p_2 < p_0 + \dfrac{16}{3D}\tau_0 L$

当浆体背向管道出口方向移动时： $p_2 = p_0 - \left(\dfrac{16}{3D}\tau_0 + \dfrac{32}{D^2}\mu_\beta v_2\right)L - \dfrac{\gamma}{g}a_2 L$

$$(2-6)$$

式中  $a_2$——水平管段内浆体加速度，$m/s^2$；

　　　$p_2$——水平管段内任一点浆体压力，$kN/m^2$；

　　　$L$——水平管段总长度，m；

　　　$\gamma$——浆体密度，$kN/m^3$；

　　　$v_2$——水平管内浆体运动速度，$m/s$。

垂直管道与水平管道转弯处浆体的流量平衡与受力情况分别见图 2-6 和图 2-7，从中可得出如下运动方程：

$$a = \frac{dv}{dt} \qquad (2-7)$$

$$v = v_2 - v_1 \qquad (2-8)$$

$$a = a_2 - a_1 \qquad (2-9)$$

式中  $a$——挤压输送设备输送活塞运动加速度，$m/s^2$；

　　　$v$——挤压输送设备输送活塞运动速度，$m/s$。

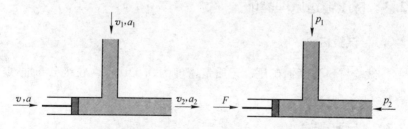

图 2-6  管道转弯处流量平衡　　　图 2-7  管道转弯处受力分析

由于垂直管道与水平管道转弯处尺寸与充填管道长度相比很小，根据浆体压力是向四周均匀传递的假设，则有：

$$p_1 = p_2 \qquad (2-10)$$

$$F = p_2 \times \frac{\pi}{4} D^2 \qquad\qquad (2-11)$$

式中　$F$——挤压输送设备输送活塞对浆体的作用力，N。

在由方程 2-3 ~ 方程 2-11 组成的具有分段函数的微分方程组中，有 10 个未知数 $p_1$、$v_1$、$a_1$、$p_2$、$v_2$、$a_2$、$F$、$v$、$a$ 和 $t$，如果已知挤压装置作用力 $F$ 随时间 $t$ 的变化 $F = F(t)$ 或运动规律 $v = v(t)$，则可通过解上述相关方程，求出管道内浆体的运动规律 $p_1(t)$、$v_1(t)$、$a_1(t)$、$p_2(t)$、$v_2(t)$、$a_2(t)$，亦即说明 $v_1$ 和 $v_2$ 有解。那么，对于某一具体充填系统，当充填管道长度、管径和充填料浆流变力学参数已知时，一定存在一个合适的挤压输送设备安装位置，将挤压输送设备安装在管路的此位置上，可以保证 $v_1 > 0$、$v_2 > 0$，从而实现浆体管道挤压输送，即当挤压输送设备输送缸活塞冲程时，水平管道内浆体加速向采场方向运动，而垂直管段内浆体减速向下运动，甚至静止不动或反向运动；当挤压输送设备输送活塞回程时，水平管道内浆体减速向采场出口方向运动，甚至静止不动或反向运动，而垂直管段内浆体加速向三通管方向运动。

在挤压输送设备作用循环周期内，存在 $v_1 > 0$、$v_2 > 0$，即入口管道内料浆向三通管方向运动，而出口管道内料浆向出口方向运动，则证明浆体管道挤压输送方法可行。

## 2.3　挤压输送原理验证

### 2.3.1　试验材料

试验材料为某铜矿尾砂，质量密度为 $3.02t/m^3$，粒级分布曲线见图 2-8。

### 2.3.2　自流输送

#### 2.3.2.1　倾斜管道自流输送实验装置

为了验证挤压输送原理的正确性，比较自流输送与挤压输送的效果，在挤压输送试验之前，进行了自流输送试验，以确定某一具体充填料浆可自流输送的最大充填倍线。为此专门设计了一套倾斜

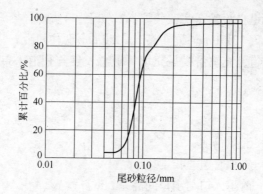

图 2-8 尾砂粒级分布曲线

管道自流输送实验装置（图 2-9）。

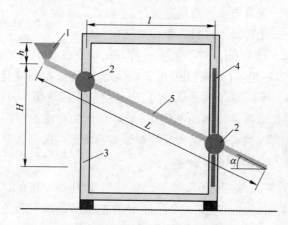

图 2-9 充填料浆自流输送实验装置

1—受料漏斗；2—固定用圆盘；3—槽钢架；4—滑动槽；5—料浆管

　　直径和长度一定的倾斜管道通过两定位套筒固定在由槽钢焊接而成的长方形框架上，松开定位套筒上的锁紧螺帽，一个定位套筒可绕固定点旋转，另一个则可沿滑动槽上下移动并旋转，这样可以根据需要调整管道的倾斜角度。测量管道的倾角，即可计算出充填倍线。试验时，将制备好的高浓度料浆加入受料漏斗，并不断地添料使漏斗内料浆面保持在同一高度。

倾斜管道自流输送实验装置参数如下：料浆管管径 $D = 26.8$mm；料浆管管长 $L = 3170$mm；漏斗高 $h = 150$mm；两柱间距 $l = 1200$mm。

我们知道，充填倍线是充填管道总长度与管道入口与出口间高差之比，即：

$$N = \frac{L}{H} \tag{2-12}$$

式中　$N$——充填倍线；

　　　$L$——充填管道总长度，m；

　　　$H$——管道入口与出口间高差，m。

参见图 2-9，倾斜管道的充填倍线 $N$ 可写为：

$$N = \frac{L}{L\sin\alpha + h} \tag{2-13}$$

式中　$\alpha$——管道与水平面角度，（°）；

　　　$h$——受料漏斗内料浆面相对高度，m。

从式 2-13 可知，对于某一设计好的倾斜管道自流输送实验装置，$L$ 和 $h$ 为一定值，充填倍线 $N$ 只随管道的倾角 $\alpha$ 而变化。改变 $\alpha$ 值，则可得到不同的 $N$ 值。试验时，当 $\alpha$ 值从大逐渐变小，直至某一值时，会出现充填料浆流不出的情况，此时可认为自流输送距离达到了极限，相应的 $N$ 值可视为某种充填料浆可自流输送的最大充填倍线。

### 2.3.2.2　料浆自流输送

试验的料浆浓度为 75.75%，料浆密度为 2.027g/cm$^3$，用倾斜管道实验装置试验并按式 2-13 计算的某矿料浆可自流输送的最大充填倍线 $N$ 见表 2-1。

表 2-1　某矿尾砂充填料可自流输送的最大充填倍线

| 序　号 | $\alpha$/(°) | $N$ |
|---|---|---|
| 1 | 18 | 2.8 |
| 2 | 19.077 | 2.7 |
| 3 | 20.765 | 2.5 |
| 4 | 19.926 | 2.6 |
| 平均 | | 2.6 |

### 2.3.3 挤压输送

#### 2.3.3.1 挤压输送设备及装置

为实验室试验专门设计了一台挤压输送设备，该设备采用曲柄连杆机构，由电机带动减速箱，减速箱输送轴与曲柄连杆相连，带动活塞在输送缸内作往复运动。挤压输送实验设备的结构参数为：

电机功率：1.5kW；

活塞缸内径：75mm；

活塞缸长：200cm；

活塞运动周期：5s。

试验装置由料斗、垂直管、水平管和挤压输送设备组成，见图2-10。输送管道直径为26.8mm，垂直段管长为3.6m。参照自流输送充填倍线的试验结果，保证料浆在重力作用下从入口流到挤压装置三通处，将挤压输送设备安装在水平管路中，距垂直管的距离为2.8m。出口管道长度根据试验情况变化。

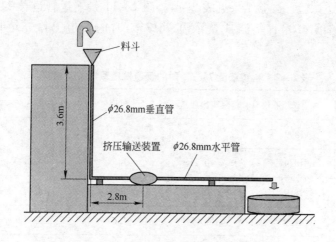

料斗

$\phi$26.8mm垂直管

3.6m

挤压输送装置　$\phi$26.8mm水平管

2.8m

图2-10　挤压输送试验装置示意图

#### 2.3.3.2 挤压输送试验步骤与方法

试验时，首先将尾砂制成高浓度砂浆，再将其注入试验装置的料斗中,尾砂浆在重力作用下,自流至水平管出口,同时记录在一定时间内流出的料浆质量。然后逐步延长水平管道,直至料浆在重力作用下不能流出时,启动挤压输送设备进行挤压输送,记录在一定时间内流出的料浆质量。料浆流速通过在一定时间内流出的料浆质量计算。

### 2.3.3.3 试验结果与分析

试验观察到,在出口管道为 1.5m 时,充填料浆能够自流输送;延长出口管道至 6m 时,充填料浆还能自流输送,不过其流速降低;继续延长出口管道至 12m 时,尾砂浆停止流动。此时启动挤压管道输送装置,在水平管出口可见料浆有规律地间断流出,即在挤压输送设备的活塞冲程时,料浆流出;在挤压输送设备的活塞回程时,料浆停止流出。继续延长出口管道至 18.5m 时,在挤压输送设备作用下,料浆还能有规律地间断流出,不过同自流输送一样,料浆流速降低。挤压输送试验结果见表 2-2 和表 2-3。利用挤压输送试验系统,还进行了不同料浆浓度和不同充填倍线的自流输送试验,试验结果见表 2-4。图 2-11 是输送管道长 24.9m(充填倍线 6.9),料浆质量浓度 76.73% 时的管道出口充填料浆照片。

表 2-2 料浆浓度 76.7% 时的管道挤压输送试验结果

| 批次 | 管道长度/m | 料浆流出质量/kg | 时间/s | 流量/kg·min⁻¹ |
|---|---|---|---|---|
| 1 | 18.9 | 8.74 | 158 | 3.31 |
| 2 | 18.9 | 10.25 | 146 | 4.21 |
| 3 | 18.9 | 10.07 | 135 | 4.47 |
| 4 | 18.9 | 8.45 | 134 | 3.78 |
| 5 | 24.9 | 5.52 | 151 | 2.19 |
| 6 | 24.9 | 4.48 | 125 | 2.15 |
| 7 | 24.9 | 5.89 | 164 | 2.16 |

表 2 - 3　管道挤压输送试验结果

| 批　次 | 管道长度/m | 料浆浓度/% | 流量/kg·min$^{-1}$ |
|---|---|---|---|
| 1 | 10.5 | 76.6 | 4.28 |
| 2 | 12.6 | 76.6 | 2.98 |
| 3 | 18.4 | 76.6 | 2.98 |
| 4 | 24.9 | 76.7 | 2.16 |
| 5 | 21.4 | 72.9 | 7.85 |

表 2 - 4　自流输送试验结果

| 批次 | 管道长度/m | 充填倍线 | 料浆浓度/% | 流量/kg·min$^{-1}$ | 备　注 |
|---|---|---|---|---|---|
| 1 | 10.5 | 2.9 | 76.6 | 0.83 | |
| 2 | 21.4 | 5.9 | 64.8 | 8.70 | 管内有沉淀层 |
| 3 | 21.4 | 5.9 | 70.0 | 0.23 | 流出物为稀水粗颗粒堵管 |

图 2 - 11　挤压输送管道出口充填料浆

　　从表 2 - 3 和表 2 - 4 看出，在管道长度为 10.5m 和料浆浓度为 76.6% 的条件下，自流输送的流量仅为 0.83kg/min，挤压输送的流量为 4.28kg/min，后者是前者的 5.2 倍。在管道长度为 21.4m 条件下，挤压输送料浆浓度为 72.9%，流量为 7.85kg/min，而自流输送料浆浓度为 70.0% ，流量仅为 0.23kg/min，在浓度高于后者的情况下，前者的流量反而是后者的 34.1 倍，说明挤压输送能够在料浆不能自流输送时，实现远距离输送，并且效果非常明显。

将表 2−3 中的料浆浓度为 76.6% ~76.7% 试验结果绘成曲线，见图 2−12。从图 2−12 中看出，挤压输送的流量随管道长度增加而降低。

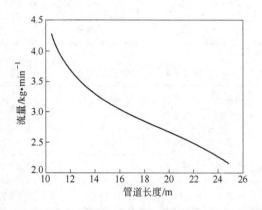

图 2−12 挤压输送流量与管道长度关系

从倾斜管自流输送试验的结果知道，对于试验的充填料浆，在浓度为 75.75% 时，可自流输送的最大充填倍线是 2.6，利用挤压输送试验系统进行的自流输送试验（表 2−4 中批次 1）结果也证明了此结果，批次 1 的充填倍线是 2.9（与倾斜管自流输送试验的最大充填倍线 2.6 接近），其流量仅为 0.83kg/min，因此可以认为当充填倍线等于或大于 2.9 时，此充填料浆自流输送几乎不可行。

此外，自流输送试验观察到，管内有沉淀（表 2−4 中批次 2）或流出物为稀水且粗颗粒堵管（表 2−4 中批次 3），说明在低浓度条件下，自流输送易出现沉淀堵管现象。

挤压输送试验结果证明，在充填料浆不能自流输送时，挤压输送方法能够实现高浓度充填料浆的输送，挤压输送原理可行；在相同条件下，挤压输送的料浆流速随水平管道延长而降低。

## 2.4 挤压输送方法的优点

### 2.4.1 挤压输送设备与库依曼型混凝土泵原理比较

为了说明挤压输送的特点，以荷兰的库依曼于 1932 年设计制造的库依曼型混凝土泵（图 2 - 13）为例加以分析比较。

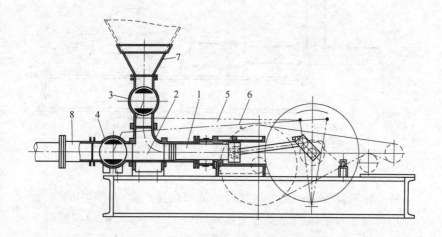

图 2 - 13 库依曼型混凝土泵原理示意图

1—活塞；2—混凝土缸；3—吸入阀；4—排出阀；5—操纵吸入阀的联杆；

6—操纵排出阀的联杆；7—料斗；8—混凝土泵输送管

库依曼型混凝土泵由活塞、混凝土缸、由联杆操纵联动的吸入阀和排出阀、料斗和输送管以及动力部分组成。它成功地解决了混凝土泵的构造原理问题。至今，许多混凝土泵仍然保存了这种设计的基本特点，只是在动力和传动机构以及分配阀（吸入阀和排出阀）方面进行了改进。比如活塞式混凝土泵由最早的机械传动式，后来发展为液压传动式。

库依曼型混凝土泵在泵送混凝土料时，活塞前进，与此同时在连杆操纵下，排出阀打开，吸入阀关闭，活塞将混凝土缸内的混凝土料送入输送管而泵出；当活塞后退时，在连杆操纵下，排出阀关闭，吸入阀打开，料斗中的混凝土料进入混凝土缸。如此循环往复，实现泵送。

图2-14是挤压输送设备示意图。比较图2-13与图2-14可以看出，后者的三通相当于前者的混凝土缸，不同之处在于后者没有吸入阀和排出阀。

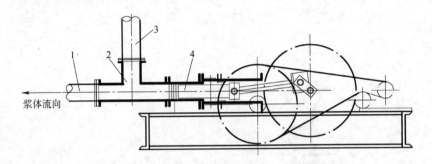

图2-14  自行设计的实验室挤压输送设备原理示意图
1—水平管；2—三通；3—垂直管；4—活塞

挤压输送设备输送充填料浆时，活塞前进，此时，利用垂直管内充填料自重和浆体的屈服应力以及惯性力，代替库依曼型混凝土泵的吸入阀，阻止三通内料浆向垂直管流动，活塞只将三通的料浆推入水平管，实现充填料的输送。当活塞后退时，三通内将产生一定的空腔，垂直管内的料浆在重力作用下，向下流动，以填充三通；而只要相关参数选择合适，水平管内的浆体在其屈服应力以及惯性力作用下做减速运动直至速度为零。如此循环往复，实现充填料浆挤压输送。

我们知道，混凝土输送泵是高度机电液一体化的产品，分配阀是液压活塞式混凝土泵的关键部件，可分为转阀、闸板阀、S形阀等。由于分配阀负责混凝土的泵送、反泵分配任务，工作环境恶劣，磨损严重，例如，眼镜板是S形泵送分配阀的零件，其主要失效形式是磨损、碎裂崩块失效[100]。此外，分配阀作为一个转换机构，必须能有效地联通集料斗、混凝土缸及输送管道。现在使用的泵机绝大部分为双缸泵，一个缸泵送的同时，另一缸进行吸料，而集料斗只有一个，由双缸共用，这就要求分配阀使处于吸料行程的工作缸与料斗相通，而处于泵送行程的工作缸则与输送管相通。分配阀以不同的形式完成这一动作，直接影响混凝土泵的工作可靠性、输送效率、密封性能及堵塞问题等[101,102]。再者，混凝土泵分配阀的结构是否合理，直接影响着混凝土泵构造的合理性和混凝土的泵送质量[103]。所以，如何设计出结构合理、性能良好的分配阀是目前国内外科研人员研究的重点[104,105]。

## 2.4.2 挤压输送方法的优点

由2.4.1节分析看出，充填料挤压输送设备结构中省去了库依曼型混凝土泵中的吸入阀和排出阀，以及操纵吸入阀和排出阀的联杆，与其相比，具有明显的优点，具体如下：

（1）因为无分配阀，结构大为简化，易磨损件少，运行成本低。

（2）挤压输送设备能够直接安装在现有的水力充填系统的管路上，能够输送充填系统可以制备的、在重力作用下能够流至井下挤压输送设备安装位置的任何高浓度或膏体充填料浆，对充填材料级配没有特别要求。

（3）因为挤压输送设备能够直接安装在传统的水力充填系统上，不需要建设新的、复杂的（泵送）系统，不论对于新建充填系统还是对于现有充填系统的改造，都能节省投资费用。

# 3 充填料浆并联(双缸)管道挤压输送

## 3.1 充填料浆并联（双缸）管道挤压输送模型

充填料浆并联（双缸）管道挤压输送方法的基本思路是，在井下充填管路中安装挤压输送装置，输送装置主要由三通、挤压输送缸和活塞、动力执行部分、润滑辅助部分等组成，在管道分叉处也用三通连接。三通把整个充填管道分成 6 部分（图 3 – 1）：连接 $A$ 点和充填料制备站进料口之间的管段称为入口管段，长度为 $L_1$，其中垂直管道长度为 $H_1$；连接 $A$ 点和 $B$ 点的管段称为 $AB$ 管段，长度为 $L_3$，连接 $A$ 点和 $C$ 点的管段称为 $AC$ 管段，长度为 $L_4$，连接 $B$ 点和 $D$ 点的管段称为 $BD$ 管段，长度为 $L_5$，连接 $C$ 点和 $D$ 点的管段称为 $CD$ 管段，长度为 $L_6$，其中 $AB$、$AC$、$BD$ 和 $CD$ 管段统称为并联管段；从 $D$ 点至充填采场的管段称为出口管段，长度为 $L_2$；$B$、$C$ 两点处三通的第三个接口与挤压输送装置的输送缸相连。图 3 – 1 为并联（双缸）挤压输送示意图。

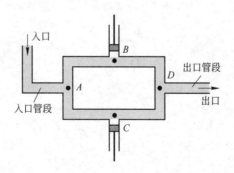

图 3 – 1　并联（双缸）挤压输送示意图
（$AB$、$AC$、$BD$、$CD$ 管段为并联管段）

输送料浆时，活塞在输送缸内作往复运动。当活塞回程时，输送缸内将产生一定的空腔，入口管道内的料浆在垂直管道内料浆自重的作用下，加速向三通方向移动，以填充输送缸；当活塞冲程时，活塞将输送缸内的料浆推入三通，此时，该方法利用入口管段内充填料重力、浆体的屈服应力、惯性力和挤压输送装置的机械力，代替了泵（正排量泵）的分配阀，使料浆流向出口管道，实现充填料浆的输送。

## 3.2 充填料浆并联（双缸）管道挤压输送假设条件

为便于分析，作如下假设：

（1）假定充填管路由垂直管段、水平管段和连接双缸的并联管段组成，垂直管段、水平管段、并联管段和挤压输送装置输送缸的直径相同。

（2）管道内充填料浆不含气泡，在挤压输送装置的机械力和料浆自身重力作用下，充填料浆体积变化很小，可视为不可压缩体，充填管道内料浆中任意一点的压力 $P$ 是向四周均匀传播。

（3）充填料浆在管道内呈柱塞状运动，其运动方程可用下式表示[77]：

$$\tau_\omega = \mu_\beta \left( \frac{8v}{D} \right) + \frac{4}{3} \tau_0 \qquad (3-1)$$

式中　$\tau_\omega$——管壁处剪切应力，N/m$^2$；

　　　$\mu_\beta$——塑性黏度，N·s/m$^2$；

　　　$v$——管道内浆体平均流速，m/s；

　　　$D$——管道直径，m；

　　　$\tau_0$——浆体的屈服应力，N/m$^2$。

充填料浆沿程摩阻损失用公式 3-2 计算[77]：

$$i = \frac{16}{3D} \tau_0 + \frac{32V}{D^2} \mu_\beta \qquad (3-2)$$

式中　$i$——沿程摩擦阻力，MPa/m。

由式 3-2 可知，管道输送阻力 $i$ 与管径成反比，与浆体平均流速成正比，与浆体的屈服应力和黏性系数成正比。在泵送充填管路系统一定的情况下，当浆体流速不变时，管道输送阻力随屈服应力

$\tau_0$ 和黏度系数 $\mu$ 的增加而增大。

（4）管道内浆体为连续流体，输送过程中不出现离析。

（5）活塞由曲柄连杆机构驱动，驱动电机带动曲柄作匀速圆周运动，则活塞的位移呈三角函数形式变化。

## 3.3　充填料浆并联（双缸）管道挤压输送速度、加速度关系分析

根据机械原理，挤压输送设备的活塞可由曲柄连杆机构驱动，也可由液压油缸或其他方式驱动，但其基本的结构原理都是曲柄连杆机构的演变。因此，本书假定活塞由曲柄连杆机构驱动，其曲柄连杆机构的运动原理见图 3-2。从图 3-2 中可知，活塞的位移呈现规律性。如果驱动电机带动曲柄作匀速圆周运动，则活塞的位移呈三角函数形式变化，假定在压出行程区活塞的位移为 $s$，则运动方程可表示为：

$$s = r - r\cos\omega t = r(1 - \cos\omega t) \tag{3-3}$$

式中　$r$ ——曲柄半径，m；

　　　$\omega$ ——传动轴的角速度，rad/s。

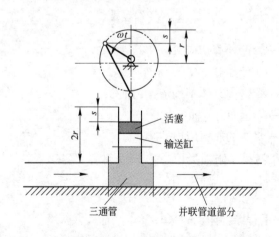

图 3-2　挤压输送原理与设备活塞运动计算图

对式 3-3 微分可得活塞的速度方程：

$$v = \frac{\mathrm{d}s}{\mathrm{d}t} = r\omega\sin\omega t \qquad (3-4)$$

两次微分得活塞的加速度方程：

$$a = \frac{\mathrm{d}^2 s}{\mathrm{d}t^2} = r\omega^2\cos\omega t \qquad (3-5)$$

根据以上挤压输送设备活塞速度和加速度方程可以对并联（双缸）挤压输送各管道速度和加速度进行计算。

在 $A$ 点处流量平衡见图 3-3。

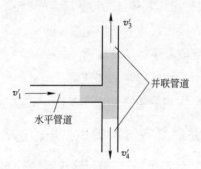

图 3-3 $A$ 点处流量平衡分析

根据流量平衡，得以下速度关系（此部分计算涉及速度和加速度的地方均用矢量表示，对于管道内浆体，从入口到出口方向为正方向，对于活塞内浆体，朝向三通方向为正方向）：

$$\left.\begin{array}{l} v_1' = v_3' + v_4' \\ v_3' + r\omega\sin\omega t = v_5' \\ v_4' + r\omega\sin\omega\left(t + \dfrac{T}{2}\right) = v_6' \\ v_2' = v_5' + v_6' \end{array}\right\} \Longrightarrow \left.\begin{array}{l} v_1' = v_5' + v_6' \\ v_2' = v_5' + v_6' \\ v_3' = v_5' - r\omega\sin\omega t \\ v_4' = v_6' + r\omega\sin\omega t \end{array}\right\} \qquad (3-6)$$

式中　$v_1'$——入口管段内浆体平均流速，m/s；

$v_2'$——出口管段内浆体平均流速，m/s；

$v_3'$——AB 管段内浆体平均流速，m/s；

$v_4'$——AC 管段内浆体平均流速，m/s；

$v_5'$——BD 管段内浆体平均流速，m/s；

$v_6'$——CD 管段内浆体平均流速，m/s。

则加速度的关系如下：

$$\left.\begin{aligned} a_1' &= a_5' + a_6' \\ a_2' &= a_5' + a_6' \\ a_3' &= a_5' - r\omega^2\cos\omega t \\ a_4' &= a_6' + r\omega^2\cos\omega t \end{aligned}\right\} \tag{3-7}$$

式中　$a_1'$——入口管段内浆体平均加速度，m/s$^2$；

$a_2'$——出口管段内浆体平均加速度，m/s$^2$；

$a_3'$——AB 管段内浆体平均加速度，m/s$^2$；

$a_4'$——AC 管段内浆体平均加速度，m/s$^2$；

$a_5'$——BD 管段内浆体平均加速度，m/s$^2$；

$a_6'$——CD 管段内浆体平均加速度，m/s$^2$。

## 3.4　充填料浆并联（双缸）管道挤压输送各管段受力分析

充填料浆并联（双缸）管道挤压输送示意图如图 3-1 所示，现在分别对入口管段，AB、AC、BD、CD 段并联管段以及出口管段进行受力分析，得出它们的受力或者压强关系。

### 3.4.1　入口管段受力分析

#### 3.4.1.1　入口垂直管段受力分析

在入口管段处，任取垂直管段内距料浆制备站距离为 $h_1$ 的浆体微元 E，微元呈正方体，其截面积为 S，对其进行受力分析，如图 3-4 所示。

当入口垂直管段处的浆体微元 E 垂直向下运动时，见图 3-4 的受力分析，由牛顿第二运动定律得：

$$mg - pS - f_1 = ma_1$$

$$rgh_1 S - pS - f_1 = ma_1$$

$$\gamma h_1 - p - \frac{f_1}{S} = \frac{\gamma}{g} a_1' h_1$$

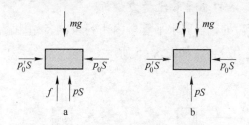

图 3 – 4  入口垂直管段浆体受力分析

a—微元 $E$ 竖直向下运动时；b—微元 $E$ 竖直向上运动时

因此

$$p = \gamma h_1 - \frac{\gamma}{g} a_1' h_1 - \left( \frac{16}{3D} \tau_0 + \frac{32}{D^2} \mu_\beta v_1' \right) h_1$$

当入口垂直管段处的浆体微元 $E$ 向上方向运动时，见图 3 – 4 的受力分析，由牛顿第二运动定律得：

$$f_1 + mg - pS = ma_1$$

$$f_1 + \gamma g h_1 S - pS = \gamma S h_1 a_1$$

$$p = \gamma h_1 + \frac{f_1}{S} - \frac{\gamma}{g} a_1' h_1$$

$$p = \gamma h_1 - \frac{\gamma}{g} a_1' h_1 + \left( \frac{16}{3D} \tau_0 - \frac{32}{D^2} \mu_\beta v_1' \right) h_1$$

在入口水平管段处，当浆体静止时，动力无法克服最大静摩擦力，因此：

$$\gamma h_1 - \frac{16}{3D} \tau_0 h_1 < p_1' < \gamma h_1 + \frac{16}{3D} \tau_0 h_1$$

根据对入口垂直管段进行的受力分析可得垂直管段末端处压强如下：

浆体垂直向下运动： $p_1' = \gamma H_1 - \dfrac{\gamma}{g} a_1' H_1 - \left( \dfrac{16}{3D} \tau_0 + \dfrac{32}{D^2} \mu_\beta v_1' \right) H_1$

浆体静止： $\gamma H_1 - \dfrac{16}{3D} \tau_0 H_1 < p_1' < \gamma H_1 + \dfrac{16}{3D} \tau_0 H_1$

浆体垂直向上运动： $p_1' = \gamma H_1 - \dfrac{\gamma}{g} a_1' H_1 + \left( \dfrac{16}{3D} \tau_0 - \dfrac{32}{D^2} \mu_\beta v_1' \right) H_1$

$$(3 - 8)$$

### 3.4.1.2 入口水平管段受力分析

在入口管段处，任取水平管段内距料浆制备站距离为 $l_1$ 的浆体微元 $E$ 进行受力分析，如图 3-5 所示。

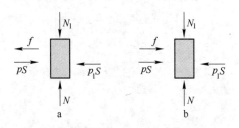

图 3-5 入口水平管段浆体受力分析

a—微元 $E$ 向 $A$ 点方向运动时；b—微元 $E$ 向入口方向运动时

当入口水平管段处的浆体微元 $E$ 向 $A$ 点方向运动时，见图 3-5 的受力分析，由牛顿第二运动定律得：

$$pS - p_1'S - f_1 = ma$$

$$\gamma g H_1 S - p_1' S - f_1 = ma_1$$

$$\gamma H_1 - p_1' - \frac{f_1}{S} = \frac{\gamma}{g} a_1' l_1$$

因此

$$p_1' = \gamma H_1 - \frac{\gamma}{g} a_1' l_1 - \left( \frac{16}{3D} \tau_0 + \frac{32}{D^2} \mu_\beta v_1' \right) l_1$$

式中  $p$——入口管段内浆体对 $A$ 点的压强，Pa；

  $p_1'$——$A$ 点处对入口管段内浆体的压强，Pa；

  $\gamma$——充填料浆密度，$N/m^3$；

  $H_1$——入口管段垂直管段高度，m；

  $f_1$——入口管段内浆体所受摩擦力，N；

  $\tau_0$——充填料浆屈服应力，$N/m^2$；

  $\mu_\beta$——充填料浆塑性黏度，$N \cdot s/m^2$；

  $g$——重力加速度，$m/s^2$；

  $D$——管道直径，m。

当入口水平管段处的浆体微元 $E$ 向入口方向运动时，见图 3-5 的受力分析，由牛顿第二运动定律得：

$$-p_1'S + f_1 + pS = ma_1$$

$$-p_1'S + f_1 + \gamma g H_1 S = \gamma S l_1 a_1$$

$$p_1' = \gamma H_1 + \frac{f_1}{S} - \frac{\gamma}{g} a_1' l_1$$

$$p_1' = \gamma H_1 - \frac{\gamma}{g} a_1' l_1 + \left(\frac{16}{3D}\tau_0 - \frac{32}{D^2}\mu_\beta v_1'\right)l_1$$

在入口水平管段处，当浆体静止时，动力无法克服最大静摩擦力，所以

$$\gamma H_1 - \frac{16}{3D}\tau_0 l_1 < p_1' < \gamma H_1 + \frac{16}{3D}\tau_0 l_1$$

根据对入口管段进行的受力分析可得 $A$ 点处压强如下：

浆体向三通管运动： $\quad p_1' = \gamma H_1 - \dfrac{\gamma}{g} a_1' L_1 - \left(\dfrac{16}{3D}\tau_0 + \dfrac{32}{D^2}\mu_\beta v_1'\right)L_1$

浆体静止： $\qquad\qquad \gamma H_1 - \dfrac{16}{3D}\tau_0 L_1 < p_1' < \gamma H_1 + \dfrac{16}{3D}\tau_0 L_1 \qquad\Bigg\}$

浆体向入口方向运动： $\quad p_1' = \gamma H_1 - \dfrac{\gamma}{g} a_1' L_1 + \left(\dfrac{16}{3D}\tau_0 - \dfrac{32}{D^2}\mu_\beta v_1'\right)L_1$

$$(3-9)$$

### 3.4.2 并联管段受力分析

#### 3.4.2.1 *AB*、*AC* 管段受力分析

根据假定，管道内充填料浆不含气泡，在挤压输送装置的机械作用下，充填料浆体积变化很小，可视为不可压缩体，充填管道内料浆中任意一点的压强 $p$ 是向四周均匀传播，所以入口管段与并联管段连接的三通处（图 3-6 中点 $A$）存在：

$$p_3' = p_4' = p_1'$$

而 $p_1'$ 受力分析及结果如上，所以 $p_3'$、$p_4'$、$p_1'$ 在对应的运动状态下，受力结果相同，所以 *AB* 管段初端压强 $p_3'$ 如下：

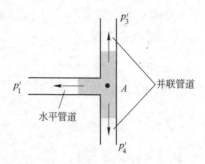

图 3-6  水平管段三通处浆体压强分析

浆体向三通管运动：  $p_3' = \gamma H_1 - \dfrac{\gamma}{g}a_1'L_1 - \left(\dfrac{16}{3D}\tau_0 + \dfrac{32}{D^2}\mu_\beta v_1'\right)L_1 \Bigg\}$

浆体静止：  $\gamma H_1 - \dfrac{16}{3D}\tau_0 L_1 < p_3' < \gamma H_1 + \dfrac{16}{3D}\tau_0 L_1$

浆体向入口方向运动：  $p_3' = \gamma H_1 - \dfrac{\gamma}{g}a_1'L_1 + \left(\dfrac{16}{3D}\tau_0 - \dfrac{32}{D^2}\mu_\beta v_1'\right)L_1$

$$(3-10)$$

同理 $AC$ 管段初端压强 $p_4'$ 如下：

浆体向三通管运动：  $p_4' = \gamma H_1 - \dfrac{\gamma}{g}a_1'L_1 - \left(\dfrac{16}{3D}\tau_0 + \dfrac{32}{D^2}\mu_\beta v_1'\right)L_1 \Bigg\}$

浆体静止：  $\gamma H_1 - \dfrac{16}{3D}\tau_0 L_1 < p_4' < \gamma H_1 + \dfrac{16}{3D}\tau_0 L_1$

浆体向入口方向运动：  $p_4' = \gamma H_1 - \dfrac{\gamma}{g}a_1'L_1 + \left(\dfrac{16}{3D}\tau_0 - \dfrac{32}{D^2}\mu_\beta v_1'\right)L_1$

$$(3-11)$$

在 $AB$ 管段，任取管段内距 $A$ 点距离为 $l_3$ 的一浆体微元 $E$ 进行受力分析，如图 3-7 所示。

在 $AB$ 管段处，当浆体微元 $E$ 向 $B$ 点方向运动时，见图 3-7 的受力分析，根据牛顿第二运动定律得：

$$p_3'S - p_3''S - f_3 = ma_3'$$
$$p_3'S - f_3 - p_3''S = \gamma Sl_3 a_3'$$

$$p_3' - \frac{f_3}{S} - p_3'' = \gamma l_3 a_3'$$

$$p_3' - \frac{f_3}{S} - p_3'' = \gamma l_3 a_3'$$

$$p_3'' = p_3' - \frac{\gamma}{g} a_3' l_3 - \left(\frac{16}{3D}\overset{\ast}{\tau_0} + \frac{32}{D^2}\mu_\beta v_3'\right) l_3$$

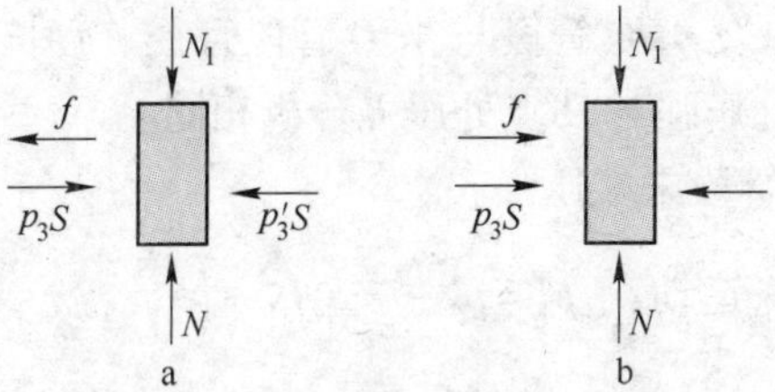

图 3 – 7　AB 管段浆体受力分析

a—微元 E 向 B 点运动时；b—微元 E 向 A 点运动时

在 AB 管段处，当浆体微元 E 向 A 点方向运动时，见图 3 – 7 的受力分析，根据牛顿第二运动定律得：

$$-p_3'' S + f_3 + p_3' S = m a_3'$$

$$p_3'' S - f_3 - p_3' S = -\gamma S l_3 a_3'$$

$$p_3'' - \frac{f_3}{S} - p_3' = -\gamma l_3 a_3'$$

$$p_3'' - \frac{f_3}{S} - p_3' = -\gamma l_3 a_3'$$

因此　　　　$$p_3'' = p_3' - \frac{\gamma}{g} a_3' l_3 + \left(\frac{16}{3D}\tau_0 - \frac{32}{D^2}\mu_\beta v_3'\right) l_3$$

在 AB 管段，当浆体静止时，动力无法克服最大静摩擦力，所以

$$p_3' - \frac{16}{3D}\tau_0 l_3 < p_3'' < p_3' + \frac{16}{3D}\tau_0 l_3$$

由以上受力分析得 AB 管段末端压强 $p_3''$：

$$\left.\begin{aligned}&\text{浆体向 }B\text{ 运动：}\quad p_3''=p_3'-\frac{\gamma}{g}a_3'L_3-\left(\frac{16}{3D}\tau_0+\frac{32}{D^2}\mu_\beta v_3'\right)L_3\\&\text{浆体静止：}\quad p_3'-\frac{16}{3D}\tau_0L_3<p_3''<p_3'+\frac{16}{3D}\tau_0L_3\\&\text{浆体向 }A\text{ 运动：}\quad p_3''=p_3'-\frac{\gamma}{g}a_3'L_3+\left(\frac{16}{3D}\tau_0-\frac{32}{D^2}\mu_\beta v_3'\right)L_3\end{aligned}\right\}\tag{3-12}$$

根据假设以及 ABD 管段与 ACD 管段管径、管长和料浆等参数相同，所以 C 点处压强与 B 点处压强分析相同。

因此，AC 管段末端压强 $p_4''$：

$$\left.\begin{aligned}&\text{浆体向 }C\text{ 运动：}\quad p_4''=p_4'-\frac{\gamma}{g}a_4'L_4-\left(\frac{16}{3D}\tau_0+\frac{32}{D^2}\mu_\beta v_4'\right)L_4\\&\text{浆体静止：}\quad p_4'-\frac{16}{3D}\tau_0L_4<p_4''<p_4'+\frac{16}{3D}\tau_0L_4\\&\text{浆体向 }A\text{ 运动：}\quad p_4''=p_4'-\frac{\gamma}{g}a_4'L_4+\left(\frac{16}{3D}\tau_0-\frac{32}{D^2}\mu_\beta v_4'\right)L_4\end{aligned}\right\}\tag{3-13}$$

#### 3.4.2.2 BD、CD 管段受力分析

图 3-1 中 B 点与 C 点处活塞三通内浆体压强分析分别见图 3-8 和图 3-9，假定三通三个接口处浆体压强一致，则有：

$$p_5''=p_3''$$
$$p_6''=p_4''$$

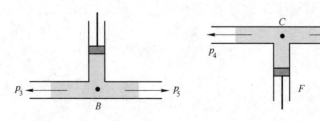

图 3-8　B 点处活塞三通浆体压强分析

图 3-9　C 点处活塞三通浆体压强分析

在 BD 管段，任取管段内距 B 点距离为 $l_5$ 的一浆体微元 E 进行

受力分析如图 3-10 所示。

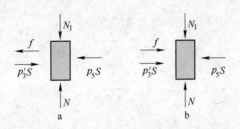

图 3-10 并联管段 BD 段浆体受力分析
a—当微元 E 向 D 点运动时；b—微元 E 向 B 点运动时

在 BD 管段处，当浆体向 D 点方向运动时，见图 3-10 的受力分析，根据牛顿第二运动定律得：

$$p_3'' S - p_5' S - f_5 = ma_5'$$

$$p_3'' S - p_5' S - f_5 = \gamma S l_5 a_5'$$

$$p_3'' - p_5' - \frac{f_5}{S} = \gamma l_5 a_5'$$

$$p_5' = p_3'' - \gamma l_5 a_5' - \frac{f_5}{S}$$

$$p_5' = p_3'' - \frac{\gamma}{g} a_5' l_5 - \left( \frac{16}{3D} \tau_0 + \frac{32}{D^2} \mu_\beta v_5' \right) l_5$$

在 BD 管段处，当浆体微元 E 向 B 点方向运动时，见图 3-10 的受力分析，根据牛顿第二运动定律得：

$$p_3'' S + f_5 - p_5' S = ma_5'$$

$$p_3'' S + f_5 - p_5' S = \gamma S l_5 a_5'$$

$$p_3'' + \frac{f_5}{S} - p_5' = \gamma l_5 a_5'$$

$$p_5' = p_3'' + \frac{f_5}{S} - \gamma l_5 a_5'$$

因此

$$p_5' = p_3'' - \frac{\gamma}{g} a_5' l_5 + \left( \frac{16}{3D} \tau_0 - \frac{32}{D^2} \mu_\beta v_5' \right) l_5$$

在 BD 管段，当浆体静止时，动力无法克服最大静摩擦力，因此

$$p_3'' - \frac{16}{3D}\tau_0 l_5 < p_5'' < p_3'' + \frac{16}{3D}\tau_0 l_5$$

由以上受力分析得 BD 管段末端压强：

浆体向 D 运动：
$$p_5' = p_3'' - \frac{\gamma}{g}a_5'L_5 - \left(\frac{16}{3D}\tau_0 + \frac{32}{D^2}\mu_\beta v_5'\right)L_5$$

浆体静止：
$$p_3'' - \frac{16}{3D}\tau_0 L_5 < p_5' < p_3'' + \frac{16}{3D}\tau_0 L_5$$

浆体向 B 运动：
$$p_5' = p_3'' - \frac{\gamma}{g}a_5'L_5 + \left(\frac{16}{3D}\tau_0 - \frac{32}{D^2}\mu_\beta v_5'\right)L_5$$

$$(3-14)$$

根据假设以及 ABD 管段与 ACD 管段管径、管长和料浆等参数相同，所以 CD 处压强与 BD 处压强分析相同。因此，CD 管段末端压强：

浆体向 D 运动：
$$p_6' = p_4'' - \frac{\gamma}{g}a_6'L_6 - \left(\frac{16}{3D}\tau_0 + \frac{32}{D^2}\mu_\beta v_6'\right)L_6$$

浆体静止：
$$p_4'' - \frac{16}{3D}\tau_0 L_6 < p_6' < p_4'' + \frac{16}{3D}\tau_0 L_6$$

浆体向 C 运动：
$$p_6' = p_4'' - \frac{\gamma}{g}a_6'L_6 + \left(\frac{16}{3D}\tau_0 - \frac{32}{D^2}\mu_\beta v_6'\right)L_6$$

$$(3-15)$$

### 3.4.3  出口管段受力分析

在出口管段，任取管段内距 D 点距离为 $l_2$ 的一浆体微元 E 进行受力分析如图 3 - 11 所示。

在出口管段，当浆体微元向出口方向运动时，见图 3 - 11 的受力分析，根据牛顿第二运动定律得：

$$p_2'S - f_2 = ma_2'$$

$$p_2'S - f_2 = \gamma Sl_2 a_2'$$

$$p_2' - \frac{f_2}{S} = \gamma l_2 a_2'$$

$$p_2' = \gamma l_2 a_2' + \frac{f_2}{S}$$

$$p_2' = \left(\frac{16}{3D}\tau_0 + \frac{32}{D^2}\mu_\beta v_2'\right)l_2 + \frac{\gamma}{g}a_2'l_2$$

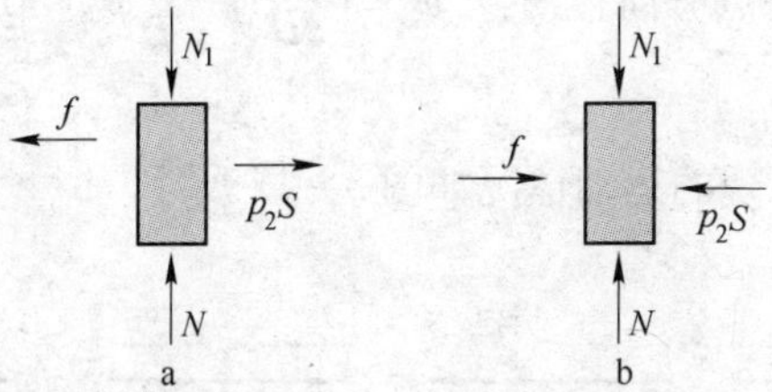

图 3 - 11   出口管段浆体受力分析
a—微元 $E$ 向出口方向运动；b—微元 $E$ 向 $D$ 点方向运动

在出口管段，当浆体微元向 $D$ 点方向运动时，见图 3 - 11 的受力分析，根据牛顿第二运动定律得：

$$f_2 - p_2'S = ma_2'$$

$$f_2 - p_2'S = \gamma Sl_2a_2'$$

$$\frac{f_2}{S} - p_2' = \gamma l_2a_2'$$

$$p_2' = -\gamma l_2a_2' + \frac{f_2}{S}$$

因此          $$p_2' = \left(\frac{16}{3D}\tau_0 - \frac{32}{D^2}\mu_\beta v_2'\right)l_2 - \frac{\gamma}{g}a_2'l_2$$

在出口管段，当浆体静止时，动力无法克服最大静摩擦力，所以

$$-\frac{16}{3D}\tau_0 l_2 < p_2' < \frac{16}{3D}\tau_0 l_2$$

由以上受力分析得 $D$ 点在出口管道初段的压强为：

浆体向 $D$ 点方向运动： $\quad p_2' = \left(\dfrac{16}{3D}\tau_0 + \dfrac{32}{D^2}\mu_\beta v_2'\right)L_2 + \dfrac{\gamma}{g}a_2'L_2$

浆体静止： $\quad\quad\quad -\dfrac{16}{3D}\tau_0 L_2 < p_2' < \dfrac{16}{3D}\tau_0 L_2$

浆体背向 $D$ 点方向移动： $p_2' = \left(\dfrac{16}{3D}\tau_0 - \dfrac{32}{D^2}\mu_\beta v_2'\right)L_2 - \dfrac{\gamma}{g}a_2'L_2$

$$(3-16)$$

活塞可能出现的运动情况如图 3 - 12 所示。

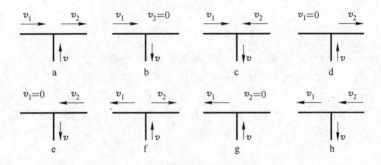

图 3 - 12 活塞运动状态分析

## 3.5 并联（双缸）管道挤压输送料浆各种运动状态

根据各三通处的流量平衡，结合受力分析和单缸活塞可能存在的状态对并联（双缸）挤压输送模型进行判断，其可能存在 50 种运动状态，如图 3 - 13 所示。

## 3.6 典型状态下的速度、加速度推导

选定图 3 - 13 状态（1）进行推导，其活塞运动状态和管道内浆体基本流动状况如图 3 - 14 所示。

此时，在 $BD$ 段浆体向 $D$ 运动，由公式 3 - 13 得：

$$p_5' = p_3'' - \frac{\gamma}{g}a_5'L_5 - \left(\frac{16}{3D}\tau_0 + \frac{32}{D^2}\mu_\beta v_5'\right)L_5$$

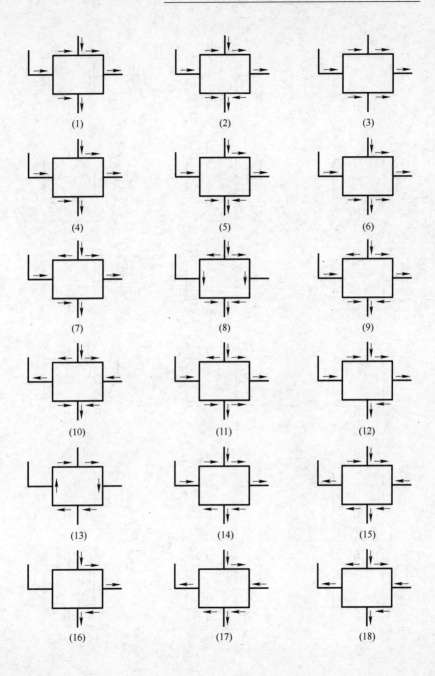

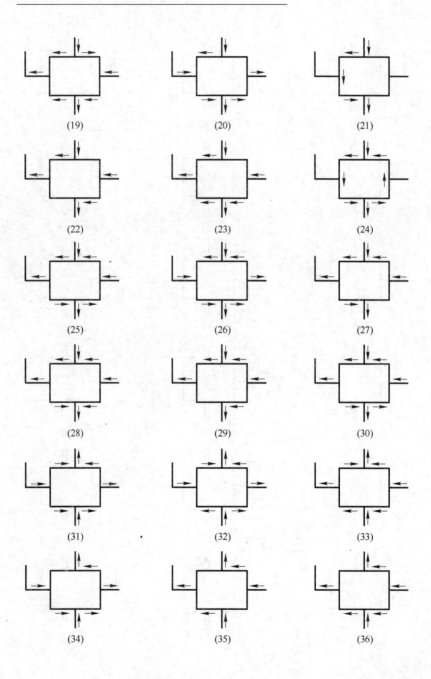

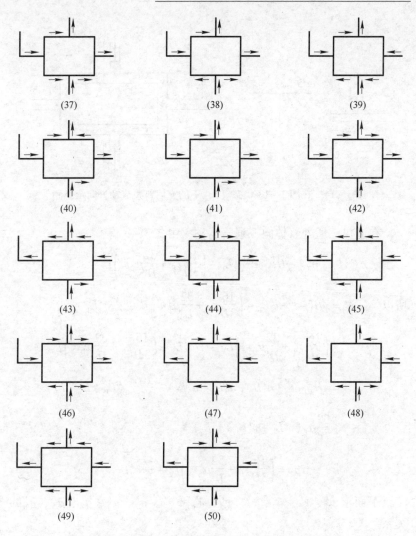

图 3 - 13　并联（双缸）管道挤压输送的各种运动状态

在 AB 段浆体向 B 运动，由公式 3 - 11 得：

$$p''_3 = p'_3 - \frac{\gamma}{g} a'_3 L_3 - \left(\frac{16}{3D}\tau_0 + \frac{32}{D^2}\mu_\beta v'_3\right)L_3$$

$$p'_5 = p'_3 - \frac{\gamma}{g} a'_3 L_3 - \left(\frac{16}{3D}\tau_0 + \frac{32}{D^2}\mu_\beta v'_3\right)L_3 - \frac{\gamma}{g} a'_5 L_5 - \left(\frac{16}{3D}\tau_0 + \frac{32}{D^2}\mu_\beta v'_5\right)L_5$$

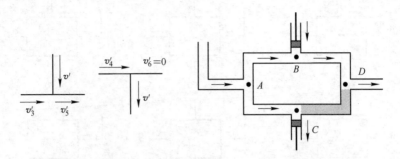

图 3 – 14　在图 3 – 13 状态（1）下的充填料浆流动方向示意图

在进口三通处浆体向三通管运动，由式 3 – 9 得：

$$p_3' = \gamma H_1 - \frac{\gamma}{g} a_1' L_1 - \left( \frac{16}{3D} \tau_0 + \frac{32}{D^2} \mu_\beta v_1' \right) L_1$$

所以　　　$p_5' = \gamma H_1 - \frac{\gamma}{g} a_1' L_1 - \left( \frac{16}{3D} \tau_0 + \frac{32}{D^2} \mu_\beta v_1' \right) L_1 - \frac{\gamma}{g} a_3' L_3 -$

$$\left( \frac{16}{3D} \tau_0 + \frac{32}{D^2} \mu_\beta v_3' \right) L_3 - \frac{\gamma}{g} a_5' L_5 - \left( \frac{16}{3D} \tau_0 + \frac{32}{D^2} \mu_\beta v_5' \right) L_5$$

$$= \gamma H_1 - \frac{\gamma}{g} (a_1' L_1 + a_3' L_3 + a_5' L_5) - \frac{16}{3D} \tau_0 (L_1 + L_3 + L_5) -$$

$$\frac{32}{D^2} \mu_\beta (v_1' L_1 + v_3' L_3 + v_5' L_5)$$

又　　　　　$p_2' = \left( \frac{16}{3D} \tau_0 + \frac{32}{D^2} \mu_\beta v_2' \right) L_2 + \frac{\gamma}{g} a_2' L_2$

下面求 $v_1'$、$v_2'$、$v_3'$、$v_4'$、$v_5'$、$v_6'$ 和 $a_1'$、$a_2'$、$a_3'$、$a_4'$、$a_5'$、$a_6'$ 的关系。

$$\begin{cases} v_1' = v_3' + v_4' \\ v_3' + r\omega\sin\omega t = v_5' \\ v_4' + r\omega\sin\omega \left( t + \frac{T}{2} \right) = v_6' \\ v_2' = v_5' + v_6' \\ v_6' = 0 \end{cases} \Longrightarrow \begin{cases} v_1' = v_5' \\ v_2' = v_5' \\ v_3' = v_5' - r\omega\sin\omega t \\ v_4' = r\omega\sin\omega t \end{cases}$$

$$\begin{cases} a_1' = a_5' \\ a_2' = a_5' \\ a_3' = a_5' - r\omega^2\cos\omega t \\ a_4' = r\omega^2\cos\omega t \\ a_6' = 0 \end{cases}$$

在 $D$ 点各处压强相等，所以

$$p_5' = p_2'$$

$$\gamma H_1 - \frac{\gamma}{g}(a_1'L_1 + a_3'L_3 + a_5'L_5) - \frac{16}{3D}\tau_0(L_1+L_3+L_5) - \frac{32}{D^2}\mu_\beta(v_1'L_1 + v_3'L_3 + v_5'L_5)$$

$$= \left(\frac{16}{3D}\tau_0 + \frac{32}{D^2}\mu_\beta v_2'\right)L_2 + \frac{\gamma}{g}a_2'L_2$$

$$\gamma H_1 - \frac{\gamma}{g}\left[a_5'L_1 + (a_5' - r\omega^2\cos\omega t)L_3 + a_5'L_5\right] - \frac{16}{3D}\tau_0(L_1+L_3+L_5) -$$

$$\frac{32}{D^2}\mu_\beta\left[v_5'L_1 + (v_5' - r\omega\sin\omega t)L_3 + v_5'L_5\right]$$

$$= \left(\frac{16}{3D}\tau_0 + \frac{32}{D^2}\mu_\beta v_5'\right)L_2 + \frac{\gamma}{g}a_5'L_2$$

$$\frac{\gamma}{g}(L_1+L_2+L_3+L_5)a_5' + \frac{32}{D^2}\mu_\beta(L_1+L_2+L_3+L_5)v_5'$$

$$= \gamma H_1 + \frac{\gamma}{g}r\omega^2\cos\omega t L_3 - \frac{16}{3D}\tau_0(L_1+L_2+L_3+L_5) + \frac{32}{D^2}\mu_\beta r\omega\sin\omega t L_3$$

$$a_5' + \frac{32g}{D^2\gamma}\mu_\beta v_5'$$

$$= \frac{gH_1}{L_1+L_2+L_3+L_5} + r\omega^2\cos\omega t\frac{L_3}{L_1+L_2+L_3+L_5} - \frac{16g}{3D\gamma}\tau_0 +$$

$$\frac{32g}{D^2\gamma}\mu_\beta r\omega\frac{L_3}{L_1+L_2+L_3+L_5}\sin\omega t$$

解上面一元微分方程得：

$$v_5' = C_5 e^{-\frac{32g}{D^2\gamma}\mu_\beta t} + r\omega\frac{L_3}{L_1+L_2+L_3+L_5}\sin\omega t +$$

$$\frac{D^2\gamma}{32\mu_\beta}\left(\frac{H_1}{L_1+L_2+L_3+L_5} - \frac{16\tau_0}{3D\gamma}\right)$$

$$v_1' = C_1 \mathrm{e}^{-\frac{32g}{D^2\gamma}\mu_\beta t} + r\omega \frac{L_3}{L_1+L_2+L_3+L_5}\sin\omega t +$$

$$\frac{D^2\gamma}{32\mu_\beta}\left(\frac{H_1}{L_1+L_2+L_3+L_5} - \frac{16\tau_0}{3D\gamma}\right)$$

$$v_2' = C_2 \mathrm{e}^{-\frac{32g}{D^2\gamma}\mu_\beta t} + r\omega \frac{L_3}{L_1+L_2+L_3+L_5}\sin\omega t +$$

$$\frac{D^2\gamma}{32\mu_\beta}\left(\frac{H_1}{L_1+L_2+L_3+L_5} - \frac{16\tau_0}{3D\gamma}\right)$$

$$v_3' = C_3 \mathrm{e}^{-\frac{32g}{D^2\gamma}\mu_\beta t} - r\omega \frac{L_1+L_2+L_5}{L_1+L_2+L_3+L_5}\sin\omega t +$$

$$\frac{D^2\gamma}{32\mu_\beta}\left(\frac{H_1}{L_1+L_2+L_3+L_5} - \frac{16\tau_0}{3D\gamma}\right)$$

$$v_4' = r\omega\sin\omega t$$

$$v_6' = 0$$

$$a_5' = -C_5 \frac{32g}{D^2\gamma}\mu_\beta \mathrm{e}^{-\frac{32g}{D^2\gamma}\mu_\beta t} + r\omega^2 \frac{L_3}{L_1+L_2+L_3+L_5}\cos\omega t$$

$$a_1' = -C_1 \frac{32g}{D^2\gamma}\mu_\beta \mathrm{e}^{-\frac{32g}{D^2\gamma}\mu_\beta t} + r\omega^2 \frac{L_3}{L_1+L_2+L_3+L_5}\cos\omega t$$

$$a_2' = -C_2 \frac{32g}{D^2\gamma}\mu_\beta \mathrm{e}^{-\frac{32g}{D^2\gamma}\mu_\beta t} + r\omega^2 \frac{L_3}{L_1+L_2+L_3+L_5}\cos\omega t$$

$$a_3' = -C_3 \frac{32g}{D^2\gamma}\mu_\beta \mathrm{e}^{-\frac{32g}{D^2\gamma}\mu_\beta t} - r\omega^2 \frac{L_1+L_2+L_5}{L_1+L_2+L_3+L_5}\cos\omega t$$

$$a_4' = r\omega^2\cos\omega t$$

$$a_6' = 0$$

## 3.7　各种状态下速度、加速度方程

3.6 节推导出了在状态（1）下的各管段充填料浆的速度和加速度方程，按照同样方法推导出状态（2）~ 状态（50）的各管段充填料浆的速度和加速度方程，详见附录 2。

# 4 充填料浆管道挤压输送计算机模拟

在第2章中，通过对水力充填管道挤压输送方法原理的理论分析与试验研究，证明了充填料浆挤压输送原理的可行性及其优点。本章将采用计算机模拟方法，进一步论证充填料浆挤压输送原理，并在此基础上，介绍挤压输送料浆的运动规律。

## 4.1 假设条件

### 4.1.1 充填系统及管路

假设某一具体充填系统（图4-1），其管路总长为 $L$，管路总垂直高度为 $H$，充填管道直径为 $D$。挤压输送设备安装在井下管路中某一位置，将整个充填管路分为入口管道和出口管道两部分，其中入口管路长度为 $L_1$，入口管路的垂直高度为 $H_1$，出口管路长度为 $L_2$，

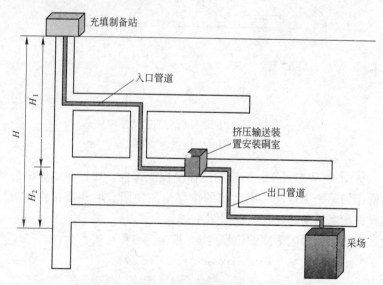

图4-1 充填管路与挤压输送设备安装位置示意图

出口管路的垂直高度为 $H_2$。

### 4.1.2　挤压输送设备活塞的运动规律

由挤压输送方法的原理知道，挤压输送设备主要由三通、挤压输送缸和活塞、动力执行部分、润滑辅助部分组成。设备本身类似于柱（活）塞泵，也是依靠活塞的往复运动，改变输送缸内容积进行吸入和排出浆体。不同于柱（活）塞泵之处在于它利用了充填管路中垂直管内充填料浆自重和浆体沿管边的屈服应力，使得输送装置取代正排量泵结构的心脏部分——阀门。根据机械原理，挤压输送设备的活塞可由曲柄连杆机构驱动，也可由液压油缸或其他方式驱动，但其基本的结构原理都是曲柄连杆机构的演变。因此，本章假定活塞由曲柄连杆机构驱动，其曲柄连杆机构的运动原理见图 4 - 2。

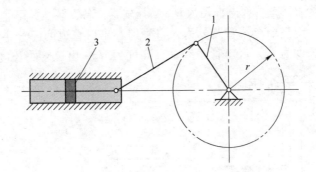

图 4 - 2　曲柄连杆机构的运动原理
1—曲柄；2—连杆；3—活塞

从图 4 - 2 中可知，活塞的位移呈现规律性。如果驱动电机带动曲柄作匀速圆周运动，则活塞的位移呈三角函数形式变化，挤压输送设备活塞运动的计算可参照图 4 - 3。

假定在压出行程区活塞的位移为 $s$，则运动方程可表示为：

$$s = r - r\cos\omega t = r(1 - \cos\omega t) \tag{4 - 1}$$

式中　　$r$——曲柄半径，$r$ 值是滑块最大行程的一半，m；

　　　　$\omega$——传动轴的角速度，rad/s。

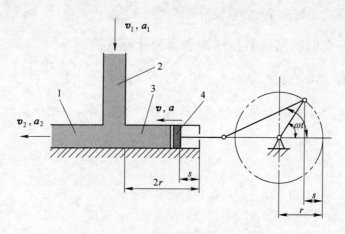

图4-3 挤压输送设备活塞运动计算图

1—水平管段；2—垂直管段；3—输送缸；4—活塞

对式4-1微分可得活塞的速度方程：

$$v = \frac{\mathrm{d}s}{\mathrm{d}t} = r\omega\sin\omega t \qquad (4-2)$$

两次微分得活塞的加速度方程：

$$a = \frac{\mathrm{d}^2 s}{\mathrm{d}t^2} = r\omega^2\cos\omega t \qquad (4-3)$$

将式4-1~式4-3作成曲线，如图4-4所示。它表示活塞位

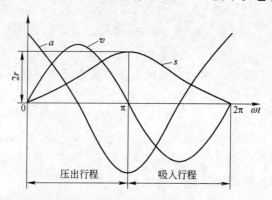

图4-4 活塞的位移、速度和加速度

移、速度、加速度与传动轴角位移之间的关系。

## 4.2　充填料浆管道挤压输送有关计算式推导

### 4.2.1　基本方程

从第 2 章的分析可知，在三通管内的浆体满足如下运动方程（图 4-5）：

$$v = v_2 - v_1 \tag{4-4}$$

$$a = a_2 - a_1 \tag{4-5}$$

式中　$v$——挤压输送设备输送缸活塞运动速度，m/s；

　　　$a$——挤压输送设备输送缸活塞运动加速度，m/s$^2$。

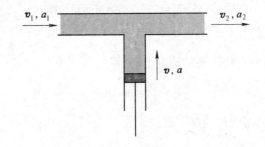

图 4-5　三通管内浆体流量平衡

将式 4-2 和式 4-3 分别代入式 4-4 和式 4-5，得：

$$v_2 = r\omega\sin\omega t + v_1 \tag{4-6}$$

$$a_2 = r\omega^2\cos\omega t + a_1 \tag{4-7}$$

根据第 2 章的假设条件与三通管内浆体受力分析（图 4-6），在三通管内存在：

$$p_1 = p_2 \tag{4-8}$$

同时，入口管道内的浆体满足式 4-9a、式 4-9b 和式 4-9c，即：

当浆体向三通管运动时：

$$p_1 = p_0 + \gamma H_1 - \frac{\gamma}{g} a_1 L_1 - \left(\frac{16}{3D}\tau_0 + \frac{32}{D^2}\mu_\beta v_1\right) L_1 \tag{4-9a}$$

当浆体静止时：

$$p_0 + \gamma H_1 - \frac{16}{3D}\tau_0 L_1 < p_1 < p_0 + \gamma H_1 + \frac{16}{3D}\tau_0 L_1 \qquad (4-9\text{b})$$

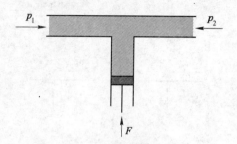

图 4-6  三通管内浆体受力分析

当浆体向入口方向运动时：

$$p_1 = p_0 + \gamma H_1 + \frac{\gamma}{g}a_1 L_1 + \left(\frac{16}{3D}\tau_0 + \frac{32}{D^2}\mu_\beta v_1\right)L_1 \qquad (4-9\text{c})$$

式中  $\gamma$——充填料浆密度，$N/m^3$；

$\tau_0$——充填料浆屈服应力，$N/m^2$；

$\mu_\beta$——充填料浆塑性黏度，$N \cdot s/m^2$；

$g$——重力加速度，$m/s^2$。

同样，根据第 2 章的假设与出口管道内浆体受力分析，出口管道内的浆体满足式 4-10a、式 4-10b 和式 4-10c，即：

当浆体向管道出口方向运动时：

$$p_2 = p_0 - \gamma H_2 + \left(\frac{16}{3D}\tau_0 + \frac{32}{D^2}\mu_\beta v_2\right)L_2 + \frac{\gamma}{g}a_2 L_2 \qquad (4-10\text{a})$$

当浆体静止时：

$$p_0 - \gamma H_2 - \frac{16}{3D}\tau_0 L_2 < p_2 < p_0 - \gamma H_2 + \frac{16}{3D}\tau_0 L_2 \qquad (4-10\text{b})$$

当浆体背向管道出口方向移动时：

$$p_2 = p_0 - \gamma H_2 - \left(\frac{16}{3D}\tau_0 + \frac{32}{D^2}\mu_\beta v_2\right)L_2 - \frac{\gamma}{g}a_2 L_2 \qquad (4-10\text{c})$$

根据对入口管道内和出口管道内的浆体运动分析可知，入口管道内和出口管道内的浆体运动存在以下 8 种状态，见图 4-7。

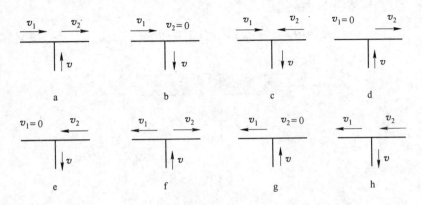

图4-7 入口管道内和出口管道内的浆体运动状态

## 4.2.2 料浆不同运动状态的速度、加速度方程

料浆不同运动状态的速度、加速度方程如下：

（1）当入口管道内浆体向三通管运动，出口管道内浆体向出口方向运动时（图4-7a），根据式4-8便有：

$$p_0 + \gamma H_1 - \frac{\gamma}{g} a_1 L_1 - \left(\frac{16}{3D}\tau_0 + \frac{32}{D^2}\mu_\beta v_1\right) L_1$$

$$= p_0 - \gamma H_2 + \left(\frac{16}{3D}\tau_0 + \frac{32}{D^2}\mu_\beta v_2\right) L_2 + \frac{\gamma}{g} a_2 L_2$$

整理上式，得：

$$\gamma H - \frac{16}{3D}\tau_0 L = \frac{32}{D^2}\mu_\beta (L_1 v_1 + L_2 v_2) + \frac{\gamma}{g}(L_2 a_2 + L_1 a_1)$$

并将式4-6和式4-7代入上式并整理，得：

$$\gamma H - \frac{16}{3D}\tau_0 L - \frac{32}{D^2}\mu_\beta L_2 r\omega\sin\omega t - \frac{\gamma}{g}L_2 r\omega^2\cos\omega t = \frac{32}{D^2}\mu_\beta L v_1 + \frac{\gamma}{g}L\frac{\mathrm{d}v_1}{\mathrm{d}t}$$

整理得：

$$\frac{\mathrm{d}v_1}{\mathrm{d}t} + \frac{32g\mu_\beta}{D^2\gamma}v_1 = \frac{H}{L}g - \frac{16g\tau_0}{3D\gamma} - \frac{32g\mu_\beta L_2 r\omega}{D^2\gamma L}\sin\omega t - \frac{L_2}{L}r\omega^2\cos\omega t$$

求解以上微分方程，令

$$Q(t) = \frac{H}{L}g - \frac{16g\tau_0}{3D\gamma} - \frac{32g\mu_\beta L_2 r\omega}{D^2\gamma L}\sin\omega t - \frac{L_2}{L}r\omega^2\cos\omega t$$

$$v_1 = Ce^{-\int\frac{32g\mu_\beta}{D^2\gamma}dt} + e^{-\int\frac{32g\mu_\beta}{D^2\gamma}dt}\int Q(t)e^{\int\frac{32g\mu_\beta}{D^2\gamma}dt}dt$$

$$= Ce^{-\int\frac{32g\mu_\beta}{D^2\gamma}t} + e^{-\frac{32g\mu_\beta}{D^2\gamma}t}\frac{D^2\gamma}{32g\mu_\beta}\left(\frac{H}{L}g - \frac{16g\tau_0}{3D\gamma}\right)e^{\frac{32g\mu_\beta}{D^2\gamma}t} -$$

$$e^{-\frac{32g\mu_\beta}{D^2\gamma}t}\int\left(\frac{32g\mu_\beta L_2 r\omega\sin\omega t}{D^2\gamma L} + \frac{L_2}{L}r\omega^2\cos\omega t\right)e^{\frac{32g\mu_\beta}{D^2\gamma}t}dt$$

令 $\frac{32g\mu_\beta L_2 r\omega}{D^2\gamma L} = A$，$\frac{L_2}{L}r\omega^2 = B$，$\frac{32g\mu_\beta}{D^2\gamma} = K$，则：

$$\int A\sin(\omega t)e^{Kt}dt = \int\frac{A}{K}\sin\omega t de^{Kt}$$

$$= \frac{A}{K}\int\sin\omega t de^{Kt}$$

$$= \frac{A}{K}\sin\omega t e^{Kt} - \int e^{Kt}d\sin\omega t$$

$$= \frac{A}{K}\left(\sin\omega t e^{Kt} - \frac{\omega}{K}\int\cos\omega t de^{Kt}\right)$$

$$= \frac{A}{K}\left(\sin\omega t e^{Kt} - \frac{\omega}{K}\cos\omega t e^{Kt} + \frac{\omega}{K}\int e^{Kt}d\cos\omega t\right)$$

$$= \frac{A}{K}\left(\sin\omega t e^{Kt} - \frac{\omega}{K}\cos\omega t e^{Kt} - \frac{\omega^2}{K}\int\sin\omega t e^{Kt}dt\right)$$

整理得：

$$\int\sin\omega t e^{Kt}dt = \frac{e^{Kt}}{K^2 + \omega^2}(C\sin\omega t - \omega\cos\omega t)$$

同理得：

$$\int\cos\omega t e^{Kt}dt = \frac{e^{Kt}}{K^2 + \omega^2}(K\cos\omega t + \omega\sin\omega t)$$

所以

$$\int(A\sin\omega t + B\cos\omega t)e^{Kt}dt = \frac{e^{Kt}}{K^2 + \omega^2}\left[(AK + B\omega)\sin\omega t + (BK - A\omega)\cos\omega t\right]$$

代入整理得：

$$\int (A\sin\omega t + B\cos\omega t)\mathrm{e}^{Kt}\mathrm{d}t = \frac{L_2}{L}r\omega\sin\omega t$$

求解得：

$$v_1 = C\mathrm{e}^{-\frac{32g\mu_\beta}{D^2\gamma}t} + \frac{D^2\gamma}{32\mu_\beta}\left(\frac{H}{L} - \frac{16\tau_0}{3D\gamma}\right) - \frac{L_2}{L}r\omega\sin\omega t \qquad (4-11\mathrm{a})$$

$$a_1 = -\frac{32g\mu_\beta}{D^2\gamma}C\mathrm{e}^{-\frac{32g\mu_\beta}{D^2\gamma}t} - \frac{L_2}{L}r\omega^2\cos\omega t \qquad (4-11\mathrm{b})$$

式中　$C$——由初始条件决定的常数。

将式 4-11 和式 4-12 分别代入式 4-6 和式 4-7，得：

$$v_2 = C\mathrm{e}^{-\frac{32g\mu_\beta}{D^2\gamma}t} + \frac{D^2\gamma}{32\mu_\beta}\left(\frac{H}{L} - \frac{16\tau_0}{3D\gamma}\right) + \frac{L_1}{L}r\omega\sin\omega t \qquad (4-11\mathrm{c})$$

$$a_2 = -\frac{32g\mu_\beta}{D^2\gamma}C\mathrm{e}^{-\frac{32g\mu_\beta}{D^2\gamma}t} + \frac{L_1}{L}r\omega^2\cos\omega t \qquad (4-11\mathrm{d})$$

（2）当出口管道内浆体停止运动时（图 4-7b、g），则有：

$$v_2 = 0 \qquad (4-12\mathrm{a})$$

$$a_2 = 0 \qquad (4-12\mathrm{b})$$

$$v_1 = -r\omega\sin\omega t \qquad (4-12\mathrm{c})$$

$$a_1 = -r\omega^2\cos\omega t \qquad (4-12\mathrm{d})$$

（3）当入口管道内浆体向三通管运动，出口管道内浆体背向出口方向运动时（图 4-7c），根据式 4-8 便有：

$$p_0 + \gamma H_1 - \frac{\gamma}{g}a_1 L_1 - \left(\frac{16}{3D}\tau_0 + \frac{32}{D^2}\mu_\beta v_1\right)L_1$$

$$= p_0 - \gamma H_2 - \left(\frac{16}{3D}\tau_0 + \frac{32}{D^2}\mu_\beta v_2\right)L_2 - \frac{\gamma}{g}a_2 L_2$$

整理上式，得：

$$\gamma H - \frac{16}{3D}\tau_0(L_1 - L_2) = \frac{32}{D^2}\mu_\beta(L_1 v_1 - L_2 v_2) + \frac{\gamma}{g}(L_1 a_1 - L_2 a_2)$$

将式 4-6 和式 4-7 代入上式得：

$$\gamma H - \frac{16}{3D}\tau_0(L_1 - L_2) + \frac{32}{D^2}\mu_\beta L_2 r\omega\sin\omega t + \frac{\gamma}{g}L_2 r\omega^2\cos\omega t$$

$$= (L_1 - L_2)\left(\frac{32}{D^2}\mu_\beta v_1 + \frac{\gamma}{g}\cdot\frac{\mathrm{d}v_1}{\mathrm{d}t}\right)$$

整理得:

$$\frac{\mathrm{d}v_1}{\mathrm{d}t} + \frac{32g\mu_\beta}{D^2\gamma}v_1 = \frac{H}{L_1 - L_2}g - \frac{16g\tau_0}{3D\gamma} + \frac{32g\mu_\beta L_2 r\omega}{D^2\gamma(L_1 - L_2)}\sin\omega t + \frac{L_2}{L_1 - L_2}r\omega^2\cos\omega t$$

参照前述的求解方法,求解以上微分方程,得:

$$v_1 = Ce^{-\frac{32g\mu_\beta}{D^2\gamma}t} + \frac{D^2\gamma}{32\mu_\beta}\left(\frac{H}{L_1 - L_2} - \frac{16\tau_0}{3D\gamma}\right) + \frac{L_2}{L_1 - L_2}r\omega\sin\omega t \qquad (4-13\mathrm{a})$$

$$a_1 = -\frac{32g\mu_\beta}{D^2\gamma}Ce^{-\frac{32g\mu_\beta}{D^2\gamma}t} + \frac{L_2}{L_1 - L_2}r\omega^2\cos\omega t \qquad (4-13\mathrm{b})$$

$$v_2 = Ce^{-\frac{32g\mu_\beta}{D^2\gamma}t} + \frac{D^2\gamma}{32\mu_\beta}\left(\frac{H}{L_1 - L_2} - \frac{16\tau_0}{3D\gamma}\right) + \frac{L_1}{L_1 - L_2}r\omega\sin\omega t \qquad (4-13\mathrm{c})$$

$$a_2 = -\frac{32g\mu_\beta}{D^2\gamma}Ce^{-\frac{32g\mu_\beta}{D^2\gamma}t} + \frac{L_1}{L_1 - L_2}r\omega^2\cos\omega t \qquad (4-13\mathrm{d})$$

(4) 当入口管道内浆体停止运动时(图4-7d、e),则有:

$$v_1 = 0 \qquad (4-14\mathrm{a})$$

$$a_1 = 0 \qquad (4-14\mathrm{b})$$

$$v_2 = r\omega\sin\omega t \qquad (4-14\mathrm{c})$$

$$a_2 = r\omega^2\cos\omega t \qquad (4-14\mathrm{d})$$

(5) 当入口管道内浆体向入口方向运动,出口管道内浆体向出口方向运动时(图4-7f),则有:

$$p_0 + \gamma H_1 + \frac{\gamma}{g}a_1 L_1 + \left(\frac{16}{3D}\tau_0 + \frac{32}{D^2}\mu_\beta v_1\right)L_1$$

$$= p_0 - \gamma H_2 + \left(\frac{16}{3D}\tau_0 + \frac{32}{D^2}\mu_\beta v_2\right)L_2 + \frac{\gamma}{g}a_2 L_2$$

整理上式,得:

$$\gamma H + \frac{16}{3D}\tau_0(L_1 - L_2) - \frac{32}{D^2}\mu_\beta L_2 r\omega\sin\omega t - \frac{\gamma}{g}L_2 r\omega^2\cos\omega t$$

$$= (L_2 - L_1)\left(\frac{32}{D^2}\mu_\beta v_1 + \frac{\gamma}{g}\frac{\mathrm{d}v_1}{\mathrm{d}t}\right)$$

同样,按照前述的方法求解以上微分方程,得:

$$v_1 = Ce^{-\frac{32g\mu_\beta}{D^2\gamma}t} + \frac{D^2\gamma}{32\mu_\beta}\left(\frac{H}{L_2 - L_1} - \frac{16\tau_0}{3D\gamma}\right) - \frac{L_2}{L_2 - L_1}r\omega\sin\omega t \qquad (4-15\mathrm{a})$$

$$a_1 = -\frac{32g\mu_\beta}{D^2\gamma}Ce^{-\frac{32g\mu_\beta}{D^2\gamma}t} - \frac{L_2}{L_2 - L_1}r\omega^2\cos\omega t \qquad (4-15\text{b})$$

$$v_2 = Ce^{-\frac{32g\mu_\beta}{D^2\gamma}t} + \frac{D^2\gamma}{32\mu_\beta}\left(\frac{H}{L_2 - L_1} - \frac{16\tau_0}{3D\gamma}\right) - \frac{L_1}{L_2 - L_1}r\omega\sin\omega t \qquad (4-15\text{c})$$

$$a_2 = -\frac{32g\mu_\beta}{D^2\gamma}Ce^{-\frac{32g\mu_\beta}{D^2\gamma}t} - \frac{L_1}{L_2 - L_1}r\omega^2\cos\omega t \qquad (4-15\text{d})$$

（6）当入口管道内浆体向入口方向运动，出口管道内浆体逆向出口方向运动时（图 4-7h），则有：

$$p_0 + \gamma H_1 + \frac{\gamma}{g}a_1 L_1 + \left(\frac{16}{3D}\tau_0 + \frac{32}{D^2}\mu_\beta v_1\right)L_1$$

$$= p_0 - \gamma H_2 - \left(\frac{16}{3D}\tau_0 + \frac{32}{D^2}\mu_\beta v_2\right)L_2 - \frac{\gamma}{g}a_2 L_2$$

整理上式，得：

$$\gamma H + \frac{16}{3D}\tau_0 L + \frac{32}{D^2}\mu_\beta L_2 r\omega\sin\omega t + \frac{\gamma}{g}L_2 r\omega^2\cos\omega t = -\frac{32}{D^2}\mu_\beta L v_1 - \frac{\gamma}{g}L\frac{\mathrm{d}v_1}{\mathrm{d}t}$$

求解以上微分方程，得：

$$v_1 = Ce^{-\frac{32g\mu_\beta}{D^2\gamma}t} - \frac{D^2\gamma}{32\mu_\beta}\left(\frac{H}{L} + \frac{16\tau_0}{3D\gamma}\right) - \frac{L_2}{L}r\omega\sin\omega t \qquad (4-16\text{a})$$

$$a_1 = -\frac{32g\mu_\beta}{D^2\gamma}Ce^{-\frac{32g\mu_\beta}{D^2\gamma}t} - \frac{L_2}{L}r\omega^2\cos\omega t \qquad (4-16\text{b})$$

$$v_2 = Ce^{-\frac{32g\mu_\beta}{D^2\gamma}t} - \frac{D^2\gamma}{32\mu_\beta}\left(\frac{H}{L} + \frac{16\tau_0}{3D\gamma}\right) + \frac{L_1}{L}r\omega\sin\omega t \qquad (4-16\text{c})$$

$$a_2 = -\frac{32g\mu_\beta}{D^2\gamma}Ce^{-\frac{32g\mu_\beta}{D^2\gamma}t} + \frac{L_1}{L}r\omega^2\cos\omega t \qquad (4-16\text{d})$$

## 4.3　计算机模拟

根据 4.2.2 节推导出的浆体在不同运动状态下的运动速度和加速度计算式，运用 Visual Basic 语言编制计算程序，计算在不同的活塞运动周期 $t$、不同的曲柄半径 $r$ 和不同的入口管道长度 $L_1$ 时，入口管道和出口管道内料浆的运动速度和受力状况，从而判定料浆的流向。如果在某种（$t$、$r$、$L_1$）状态下，存在 $v_1 > 0$ 和 $v_2 > 0$，说明入口管道内浆体是向三通管方向运动，出口管道内浆体向出口方向运动，也就证明了挤压输送原理的正确。

具体方法是：假定某一充填系统及充填料浆，已知 $L$、$H$、$D$、$\gamma$、$\tau_0$、$\mu_\beta$，以时间 $t$ 为变量，根据 4.2.2 节推导的有关式计算某一时刻入口管道和出口管道内料浆的运动速度、加速度和压强，根据计算结果判断入口管道和出口管道内料浆的流向，增加一个时间步长 $\mathrm{d}t$，重复上述计算。调整入口管道长度 $L_1$、活塞运动周期 $T$ 和曲柄半径等参数，重复上述过程，如此循环往复，模拟充填料浆在挤压输送下的流动状态。图 4 - 8 是计算机模拟计算程序框图。采用 Visual Basic 语言编写的模拟计算程序见附录 1。

## 4.3.1 长距离管道挤压输送模拟

### 4.3.1.1 假设条件

假定某一具体充填系统（图 4 - 9）：管路总长 $L = 2500\mathrm{m}$，管路总垂直高度 $H = 300\mathrm{m}$，充填管道直径 $D = 0.125\mathrm{m}$。充填料浆密度 $\gamma = 19600\mathrm{N/m^3}$，充填料浆屈服应力 $\tau_0 = 50\mathrm{N/m^2}$，充填料浆塑性黏度 $\mu_\beta = 0.5\mathrm{N \cdot s/m^2}$。

该充填系统的最大自流输送倍线为：

$$N = \frac{L}{H} = \frac{2200}{200} = 11$$

如果采用自流输送，即依靠垂直管内料浆自重，克服充填料浆沿程摩阻损失，则应满足下式（参见式 2 - 2），即：

$$\gamma H \geqslant \frac{16}{3D}\tau_0 L + \frac{32v}{D^2}\mu_\beta$$

依靠垂直管内料浆自重，克服充填料浆的屈服应力，实现料浆由静止到流动的条件是：

$$\gamma H \geqslant \frac{16}{3D}\tau_0 L$$

即：

$$\gamma H - \frac{16}{3D}\tau_0 L > 0 \tag{4 - 17}$$

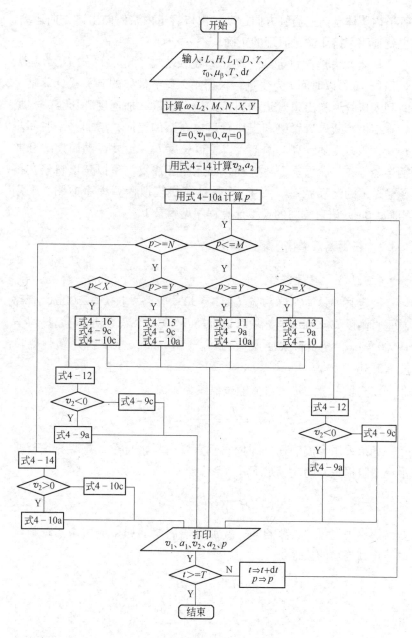

图 4 - 8 计算机模拟计算程序框图

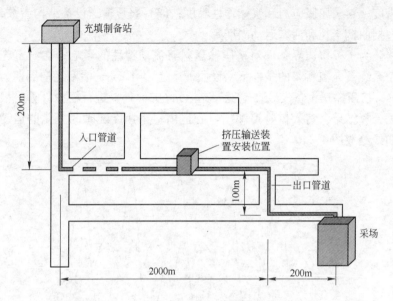

图 4 - 9 长距离管道输送充填系统示意图

将假设的参数代入式 4 - 17 左边，得：

$$\gamma H - \frac{16}{3D}\tau_0 L = 19600 \times 200 - \frac{16}{3 \times 0.125} \times 50 \times 2200 = -7.73 \times 10^5 < 0$$

此结果说明，对于假设的充填系统及料浆参数，依靠垂直管内料浆自重，不能满足料浆由静止到流动的条件式 4 - 17，自流输送不可行。因此，就按照此假设的充填系统及料浆参数，模拟挤压输送料浆的运动规律，并进一步证明充填料管道挤压原理的可行性。

### 4.3.1.2 挤压输送边界条件对料浆流动特性的影响

将挤压输送设备安装在图 4 - 9 所示的水平管道上，假定在管道挤压输送开始时，入口管道和出口管道内均充满料浆，挤压输送设备的活塞处于冲程状态的起始端（如图 4 - 3 所示，$s = 0$），即：当 $t = 0$，$v_1 = 0$，$v_2 = 0$ 时。在此边界条件下，模拟料浆的运动状况。由推导出的料浆速度方程可知，充填管道内的料浆速度与以下三种因素有关：（1）充填系统参数，包括充填管道长度、充填管道总垂直高度和充填管道直径；（2）充填料浆流变力学参数，包括料浆质量密度、料浆屈服应力和浆体塑性黏度;(3)挤压输送设备结构参数,包括曲柄半径和活塞运动周期等。

为了模拟边界条件对挤压输送料浆流动特性的影响,在给定充填系统及充填料浆的条件下,设曲柄半径 $r = 1.5m$,活塞运动周期为 2s,挤压输送设备安装在距地表充填站 600m 处,进行模拟计算。根据计算结果,将入口管道和出口管道内料浆速度随时间变化的运动曲线绘成图 4 – 10。

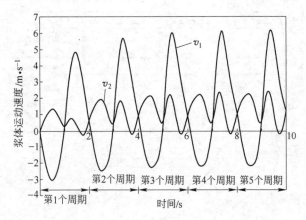

图 4 – 10 管道挤压输送前 5 个周期的浆体运动速度随时间变化曲线
$v_1$—入口管道内浆体运动速度;$v_2$—出口管道内浆体运动速度

从图 4 – 10 可以看出,在第 1 个周期内,当 $t = 0$ 时,$v_1 = 0$,$v_2 = 0$,这与假定的在挤压输送开始时,活塞处于冲程的起始端的情形相吻合。从第 2 个周期起,当活塞处于冲程的起始端时,即当 $t = 2s$、4s、6s、8s 或 10s 时,$v_1 \neq 0$,$v_2 \neq 0$。并且从第 4 个周期起,$v_1$ 和 $v_2$ 随时间的变化曲线趋于相同,说明起始条件的不同,仅对前几个周期内料浆的运动有影响,而对后面周期内的料浆运动无影响。因此,在以下的模拟计算结果中,只列出第 4 个周期的计算结果。

从图 4 – 10 还可以看出,在一个周期内出现 $v_1 < 0$ 和 $v_2 < 0$ 的情况。$v_1 < 0$,说明在挤压输送设备作用下,充填料浆向入口方向运动,这正是采用挤压输送时应避免的情况,出现此现象的原因是因为挤压输送设备安装位置不合理,理想的状况是在挤压输送作用下,

入口管道和出口管道内的充填料浆运动速度均大于 0。

$v_2 < 0$ 是因为在活塞回程时，在三通处产生负压，将出口管道内的料浆吸入输送缸内。尽管出口管道的料浆速度 $v_2 < 0$，但从表 4-1 中看出，充填料输送量也达到了 57.34m³/h，这也就证明了在充填料浆靠重力输送不可能的状况下，挤压输送方法能够实现充填料浆长距离管道输送。

### 4.3.1.3 入口管道长度优化

从上述分析知，对于给定的充填系统及料浆，入口管道长度的不同，即挤压输送设备的安装位置不同，入口管道和出口管道内的充填料浆运动速度随之变化。因此，合理确定入口管道长度对挤压输送方法的应用极为重要。为了合理确定挤压输送的入口管道长度，以充填料浆流量为评价指标，模拟不同入口管道长度的充填料浆流量，以取得充填料浆流量最大值为最佳的入口管道长度。根据模拟计算结果，将入口管道与料浆流量和最大压强之间的关系整理成表 4-1。

表 4-1 不同入口管道长度的料浆流量和最大压强计算结果

| 入口管道长度/m | 活塞运动周期=2s | | 活塞运动周期=3s | | 活塞运动周期=4s | |
|---|---|---|---|---|---|---|
| | 料浆流量/m³·h⁻¹ | 最大压强/Pa | 料浆流量/m³·h⁻¹ | 最大压强/Pa | 料浆流量/m³·h⁻¹ | 最大压强/Pa |
| 200 | 15.51 | 9.19 | 18.07 | 6.55 | 17.41 | 5.60 |
| 600 | 57.34 | 16.74 | 32.39 | 10.20 | 30.37 | 6.58 |
| 1000 | 73.76 | 19.27 | 61.86 | 9.43 | 44.33 | 8.59 |
| 1400 | 74.24 | 18.80 | 61.86 | 8.69 | 44.33 | 7.83 |
| 1800 | 73.66 | 16.05 | 46.49 | 8.18 | 33.61 | 5.58 |
| 2200 | 20.48 | 9.04 | 21.67 | 5.71 | 20.66 | 4.34 |

将表 4-1 中入口管道长度与料浆流量关系绘制成图 4-11。图 4-11 中的曲线 1、曲线 2 和曲线 3 分别代表活塞运动周期为 2s、3s 和 4s 时的料浆流量随入口管道长度变化曲线。从图 4-11 中看出，料浆流量随入口管道长度增加而逐渐上升，大约在入口管道长度为

1200m 时，三种运动周期的料浆流量均达到最大值，而后，料浆流量随入口管道长度的继续增加而逐渐降低，三条曲线的变化规律大体相同。说明对于假定的充填系统及参数，将挤压输送设备安装在距地表充填站入口 1200m 处最为合适。此时，如果挤压输送设备的活塞运动周期为 2s、3s 和 4s 时, 料浆流量分别达到 74m³/h、60m³/h 和 44m³/h 左右。

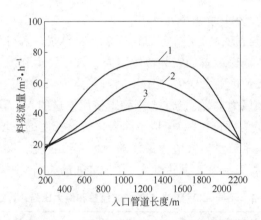

图 4 – 11　入口管道长度对料浆流量的影响

1—活塞运动周期为 2s；2—活塞运动周期为 3s；3—活塞运动周期为 4s

### 4.3.1.4　活塞运动周期对料浆流动性的影响

从图 4 – 11 还可看出，当挤压输送设备安装在同一地点时,挤压输送设备的活塞运动周期不同，料浆流量也不同。其规律是,周期越短,料浆流量越大。根据计算结果，将最大压强随入口管道长度的变化绘成图 4 – 12。图 4 – 12 中的曲线 1、曲线 2 和曲线 3 分别代表活塞运动周期为 2s、3s 和 4s 时的最大压强。从中看出，当活塞运动周期一定时,压强随入口管道长度的增加而变化,对于活塞运动周期为 2s、3s 和 4s 时，最高压强分别出现在入口管道长度大约 1200m、700m 和 1100m 处。并且当活塞运动周期为 2s 时压强最高值为 19MPa,是活塞运动周期为 4s 时压强最高值的 2.2 倍,后者仅为 8.59MPa。

活塞运动周期是由设备的性能决定的。在选择设备时，除了要求设备满足工艺的要求外，还必须考虑其经济性。一般地，活塞出

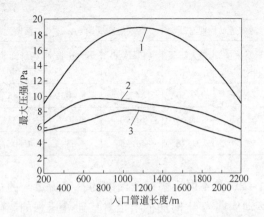

图 4 – 12　压强与入口管道长度的关系曲线

1—活塞运动周期为 2s; 2—活塞运动周期为 3s; 3—活塞运动周期为 4s

口压力越高, 动力消耗越大; 周期越短, 磨损越快。根据目前类似产品如混凝土泵的制造与使用经验, 活塞运动周期一般设计为 4s 左右[98]。

从上述的分析看出, 利用本书介绍的方法, 能够为挤压输送设备的设计、选型和最佳安装位置提供理论依据。

### 4.3.1.5　曲柄半径对料浆流动性的影响

根据前述的分析结果, 对于设定的充填系统及料浆, 入口管道的最佳长度为 1200m。因此, 将入口管道长度定为 1200m, 模拟在不同曲柄半径时, 入口管道和出口管道内料浆运动速度随时间的变化规律, 根据计算结果, 将不同曲柄半径的料浆流量和最大压强计算结果整理成表 4 – 2。

表 4 – 2　曲柄半径对料浆流动的影响计算结果

| 曲柄半径 /m | 活塞运动周期 = 2s | | 活塞运动周期 = 4s | | 活塞运动周期 = 6s | |
| --- | --- | --- | --- | --- | --- | --- |
| | 料浆流量 /m³·h⁻¹ | 最大压强 /Pa | 料浆流量 /m³·h⁻¹ | 最大压强 /Pa | 料浆流量 /m³·h⁻¹ | 最大压强 /Pa |
| 0.5 | 43.50 | 7.23 | 6.72 | 4.73 | 4.48 | 4.30 |
| 1.0 | 71.99 | 13.37 | 27.80 | 6.85 | 8.96 | 4.83 |

| 曲柄半径<br>/m | 活塞运动周期=2s | | 活塞运动周期=4s | | 活塞运动周期=6s | |
|---|---|---|---|---|---|---|
| | 料浆流量<br>/m³·h⁻¹ | 最大压强<br>/Pa | 料浆流量<br>/m³·h⁻¹ | 最大压强<br>/Pa | 料浆流量<br>/m³·h⁻¹ | 最大压强<br>/Pa |
| 1.5 | 74.74 | 19.50 | 44.33 | 8.40 | 13.45 | 5.37 |
| 2.0 | 63.67 | 25.64 | 61.90 | 8.40 | 30.37 | 6.76 |
| 2.5 | 59.50 | 31.78 | 67.24 | 8.83 | 45.08 | 7.52 |

根据表4-2,将不同活塞运动周期的料浆流量与曲柄半径的关系以及活塞运动周期为4s时曲柄半径对三通处压强的影响分别绘成图4-13和图4-14。

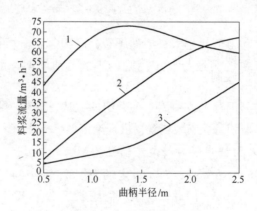

图4-13 曲柄半径对料浆流量的影响

1—活塞运动周期为2s;2—活塞运动周期为4s;3—活塞运动周期为6s

图4-13中的曲线1、曲线2和曲线3分别代表活塞运动周期为2s、4s和6s时的料浆流量。从图4-13看出,料浆流量随曲柄大小而变化,当活塞运动周期为4s和6s时,料浆流量随曲柄半径的增加而上升。当活塞运动周期为2s时,料浆流量随曲柄半径的增加而上升,至大约曲柄半径为1.25m时,流量达到了最大值,而后,随着曲柄半径的增加,流量逐渐降低,因此对于活塞运动周期为2s来说,最佳的曲柄半径是1.25m。曲柄半径的大小与活塞缸的长度相

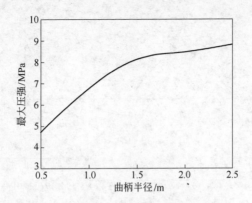

图 4 – 14　曲柄半径对三通处压强的影响

关，曲柄半径越大，活塞缸的长度越长。在现有的技术条件下，目前混凝土泵活塞缸最大长度达到 3m，相当于曲柄半径为 1.5m。因此，将曲柄半径确定为 1～1.5m 是可行的。此外，活塞运动周期也受到技术条件的限制，周期越短，磨损越快，对设备的其他零部件的要求也越高，目前混凝土泵的活塞运动周期一般为 4s 左右，因此，将挤压输送设备活塞运动周期定为 4s。在此条件下，曲柄半径对三通处压强的影响见图 4 – 14。

　　从图 4 – 14 看出，三通处最大压强随曲柄半径的增大而上升。当曲柄半径小于 1.5m 时，压强随曲柄半径的增加，上升速度较快；在曲柄半径大于 1.5m 后，压强随曲柄半径的增加，上升速度变缓。三通处最大压强值的大小，反映的是设备功力的大小，最大压强值越大，要求设备的功率也就越大。因此，在实际应用中，在考虑曲柄半径的大小时，必须考虑三通处最大压强的大小，亦即挤压输送设备功率的大小。

　　图 4 – 15 是在假定的充填系统及充填料浆参数条件下，较为合适的活塞运动周期（4s）、曲柄半径（1.5m）和入口管道长度（1200m）的长距离输送料浆运动速度和三通管内压强随时间的变化曲线。从图 4 – 15 中看出，在这些参数作用下，$v_1 > 0$，$v_2 > 0$，说明对于一定的充填管路和一定的充填料浆，能找到使入口管路和出口

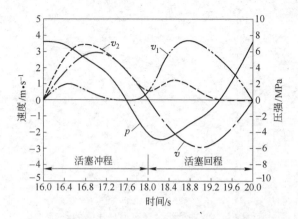

图 4-15　长距离输送料浆流动运动速度和三通管内压强随时间的变化曲线

$v_1$—入口管道内浆体运动速度；$v_2$—出口管道内浆体运动速度；
$p$—三通管内压强；$v$—活塞运动速度

管路内料浆的流内速度大于 0 的合适参数，实现充填料浆挤压输送。

### 4.3.2　高浓度管道挤压输送模拟

#### 4.3.2.1　假设条件

如第 1 章所述，高浓度充填一直是矿山充填管道输送的发展方向，介绍高浓度挤压输送方法是本书的主要目的。假定有一具体充填系统（图 4-16）：$L = 1500\mathrm{m}$，$H = 300\mathrm{m}$，$H_1 = 200\mathrm{m}$，$D = 0.125\mathrm{m}$。

参照凡口铅锌矿全尾砂环管试验流变参数结果，假定某一充填料浆，灰砂比为 1∶8，当浓度为 76% 时，$\gamma = 19830\mathrm{N/m^3}$，$\tau_0 = 69.07\mathrm{N/m^2}$，$\mu_\beta = 0.2563\mathrm{N \cdot s/m^2}$；当浓度为 77% 时，$\gamma = 20100\ \mathrm{N/m^3}$，$\tau_0 = 96.21\mathrm{N/m^2}$，$\mu_\beta = 0.2743\mathrm{N \cdot s/m^2}$。

假设的充填系统最大自流输送倍线为：

$$N = \frac{L}{H} = \frac{1200}{200} = 6$$

如果采用自流输送，则应满足下式，即：

$$\gamma H - \frac{16}{3D}\tau_0 L \geqslant 0$$

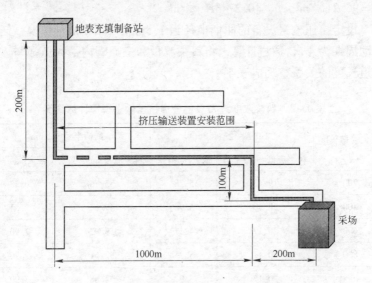

图 4 – 16　高浓度充填系统与结构参数示意图

当料浆浓度为 76% 时的上述相关参数代入上式左边，得：

$$\gamma H - \frac{16}{3D}\tau_0 L = 19830 \times 200 - \frac{16}{3 \times 0.125} \times 69.07 \times 1200$$
$$= -4.54 \times 10^5 < 0$$

同样，将料浆浓度为 77% 时的上述相关参数代入上式左边，得：

$$\gamma H - \frac{16}{3D}\tau_0 L = 20100 \times 200 - \frac{16}{3 \times 0.125} \times 96.21 \times 1200$$
$$= -9.06 \times 10^5 < 0$$

上述计算结果表明，当充填料浆质量浓度为 76% 和 77% 时，充填料浆均不能够自流输送。在这种情况下，将挤压输送设备安装在图 4 – 16 所示的安装范围内某一位置上，看是否在挤压输送设备作用下充填料浆能够向管道出口方向流动，如果存在 $v_1 > 0$ 和 $v_2 > 0$，说明充填料浆是向管道出口方向流动，即采用挤压输送方法能够实现高浓度充填料浆管道挤压输送。

### 4.3.2.2　模拟计算

原始条件： $L = 1500\mathrm{m}$， $H = 300\mathrm{m}$， $D = 0.125\mathrm{m}$， $\gamma = 20100\mathrm{N/m}^3$，

$\tau_0 = 96.21\text{N/m}^2$，$\mu_\beta = 0.2743\text{N} \cdot \text{s/m}^2$。

设定挤压输送设备的曲柄半径为 1.5m 和 2.0m 两种情况，活塞运动周期为 4 s，通过计算，将料浆流量和三通管内最大压强与入口管道长度的关系整理成表 4 − 3。

表 4 − 3 料浆浓度为 77% 的管道挤压输送模拟计算结果

| 入口管道长度/m | 曲柄半径 = 1.5m | | 曲柄半径 = 2.0m | |
|---|---|---|---|---|
| | 料浆流量/m³·h⁻¹ | 最大压强/Pa | 料浆流量/m³·h⁻¹ | 最大压强/Pa |
| 200 | 19.43 | 5.28 | 35.76 | 6.25 |
| 400 | 28.90 | 5.90 | 49.64 | 7.54 |
| 600 | 20.17 | 4.11 | 59.92 | 7.90 |
| 800 | 20.17 | 5.25 | 92.51 | 7.90 |
| 1000 | 20.17 | 3.97 | 54.88 | 7.90 |
| 1200 | 24.00 | 3.66 | 44.56 | 7.90 |

### 4.3.2.3 结果分析

根据表 4 − 3，将料浆流量和最大压强与入口管道长度的关系分别绘成图 4 − 17 和图 4 − 18。

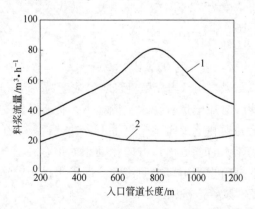

图 4 − 17 高浓度输送料浆流量与入口管道长度的关系

1—曲柄半径为 2.0m；2—曲柄半径为 1.5m

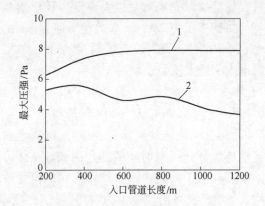

图 4 – 18　高浓度输送最大压强与入口管道长度的关系
1—曲柄半径为 2.0m；2—曲柄半径为 1.5m

　　图 4 –17 中曲线 1 和曲线 2 分别是曲柄半径为 2.0m 和 1.5m 的料浆流量与入口管道长度的关系。从图 4 –17 中看出，当入口管道长度相同时，料浆流量随曲柄半径的增加而提高，同时，料浆流量随入口管道长度而变化，当曲柄半径为 2.0m 时，料浆流量最大值出现在入口管道长度为 800m 处，此时料浆流量达到 92.51m³/h（详见表 4 –3），显然，对于设定的充填系统及料浆，在挤压输送设备的活塞运动周期为 4 s 和曲柄半径为 2.0m 时，其安装位置在入口管道长度为 800m 时最佳。如果曲柄半径为 1.5m，则最佳的入口管道长度是 400m，此时的料浆最大流量为 28.9m³/h。尽管此时的流量远低于曲柄半径为 2.0m 时的流量，但相对于自流输送来说，挤压输送时，存在充填料浆向出口方向流动的时候，说明挤压输送可行。

　　图 4 –18 中曲线 1 和曲线 2 分别是曲柄半径为 2.0m 和 1.5m 的三通管内最大压强随入口管道长度的变化曲线。从图 4 –18 看出，当曲柄半径为 1.5m 时，随着入口管道长度的增加，管道内的最大压强呈下降趋势，而当曲柄半径为 2.0m 时，入口管道长度从 200m 增加至大约 600m 时，管道内的最大压强呈上升趋势，而后，尽管入口管道长度增加，管道内的最大压强基本保持不变，其最大压强大约为 8MPa。

综上分析，如果仅以充填料浆最大流量为评价指标，则在假定挤压输送设备的曲柄半径为 2m、活塞运动周期为 4 s 的条件下，入口管道长度为 800m 最佳，此时，充填料浆的最大流量达到 92m³/h 左右，三通管道内的最大压强约为 8MPa。

图 4 - 19 是在上述参数下，即 $L = 1500\text{m}$，$L_1 = 800\text{m}$，$H = 300\text{m}$，$D = 0.125\text{m}$，$r = 2.0\text{m}$，$\gamma = 20100$ N/m³，$\tau_0 = 96.21\text{N/m}^2$，$\mu_\beta = 0.2743\text{N} \cdot \text{s/m}^2$，活塞运动周期为 4s 的入口管道和出口管道内充填料浆的运动速度和压强随时间的变化曲线。从图可看出，在挤压输送设备活塞运动 1 个周期内，入口管道和出口管道内充填料浆的运动速度均大于 0，没有出现负值的时候，只有少数时候等于 0，这是挤压输送最理想的状况。

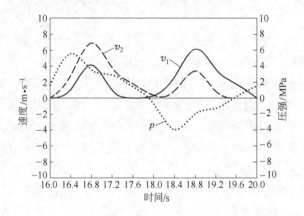

图 4 - 19　高浓度输送管道内料浆运动和压强曲线
$v_1$—入口管道内浆体运动速度；$v_2$—出口管道内浆体运动速度；
$p$—三通管内压强

### 4.3.2.4　挤压输送对高浓度充填料浆流量的影响

从前述的分析知，对于设定的充填系统，当充填料浆浓度为 76% 时，充填料浆能够自流输送。假定此时的充填料浆仍为宾汉流体，则充填料浆的平均流速可以用下式计算：

$$\gamma H - \left( \frac{16}{3D}\tau_0 L + \frac{32}{D^2}\mu_\beta vL \right) = 0$$

将设定的相关参数代入上式，得：

$$19830 \times 300 - \left( \frac{16}{3 \times 0.125} \times 69.07 \times 1500 + \frac{32}{0.125^2} \times 0.2563 \times 1500v \right) = 0$$

$$v = 1.94 \text{m/s}$$

自流输送料浆流量：

$$Q = \frac{0.125^2}{4} \times 3.14 \times 1.94 \times 3600 = 85.7 \text{m}^3/\text{h}$$

假定在自流输送可行的条件下，在充填管路中安装挤压输送设备，通过计算机模拟方法，研究挤压输送对充填料浆流量的影响。假定：$L = 1500\text{m}$，$H = 300\text{m}$，$D = 0.125\text{m}$，料浆质量浓度为76%时，$\gamma = 19830\text{N/m}^3$，$\tau_0 = 69.07\text{N/m}^2$，$\mu_\beta = 0.2563\text{N} \cdot \text{s/m}^2$，$T = 4\text{s}$。根据模拟计算结果，将料浆流量的变化曲线绘成图4-20。

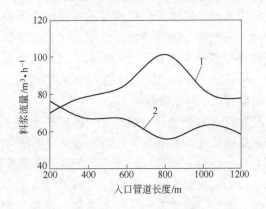

图4-20 挤压输送对高浓度充填料浆流量的影响

1—曲柄半径为2.0m；2—曲柄半径为1.5m

图4-20中的曲线1和曲线2分别是曲柄半径为2.0m和1.5m的料浆流量与入口管道长度关系曲线。从图4-20中看出，当曲柄半径为1.5m时，料浆最大流量出现在入口管道长度为200m处，此时的最大流量为77m³/h，此值较自流输送的平均流量略低。但当曲柄半径为2.0m时，料浆最大流量出现在入口管道长度为800m处，此时的最大流量超过100m³/h，比自流输送的平均流量要高许多。由此说明，即使在自流输送可行的情况下，只要挤压输送的相关参

数选择合适，挤压输送能够提高高浓度充填料浆的输送能力。

## 4.4　小结

　　本章分析了入口管道和出口管道内料浆的 8 种运动状态。在假定活塞由曲柄连杆机构驱动，活塞的位移呈三角函数形式变化的条件下，推导出入口管道和出口管道内料浆的 8 种运动状态的速度和加速度计算式。运用 Visual Basic 语言编写了计算机程序，模拟在不同的管道长度、料浆流变力学参数、活塞运动周期和曲柄半径等参数下，管道内料浆的流动状态。

　　模拟计算结果表明，挤压输送的起始条件，仅对前几个周期内料浆的运动有影响，而对后面周期内的料浆运动无影响。入口管道长度是影响充填料浆流量的重要因素，对于给定的充填系统及料浆，入口管道长度的不同，即挤压输送设备的安装位置不同，入口管道和出口管道内的充填料浆运动速度随之变化。挤压输送设备的活塞运动周期是影响充填料浆流量的又一因素，当挤压输送设备安装在同一地点时，挤压输送设备的活塞运动周期不同，料浆流量也不同。其规律是，周期越短，料浆流量越大。

　　曲柄半径对料浆流量也有影响，对于假定的充填系统，在假设活塞运动呈三角函数规律的前提下，当活塞运动周期为 4s 和 6s 时，料浆流量随曲柄半径的增加而上升；当活塞运动周期为 2s 时，料浆流量随曲柄半径的增加而上升，至大约曲柄半径为 1.25m 时，流量达到了最大值，而后，随着曲柄半径的增加，流量逐渐降低。因此对于活塞运动周期为 2s 来说，最佳的曲柄半径是 1.25m。

　　模拟了某一假定充填系统高浓度充填料挤压输送的情况，假定的充填系统的具体参数为：$L = 1500m$，$H = 300m$，$H_1 = 200m$，$D = 0.125m$。当充填料浆的质量浓度为 76% 时，在重力作用下，充填料浆能够自流输送。而当充填料浆的质量浓度提高到 77% 时，充填料浆就不能够自流输送。在这种情况下，挤压输送模拟研究表明，挤压输送可行，并且在挤压输送设备的活塞运动周期为 4s 和曲柄半径为 2m 时，其安装位置在入口管道长度为 800m 时最佳。如果曲柄半径为 1.5m，则最佳的入口管道长度是 400m，此时的料浆最大流量为 28.9m³/h。如果仅以充填料浆最大流量为评价指标，则在假定挤压输送设备的曲柄半径为 2m 和活塞运动周期为 4s 的条件下，入口管道长度为 800m 最佳，此时，充填料浆的最大流量达到 92m³/h 左右，三通管道内的最大压强约为 8MPa。

计算机模拟表明，调整充填管道长度、管道垂高、充填料浆浓度和流变参数、挤压输送设备活塞运动周期、曲柄半径和安装位置（入口管道长度）等参数中的任何一个参数，对管道内料浆的流动状态均会产生影响，但对于一定的充填管路和一定的充填料浆，总能找到使入口管路和出口管路内料浆的流动速度大于零的参数，实现充填料浆挤压输送。

# 5 充填料浆并联(双缸)管道挤压输送计算机模拟

## 5.1 模拟研究方法

根据第 3 章推导出的浆体在不同状态下的运动速度和加速度计算公式，运用 matlab 软件编制计算程序，计算在不同的活塞运动周期、不同的曲柄半径和不同的入口管道长度时，入口管道和出口管道内料浆的运动速度和受力状况，从而判定料浆的流向（由第 3 章的计算可知，由于第 3 章的假设条件使得入口管道和出口管道内料浆的运动速度相等，即 $v_1 = v_2$，所以以后章节用 $v$ 来代替）。如果在某种（$t$、$r$、$L_1$）状态下，实现 $v > 0$，说明入口管道内浆体是向三通管方向运动，出口管道内浆体向出口方向运动，也就证明了并联（双缸）挤压输送原理可行。

假定某一充填系统，如图 5-1 所示。

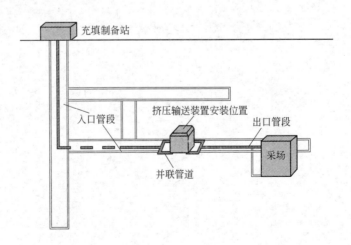

图 5-1 充填料并联（双缸）管道挤压输送示意图

假定在管道挤压输送开始时，入口管道和出口管道内均充满料浆，挤压输送设备的活塞处于冲程状态的起始端（图 3 - 2 中所示的活塞位移 $s = 0$），即：当 $t = 0$ 时，将管道各处速度和加速度均设为 0。在此起始条件下，模拟料浆的运动状况。

## 5.2 程序框架图及模拟程序

根据第 3 章得到的 50 种可能的运动状态，通过受力分析与判断，编写程序框架图和模拟程序，以实现充填料并联（双缸）挤压输送的计算机模拟。程序框架图见图 5 - 2。

## 5.3 计算机模拟及分析

原始参数：$L_3 = 2m$，$L_4 = 2m$，$L_5 = 2m$，$L_6 = 2m$，在没有特别说明时，此组条件将不变。

### 5.3.1 充填料并联（双缸）管道挤压输送模拟

对于某一充填系统，已知 $H$、$D$、$\gamma$、$\tau_0$、$\mu_\beta$、$T$，以时间 $t$ 为变量，根据第 3 章推导的速度和加速度方程，计算某一时刻入口管道和出口管道内料浆的运动速度和加速度，根据计算结果判断入口管道和出口管道内料浆的流向，增加一个时间步长 d$t$，重复上述计算。调整 $L$、$L_1$ 等参数，重复上述过程，如此循环往复，模拟充填料浆在挤压输送下的流动状态。

假设：挤压输送设备安装在距地表充填站 600m 处，$H = 300m$，$D = 0.15m$，$\gamma = 19600N/m^3$，$\tau_0 = 50N/m^2$，$\mu_\beta = 0.5N \cdot s/m^2$，曲柄半径 $r = 1m$，活塞运动周期 $T = 3s$。

#### 5.3.1.1 小充填倍线输送模拟

自流输送在小充填倍线下虽然能够实现，但其速度和料浆浓度会受到很大制约，由此给生产带来诸如水泥流、料浆离析、增加排水费用和污染井下环境等一系列问题。如果在能够实现自流输送的情况下使用挤压输送设备实现输送，那么就能解决以上问题。在以下模拟中主要以充填料浆流量为评价指标，以取得影响挤压输送实

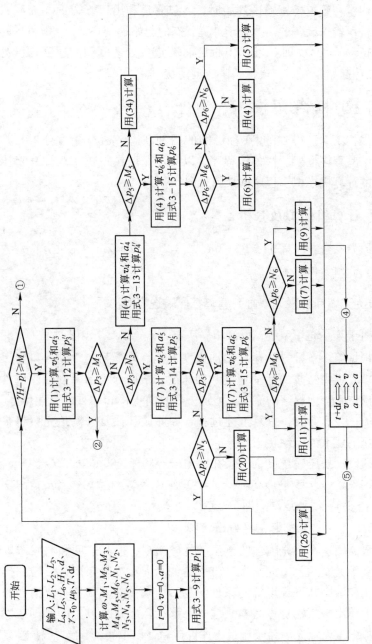

图 5 - 2 程序框架图（a）

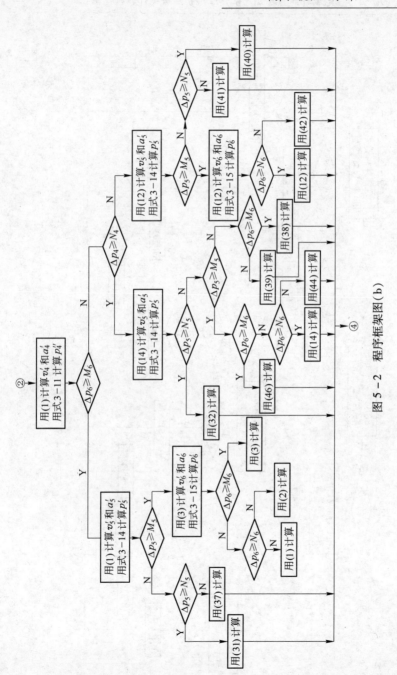

图 5-2 程序框架图 (b)

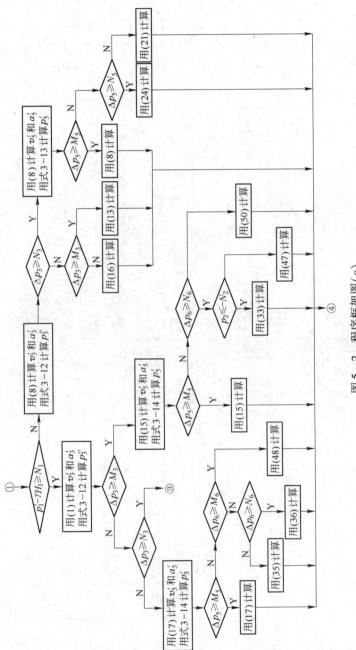

图 5 - 2 程序框架图（c）

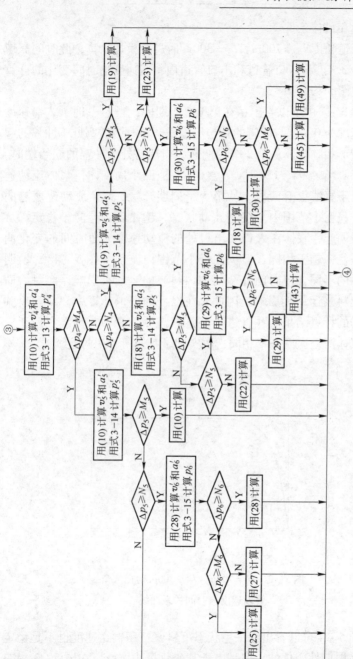

图 5−2 程序框架图（d）

（图中方框内（1）、（2）、…指的是附录 2 中的速度和加速度方程相应编号；①、…、④代表节点编号）

现的因素和最佳条件。

当管道长度 $L_1 = 700m$，$L_2 = 300m$ 时进行模拟计算，此时的充填倍线约为 3.4。将入口管道和出口管道内料浆速度随时间变化的计算结果绘成图 5-3。

从图 5-3 中可以看出，在第 1 个周期内，当 $t = 0$ 时，入口速度和出口速度为 0，这与假定的在挤压输送开始时，活塞处于冲程的起始端的情形相吻合。从第 2 个周期起，当活塞处于冲程的起始端时，即当 $t = 3s$、$6s$、$9s$、$12s$ 时，$v_1 \neq 0$。在前四个周期内，浆体流动速度基本处于直线上升阶段，从第 5 个周期开始，浆体流动速度趋向于平稳，只在小范围内呈极小波动状态，越往后越趋向于稳定。从第 7 个周期起，浆体在入口和出口处的流动速度 $v$ 随时间的变化曲线已经平稳，趋于相同，但仍在极小范围内波动（图 5-4），说明起始条件的不同，仅对前几个周期内料浆的运动有影响，而对后面周期内的料浆运动无影响。因此，在以下的模拟计算中，只列出到平稳状态的计算结果。并且进入稳定状态后，$v > 0$，料浆实现正向输送，浆体流动速度基本相同，也实现了我们所希望的连续输送。

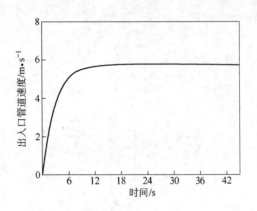

图 5-3 $L_1 = 700m$，$L_2 = 300m$ 时出入口
管段速度与时间关系曲线

由图 5-4 可以看出在平稳状态下料浆挤压输送速度也不是稳定的，是在周期性变化的；但是由于其变化极小，所以在图 5-3 中表

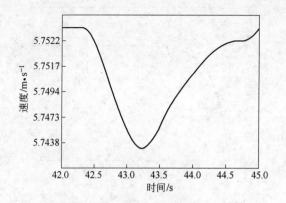

图 5-4 平稳状态一个周期内的速度随时间变化曲线

现为近似直线。

当管道长度 $L_1 = 800\text{m}$, $L_2 = 400\text{m}$ 和 $L_1 = 1000\text{m}$, $L_2 = 500\text{m}$ 时进行了模拟计算。将入口管道和出口管道内料浆速度随时间变化的计算结果分别绘成图 5-5 和图 5-6,由图中可以看出其整体运动趋势与图 5-3 相似,分别经历了上升阶段、趋向于稳定阶段和稳定阶段。

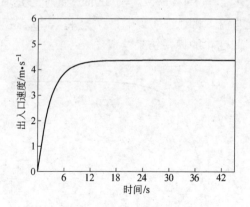

图 5-5 $L_1 = 800\text{m}$, $L_2 = 400\text{m}$ 时出入口
管段速度与时间关系曲线

以上均为小充填倍线下的模拟结果,由于其出入口速度均大于 0,证明在能够自流输送条件下依然可以使用挤压输送装置进行料浆

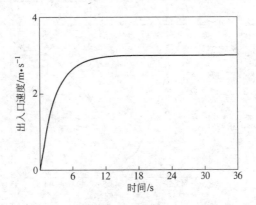

图 5 - 6　$L_1 = 1000\text{m}$，$L_2 = 500\text{m}$ 时出入口
管段速度与时间关系曲线

输送。

### 5.3.1.2 大充填倍线下输送模拟

大充填倍线下的挤压输送是本书的主要内容，大充填倍线下能否实现输送也是衡量并联（双缸）挤压输送成败的关键。

设管道长度 $L_1 = 1500\text{m}$，$L_2 = 1000\text{m}$，此时的充填倍线大于 8，高浓度浆体在自流下将很难实现输送[92]。将入口管道和出口管道内料浆速度随时间变化的模拟结果绘成图 5 - 7，从图 5 - 7 可以看出，

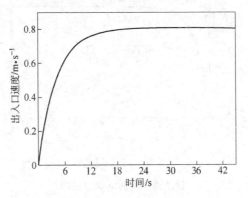

图 5 - 7　$L_1 = 1500\text{m}$，$L_2 = 1000\text{m}$ 时出入口
管段速度与时间关系曲线

在第 1 个周期内，当 $t = 0$ 时，入口速度和出口速度基本为 0，这与假定的在挤压输送开始时，活塞处于冲程的起始端的情形相吻合。从第 2 个周期起，当活塞处于冲程的起始端时，即当 $t = 3s$、$6s$、$9s$、$12s$、$15s$ 时，$v_1 \neq 0$。在前四个周期内，浆体流动速度基本处于较快增长阶段，从第 5 个周期开始，速度基本处于平稳状态，浆体在入口和出口处的流动速度 $v$ 随时间的变化曲线趋于相同，说明起始条件的不同，仅对前几个周期内料浆的运动有影响，而对后面周期内的料浆运动无影响。因此，在以下的模拟计算中，只列出到稳定状态的计算结果。

图 5 - 8 为 $L_1 = 1500m$，$L_2 = 1000m$ 稳定状态下入口管段、$AB$ 管段、$AC$ 管段速度与时间关系曲线。从图 5 - 8 可以看出，进入稳定状态后，出入口管道内的料浆速度基本保持不变，而并联管段的速度呈现类正弦变化曲线，且 $v_1$、$v_3$、$v_4$ 关系符合速度推导方程 $v_1' = v_3' + v_4'$。

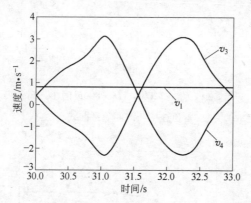

图 5 - 8 $L_1 = 1500m$，$L_2 = 1000m$ 稳定状态下入口管段、
$AB$ 管段、$AC$ 管段速度与时间关系
$v_1$—入口管段速度；$v_3$—$AB$ 管段速度；$v_4$—$AC$ 管段速度

理想的状况是在挤压输送作用下，入口管道和出口管道内的充填料浆运动速度均大于 0。从图 5 - 8 中可看出，在一个周期内，没有出现 $v < 0$ 的情况。$v < 0$，说明在挤压输送设备作用下，充填料浆向入口方向运动，这正是采用挤压输送时应避免的情况，$v < 0$ 是因为在活塞回程时，在三通处产生负压，将出口管道内的料浆吸入输

送缸内。而本论文采用的是双活塞间隔半个周期的运行方式，有效地避免了在出口管道与并联管道交接处三通出现负压的情况，并使料浆在出入口管段的料浆流动呈连续性。

当管道长度 $L_1 = 1200\text{m}$，$L_2 = 800\text{m}$ 和 $L_1 = 1800\text{m}$，$L_2 = 1200\text{m}$（充填倍线为 6.7 和 10）时进行模拟计算，并绘制图 5 – 9 和图 5 – 10。由图中可以看出其整体运动趋势与图 5 – 3 ~ 图 5 – 6 相似，这说明在较长管道中安装挤压输送完全能够完成预期目标，同时经过

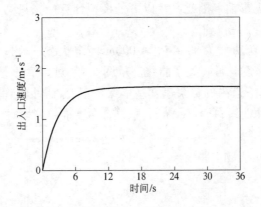

图 5 – 9　$L_1 = 1200\text{m}$、$L_2 = 800\text{m}$ 时出入口
管道速度与时间关系曲线

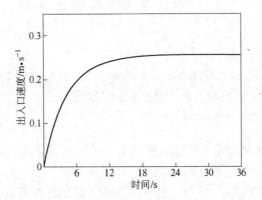

图 5 – 10　$L_1 = 1800\text{m}$，$L_2 = 1200\text{m}$ 时出入口
管道速度与时间关系曲线

比较我们可以看到随着管道长度的增加，入口和出口管道的速度则减小，这也与实际相符合。按照流量计算公式 5-1，速度减小，流量也将随之减小，这说明随着管道长度的递增，充填料挤压输送的料浆量也在递减，与小充填倍线趋势相似，因此管道长度可能是影响输送量的主要因素：

$$Q = \sum_{t}^{t+T} v \times \Delta t \times \frac{3600}{T} \times pi \times \left(\frac{D}{2}\right)^2 \qquad (5-1)$$

式中  $Q$——每小时挤压输送流量，m³/h；

　　　$v$——计算得到的瞬时速度，m/s；

　　　$\Delta t$——时间步长，s；

　　　$D$——管道半径，m；

　　　$T$——活塞运动周期，s。

由不同充填倍线下的模拟结果可知，并联（双缸）管道挤压输送在参数合理、条件合适的情况下完全能够实现料浆输送，也解决了间歇性输送问题。将模拟结果根据公式 5-1 计算得到料浆流量，将其随总管道长度变化曲线绘制成图 5-11。由曲线趋势可知，料浆输送量（料浆流速）随管道长度增加而减少。

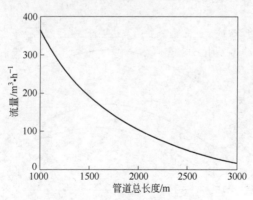

图 5-11　流量与管道总长度关系曲线

## 5.3.2　曲柄半径对料浆流动性的影响

现在，我们假定某一具体充填系统（图 4-9），为了模拟曲柄半径对并联（双缸）挤压输送料浆流动特性的影响，假设：$H = 300\text{m}$，$D = 0.15\text{m}$，$\gamma = 19600\text{N/m}^3$，$\tau_0 = 50\text{N/m}^2$，$\mu_\beta = 0.5\text{N} \cdot \text{s/m}^2$，管道总长度 $L = 2500\text{m}$，$L_1 = 1500\text{m}$，$L_2 = 1000\text{m}$，挤压输送设备安装在距地表充填站 600m 处，当变动曲柄半径 $r$ 和活塞运动周期 $T$ 时进行模拟计算。

根据公式 5 - 1 计算其每小时流量，绘制图 5 - 12，其中曲线 1、曲线 2 和曲线 3 分别代表活塞运动周期为 2s、3s 和 4s 时不同曲柄半径的料浆流量。从图 5 - 12 看出，料浆流量随曲柄大小而变化，当活塞运动周期为 2s、3s 和 4s 时，料浆流量随曲柄半径的增加而上升，至大约曲柄半径为 1.5m 时，流量达到了最大值，而后，随着曲柄半径的增加，流量逐渐降低，因此对于活塞运动周期为 2s、3s 和 4s 来说，最佳的曲柄半径是 1.5m。曲柄半径的大小是与活塞缸的长度相关的，曲柄半径越大，活塞缸的长度越长。在现有的技术条件下，目前混凝土泵活塞缸最大长度达到 3m，相当于曲柄半径为 1.5m。因此，将曲柄半径确定为 1.0 ~ 1.5m 是可行的。此外，活塞运动周期也受到技术条件的限制，周期越短，磨损越快，对设备的其他零部件的要求也越高。

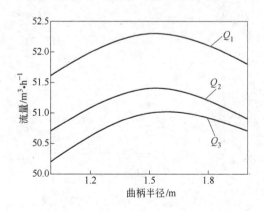

图 5 - 12　流量与曲柄半径关系曲线

$Q_1$—活塞运动周期为 2s 时的料浆流量；$Q_2$—活塞运动周期为 3s 时的料浆流量；

$Q_3$—活塞运动周期为 4s 时的料浆流量

### 5.3.3 活塞周期对料浆流动特性的影响

将挤压输送设备安装在图 5 – 1 所示的水平管道上，为了模拟周期对挤压输送料浆流动特性的影响，假设：管道总长度 $L = 2500\text{m}$，$L_1 = 1500\text{m}$，$L_2 = 1000\text{m}$，$H = 300\text{m}$，$D = 0.15\text{m}$，$\gamma = 19600\text{N/m}^3$，$\tau_0 = 50\text{N/m}^2$，$\mu_\beta = 0.5\text{N} \cdot \text{s/m}^2$，曲柄半径 $r = 1.5\text{m}$，挤压输送设备安装在距地表充填站 600m 处，当活塞运动周期 $T$ 分别为 2s、3s、4s、5s、6s 和 8s 时进行模拟计算。将输送的料浆量随周期变化的计算结果绘成图 5 – 13。

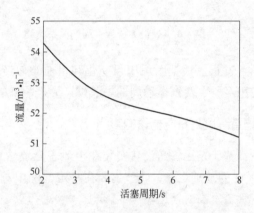

图 5 – 13　流量与活塞周期关系曲线

从图 5 – 13 可以看出，当挤压输送设备安装在同一地点时，挤压输送设备的活塞运动周期不同，料浆流量也不同。其规律是，周期越短，料浆流量越大。料浆流量的变化量在短周期内的变化比较剧烈，长周期时变化比较平缓。

图 5 – 14 为其他条件与图 5 – 13 相同，$B$ 点处最大压强随周期变化的曲线图，由图 5 – 14 可知，周期越短压强越大。最大压强随着周期的增大变化越来越平缓。活塞运动周期是由设备的性能决定的。在设计选择设备时，除了要求设备满足工艺的要求外，还必须考虑其经济性。一般地，活塞出口压力越高，动力消耗越大；周期越短，磨损越快，所以周期不宜过短；而周期越长，产生的压强就越小，

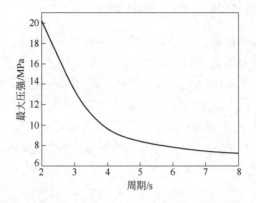

图5-14　$B$点处最大压强－周期关系曲线

所以周期也不宜过长。根据图示压强变化和目前类似产品如混凝土泵的制造与使用经验，活塞运动周期一般设计为3~4s左右。

### 5.3.4　管道垂直高度对挤压输送的影响

前面分析都基于挤压输送设备安装在距地表充填站600m、管道垂高为$H=300$m的基础之上，此节主要在一定范围内对管道垂高进行调整，得出管道垂高对挤压输送的影响。

首先设定：管道总长度$L=2500$m，$L_1=1500$m，$L_2=1000$m，$D=0.15$m，$\gamma=19600$N/m³，$\tau_0=50$N/m²，$\mu_\beta=0.5$N·s/m²，曲柄半径$r=1.5$m，$T=3$s，变动$H$进行模拟计算。

当$H=0$时，模拟结果显示$v=0$，也就说在这种情况下入口管道和出口管道的速度均为0，没有浆体进入和流出。图5-15中$v_3$为$AB$管段速度，$v_4$为$AC$管段速度。由图5-15分析知，在这种情况下，只有并联管道内部的浆体在做往复运动，没有实现浆体输送，究其原因主要是由于两个活塞运动状态相差半个周期，当一端产生正压时，另一端则产生负压，而并联管道相对进口和出口管道而言很小，因此料浆便在两个活塞间做往复运动。

由模拟结果绘制流量与管道垂高关系曲线如图5-16所示。由图5-16可知在其他条件固定的情况下，挤压输送量随管道垂高的

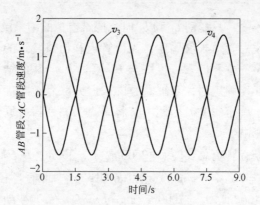

图 5-15 $H=0$ 时 $AB$ 管段、$AC$ 管段速度与时间关系曲线

$v_3$—$AB$ 管段浆体速度；$v_4$—$AC$ 管段浆体速度

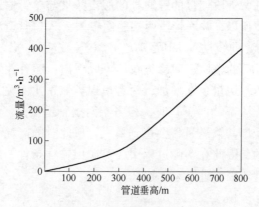

图 5-16 流量与管道垂高关系曲线

增高而增大，在垂高小于 300m（充填倍线大于 8）时，流量增加缓慢，而在垂高大于 300m 时，挤压输送量与管道垂高基本成正比例关系，增长幅度明显大于输送倍线较大时，这也说明即使在安装挤压输送装置的情况下，小倍线输送至少在输送量上占有明显优势。

### 5.3.5　各管段长度及并联管段长度比对挤压输送的影响

由图 5-11 的流量与管道总长度曲线可知，其他条件固定的情况下，挤压输送流量随总管道长度的增加而减小。但固定其他条件，总管道长度不变，只变动 $L_1$ 和 $L_2$ 时，探索模拟的结果没有明显的变化，也就是说总管道长度固定，入口管道和出口管道的长度不是决定挤压输送量的主要因素。再综合 $H = 0$ 时，$v = 0$ 的结果及原因分析，总管道长度固定时，双缸左右的四段并联管道长度可能会对挤压输送量产生一定影响，因此本节将重点考察四段并联管道对挤压输送产生的影响。

首先设定：管道总长度 $L = 2500\text{m}$，$H = 300\text{m}$，$D = 0.15\text{m}$，$\tau_0 = 50\text{N/m}^2$，$\mu_\beta = 0.5\text{N} \cdot \text{s/m}^2$，$\gamma = 19600\text{N/m}^3$，曲柄半径 $r = 1.5\text{m}$，$T = 3\text{s}$，$L_1 = 1500\text{m}$，$L_2 = 1000\text{m}$，$L_3 = L_4 = L_5 = L_6$，变动 $L_3$，管道左端增加的值由 $L_1$ 减掉，管道右端增加的值由 $L_2$ 减掉。

由于在入口和出口管段与并联管段连接的三通处以及两个挤压输送装置与并联管段连接的三通处的假设条件与单管输送的假设条件明显不同，所以在并联管段两端趋向极限（入口管道和出口管道长度为0）时，曲线只表示其运动趋势。

由图 5-17 的整体运动趋势我们可以看出：随着并联管段长度的增加，挤压输送量也在增加，两者呈现类似正比例关系。在入口管段和出口管段都趋向于 0 时，相当于两条管道输送。由图 5-17 中趋势可以看出其输送量将会达到最大，但此时的能耗和管道费用也将是最大的，因此在实际过程中要对矿山输送条件、需要的输送量和经济条件等因素进行综合考虑。

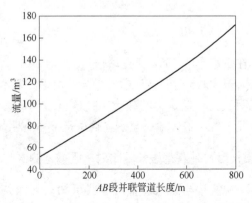

图 5-17 流量与 AB 段并联管段长度关系曲线

设定总管道长度 $L = 2500\text{m}$, $H = 300\text{m}$, $D = 0.15\text{m}$, $\tau_0 = 50\text{N}/\text{m}^2$, $\mu_\beta = 0.5\text{N} \cdot \text{s}/\text{m}^2$, $\gamma = 19600\text{N}/\text{m}^3$, 单缸挤压输送其他条件处于最佳条件时，单缸挤压输送的输送量为 $60\text{m}^3/\text{h}$，而双缸挤压输送在 $AB$ 并联管段长度为 $100\text{m}$ 时输送量已达到 $64.5\text{m}^3/\text{h}$，输送效率提高了 $7.5\%$。因此，双缸挤压输送在参数合理时，完全能够实现提高输送效率的目的。

另外设定：管道总长度 $L = 2500\text{m}$, $H = 300\text{m}$, $D = 0.15\text{m}$, $\tau_0 = 50\text{N}/\text{m}^2$, $\mu_\beta = 0.5\text{N} \cdot \text{s}/\text{m}^2$, $\gamma = 19600\text{N}/\text{m}^3$, 曲柄半径 $r = 1.5\text{m}$, $T = 3\text{s}$, $L_1 = 1200\text{m}$, $L_2 = 1200\text{m}$, $L_3 = L_4$, $L_5 = L_6$, 当 $L_3$ 与 $L_5$ 呈一定比例时，将其流量绘制成图 5 - 18 中的曲线。由图 5 - 18 可知：在 $L_3/L_5$ 变化的过程中，料浆流量呈现出先高后低而后再高的变化，出现了一个明显的波峰与波谷。因此，在其他条件固定的情况下，此种方法可作为寻找最佳条件、避开流量较低条件的一种有效方法。

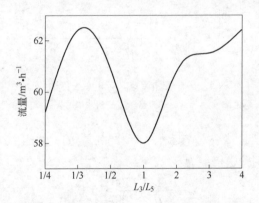

图 5 - 18　流量随 $L_3/L_5$ 变化的关系曲线

## 5.3.6　浆体流变力学参数对挤压输送的影响

高浓度充填一直是矿山尾矿充填管道输送的发展方向，参照凡口铅锌矿全尾砂环管试验流变参数结果，假定某一充填料浆，当灰砂比为 $1:8$，浓度为 $76\%$ 时，$\gamma = 19830\text{N}/\text{m}^3$, $\tau_0 = 69.07\text{N}/\text{m}^2$, $\mu_\beta = 0.2563\text{N} \cdot \text{s}/\text{m}^2$; 当灰砂比为 $1:8$，浓度为 $77\%$ 时，$\gamma =$

$20100\text{N}/\text{m}^3$，$\tau_0 = 96.21\text{N}/\text{m}^2$，$\mu_\beta = 0.2743\text{N} \cdot \text{s}/\text{m}^2$。

在上述参数下，设定 $H = 300\text{m}$，$D = 0.125\text{m}$，$L_3 = L_4 = 100\text{m}$，$L_5 = L_6 = 100\text{m}$，$r = 1.5\text{m}$，$T = 3\text{s}$，变动总管道长度得到图5-19，其中 $Q_1$ 为料浆浓度为76%时的流量，$Q_2$ 为料浆浓度为77%时的流量。由图5-19可知，随着料浆浓度的增加，挤压输送流量减少，而在高浓度下随着管道长度的增加，流量的变化趋势同浓度较低时相同，也是降低的。

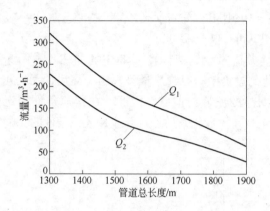

图5-19 浆体流量与管道总长度曲线

$Q_1$—料浆浓度为76%时的流量；$Q_2$—料浆浓度为77%时的流量

假定有一具体充填系统，$L = 1500\text{m}$，$H = 300\text{m}$，$D = 0.125\text{m}$，则充填系统的输送倍线为：

$$N = \frac{L}{H} = \frac{1500}{300} = 5.0$$

如果采用自流输送，则应满足下式：

$$\gamma H - \frac{16}{3D}\tau_0 L \geqslant 0$$

当料浆质量浓度为76%时的上述相关参数代入上式左边，得：

$$\gamma H - \frac{16}{3D}\tau_0 L = 19830 \times 300 - \frac{16}{3 \times 0.125} \times 69.07 \times 1500$$

$$= 1528520 > 0$$

同样，当料浆浓度为77%的上述相关参数代入上式右边，得：

$$\gamma H - \frac{16}{3D}\tau_0 L = 20100 \times 300 - \frac{16}{3 \times 0.125} \times 96.21 \times 1500 = -127440 < 0$$

上述计算结果表明，当充填料浆质量浓度为76%时，充填系统能够依靠重力将充填料浆送入采空区，而当料浆质量浓度提高到77%时，充填料浆不能够自流输送。

当充填料浆质量浓度为76%时，自流输送的流量为 $Q = 85.7 \text{m}^3/\text{h}$，单缸挤压输送在入口管道长度为800m时最大流量约为 $102 \text{m}^3/\text{h}$，而由图5-19可以看出，在作图所列条件下 $L = 1500\text{m}$ 时双缸挤压输送流量为 $198 \text{m}^3/\text{h}$，输送量比自流输送提高131%，比单缸输送提高94%。因此，充填料浆质量浓度为76%时，在一定条件下，双缸挤压输送流量 > 单缸挤压输送流量 > 自流输送流量。

当料浆质量浓度77%时，单缸挤压输送的模拟计算结果如表5-1所示。

表5-1 料浆浓度为77%的管道挤压输送模拟计算结果

| 入口管道长度/m | 曲柄半径 = 1.5m | | 曲柄半径 = 2.0m | |
| --- | --- | --- | --- | --- |
| | 料浆流量/m³·h⁻¹ | 最大压强/Pa | 料浆流量/m³·h⁻¹ | 最大压强/Pa |
| 200 | 19.43 | 5.28 | 35.76 | 6.25 |
| 400 | 28.90 | 5.90 | 49.64 | 7.54 |
| 600 | 20.17 | 4.11 | 59.92 | 7.90 |
| 800 | 20.17 | 5.25 | 92.51 | 7.90 |
| 1000 | 20.17 | 3.97 | 54.88 | 7.90 |
| 1200 | 24.00 | 3.66 | 44.56 | 7.90 |

由表5-1可知，最佳条件下的单缸管道挤压输送流量为 $92.51 \text{m}^3/\text{h}$，而由图5-19可以看出在作图所列条件下 $L = 1500\text{m}$ 时双缸挤压输送流量为 $123.7 \text{m}^3/\text{h}$，输送量提高33.7%。因此，当充填料浆质量浓度为77%时，在一定条件下，双缸挤压输送流量 > 单缸挤压输送流量。

由以上分析知充填料双缸挤压输送流量随料浆流变力学参数改变而改变，在料浆浓度较高时可以实现输送，而且料浆流量大于自流输送和单缸挤压输送的流量。

# 6　充填料浆管道挤压输送设备及应用参数

## 6.1　管道挤压输送设备结构与原理

目前,混凝土泵分为活塞式、挤压式、隔膜式和气罐式四种。其中,活塞式又分为机械式和液压式两种。机械式的工作原理是动力装置带动曲柄活塞(柱塞)往返工作,将混凝土送出;液压式的工作原理是液压装置推动活塞(柱塞)往返工作,将混凝土送出;挤压式的工作原理是泵室内有橡胶管及滚轮架,滚轮架转动时将橡胶管内混凝土压出。隔膜式的工作原理是利用水压力压缩泵体内橡胶隔膜,将混凝土压出;气罐式的工作原理是利用压缩空气将储料罐内混凝土吹压输送。

借鉴混凝土泵的发展历史,挤压输送设备工业样机采用液压驱动形式,设备由主动力系统、主油缸、液控中心、辅动力系统、润滑系统和电控系统等6大系统组成。由一台75kW电机带动主油泵,一台5.5kW电机带动辅助油泵,给整机提供动力。主油泵采用A8V107SR2R101F3恒功率泵,对主油缸提供压力油,其输出功率直接用于挤压充填料浆。主油泵工作压力为27～32MPa。辅泵采用10SY14-1B泵,主要控制换向阀和对润滑系统提供动力,在更换充填料浆输送活塞时,也向主油缸提供压力油,辅泵工作压力为8MPa。在样机设计过程中,还考虑了以下几个因素:

(1) 尾砂浆输送缸是整个挤压输送设备的关键部件,采用技术上较为成熟的活塞结构,设计使用寿命大于4000m³。

(2) 为了降低成本和减小设备体积,主油泵采用高速电机驱动。

(3) 将液压控制回路与主油路分离。

(4) 采用高可靠性和耐用性的输送缸活塞密封方式、密封件材料。

(5) 输送缸与主油缸连接件安装与拆卸方便。

图6-1是自行设计的挤压输送设备液压原理图,图6-2是挤压输送设备电气原理图,图6-3是自行研制的挤压输送设备装配图,图6-4

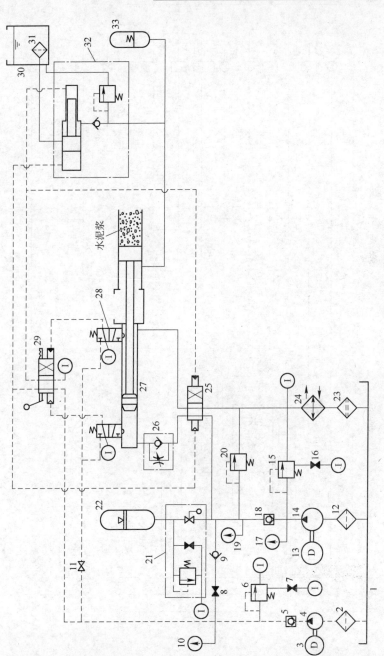

图 6 - 1 挤压输送设备液压原理图

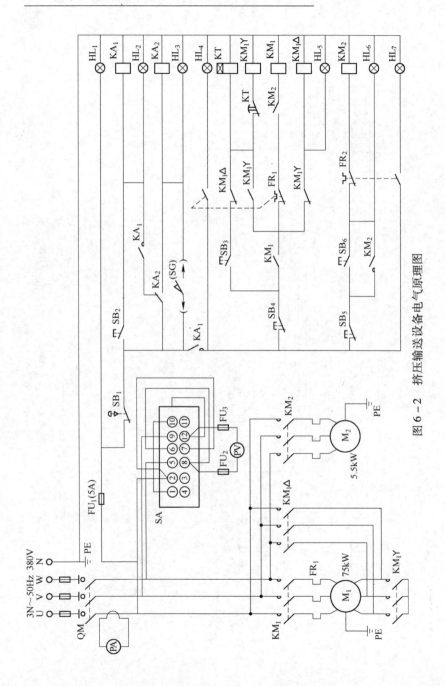

图 6-2 挤压输送设备电气原理图

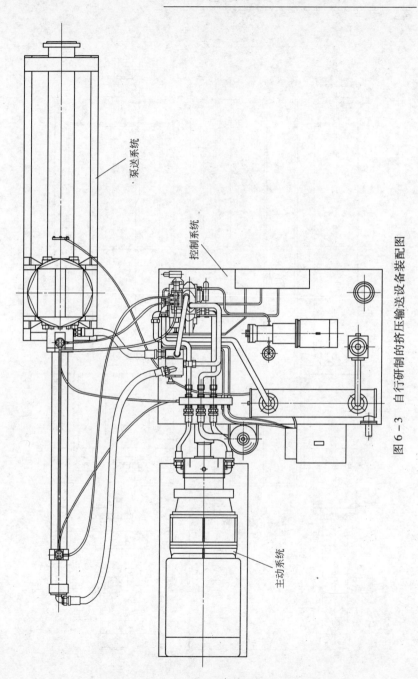

泵送系统

控制系统

主动系统

图 6 - 3　自行研制的挤压输送设备装配图

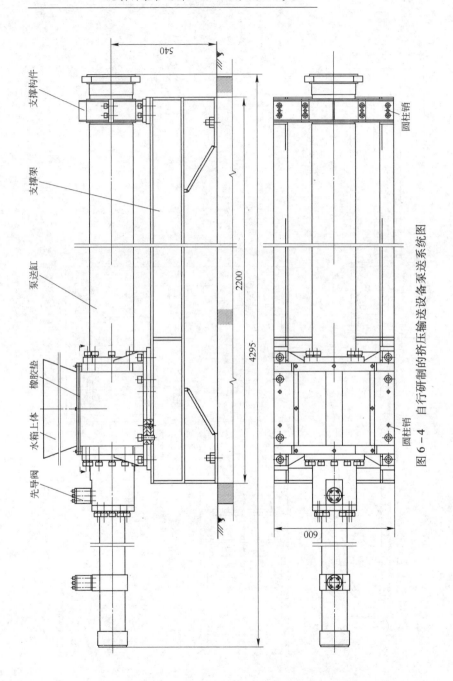

图 6-4 自行研制的挤压输送设备泵送系统图

是自行研制的挤压输送设备泵送系统图,图6-5是料浆排量与输送压力关系曲线。图6-6是挤压输送设备工业样机照片。

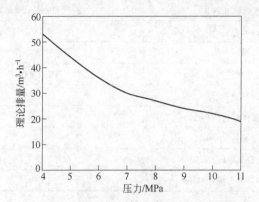

图6-5 料浆排量与输送压力关系曲线

图6-6 挤压输送设备工业样机照片

## 6.2 工业样机主要技术参数

工业样机主要技术参数见表6-1。

表6-1 挤压输送设备工业样机技术参数

| 主机功率/kW | 75 |
| --- | --- |
| 系统用油 | YB-N46 抗磨液压油 |

| | |
|---|---|
| 系统工作温度/℃ | 20 ~ 55 |
| 料浆排量/$m^3 \cdot h^{-1}$ | 19.6 ~ 54 |
| 活塞设计寿命/$m^3 \cdot$ 套$^{-1}$ | 4000 |
| 润滑剂 | 0 号锂基润滑脂 |
| 润滑脂消耗量 | 30L/1000$m^3$ |
| 输送缸直径/mm | 195 |
| 活塞有效行程/m | 1.3 |
| 活塞往复运动周期/s | 4 |
| 活塞最大推压/MPa | 8.4 |
| 活塞正常工作推压/MPa | 5.26 |

## 6.3　挤压输送设备在充填管路中的安装位置

在第 4 章中，介绍了挤压输送设备安装位置，即入口管道长度的确定方法，不过，它是在假定挤压输送设备活塞运动呈三角函数规律的前提下进行的。如果知道挤压输送工业样机活塞的运动规律，则也可参照第 4 章的模拟方法确定并优化入口管道长度。那么，在不知道挤压输送工业样机活塞的运动规律的情况下，如何确定挤压输送设备安装位置呢？本节将从挤压输送设备活塞运动过程着手，根据挤压输送的理想状况，即在入口管道和出口管道内料浆运动速度大于或等于零的条件下，介绍挤压输送设备的安装位置的确定方法。此外，还将介绍倾斜管测试充填料浆流变力学参数方法。

### 6.3.1　挤压输送设备安装位置的理想状态

根据挤压输送原理，挤压输送设备主要由三通、挤压输送缸和活塞、动力执行部分、润滑辅助部分组成。三通把整个输送管道分成两大部分：相对挤压输送设备，连接三通的一个接口和受料漏斗的管道被称为入口管道；连接三通的一个接口和充填采场的管道被称为出口管道。三通的另一个接口与挤压输送缸相连。输送料浆时，活塞在输送缸内作来回往复运动。当活塞回拉时，输送缸内将产生一定的空腔，入口管道内的料浆在垂直管道内料浆自重作用下，加速向三通方向移动，以充填输送缸的空腔；当活塞推压时，活塞将输送缸内的料浆推入三通，料浆有两种运动选择，一种选择，流入入口管道，使入口管道内的料浆加速向受料漏斗方向移动，为此，活塞推动压力必须足够大，以克服垂直管道内料浆自重而产生的压力和料浆沿整个入口管道壁移动而产生的摩擦阻力；另一种选择，流入出口管道，使出口管道内料浆加速向充填采场方向移动，从而流入采场，为此，活塞推压只需克服料浆沿整个出口管道壁移动而产生的摩擦阻力。由此可知，挤压输送设备在充填管路中理想的安装位置是：

（1）在活塞回拉过程中，入口管道内料浆在垂直管道内料浆自重作用下达到足够大的移动速度，以填满输送缸的有效空腔；

（2）在活塞推压过程中，输送缸内的料只流向出口管道，使出口管道内的料浆加速向充填采场流动，而不出现反向流动。

### 6.3.2 挤压输送设备的安装位置确定方法

挤压输送设备的安装位置确定方法如下：

（1）当活塞由推压变为回拉时，理想状态是：入口管道内的料浆在垂直管道内料浆自重作用下加速向三通方向移动，以填充输送缸空腔，而出口管道内料浆由于没有推力，其速度可减至0。

假定料浆为不可压缩体，在活塞回拉过程中，输送缸内压强恒为一个大气压，即相对压强为0，入口管道内料浆在垂直管道内料浆的自重作用下，加速流动。根据第2章的挤压输送受力分析并参照方程式4-9a，则入口管道内料浆的受力符合以下方程：

$$\gamma H - \frac{\gamma}{g}aL_1 - \frac{16}{3D}\tau_0 L_1 - \frac{32}{D^2}\mu_\beta v(t) = 0 \qquad (6-1)$$

式中 $H$——（入口管道）垂直管道总长，m；

$L_1$——入口管道总长，m；

$a$——入口管道内料浆加速度，m/s²。

解微分方程6-1，得出入口管道内料浆流速随时间的变化关系为：

$$v(t) = \left(\gamma H - \frac{16}{3D}\tau_0 L_1\right)\frac{D^2}{32\mu_\beta L_1} + Ce^{-At} \qquad (6-2)$$

$$A = \frac{32g\mu_\beta}{D^2\gamma}$$

式中　$C$——待定常数。

把条件 $t = 0$ 时，$v = 0$ 代入式 6-2，可求出常数 $C$。

将式 6-2 积分，就得到入口管道内料浆移动的距离随时间的变化关系，即：

$$S(t) = \int_{t_0}^{t} v(t)\,\mathrm{d}t = \left(\gamma H - \frac{16}{3D}\tau_0 L_1\right)\frac{D^2}{32\mu_\beta L_1}t - \frac{C}{A}e^{-At} + \frac{C}{A}$$

$$(6-3)$$

如果按照式 6-3 计算出的在时间 $t$ 内，入口管道内料浆位移与充填管道断面面积的乘积（流量）大于挤压输送缸的空腔，则表明在活塞回程时达到了理想状态，可表示为：

$$S(t)\pi\frac{D^2}{4} \geq l_\mathrm{H}\pi\frac{d_\mathrm{H}^2}{4} \qquad (6-4)$$

式中　$D$——充填管道直径，m；

　　　$l_\mathrm{H}$——活塞有效行程，1.3m；

　　　$d_\mathrm{H}$——挤压输送缸直径，0.195m。

将已知参数代入并整理式 6-4，就得到在活塞回程时，挤压输送设备安装位置达到理想状态的条件，即：

$$S(t) \geq 0.04943D^{-2} \qquad (6-5)$$

（2）当活塞由回拉变为推压时，输送缸内的压强逐渐增大，导致入口管道内料浆作减速运动，直至速度为 0，出口管道内料浆则由于推压而加速向采场方向移动。当入口管道内料浆速度降为零时，则出口管道内料浆已加速至一个稳定值。

根据第 2 章的挤压输送原理以及入口管道内料浆进行受力分析，入口管道内料浆不会反向移动的条件是三通处压强满足式 6-6，即：

$$p \leq \gamma H + \frac{16}{3D}\tau_0 L_1 \qquad (6-6)$$

考虑理想状态，在活塞冲程时，入口管道内料浆速度降为 0，出口管道内料浆达到稳定流速或最高流速。根据已知的样机设计参数，活塞的平均移动速度为：

$$1.3 \div 2 = 0.65 \text{m/s}$$

假定活塞的最高流速是平均移动速度的 1.5 倍（注：活塞的最高流速是由挤压输送设备活塞运动规律决定的），则出口管道内料浆相应的最高流速为：

$$0.65 \times 1.5 \times (0.195^2 \times \pi/4) \div (0.1^2 \times \pi/4) = 3.708 \text{m/s}$$

料浆流动为层流时，要求三通处克服出口管道内料浆达到稳定流速流动阻力的推压为：

$$p = \left( \frac{16}{3D} \tau_0 + \frac{32}{D^2} \mu_\beta \times 3.708 \right) L_2 \tag{6-7}$$

因此，要实现在活塞推压过程中的理想状态，即输送缸内的料只流向出口管道，使出口管道内的料浆加速向充填采场流动，而不出现反向流动，则由式 6-7 求得的三通处压强 $p$ 应小于挤压输送设备的正常工作推压 $5.26 \times 10^6 \text{Pa}$，同时满足式 6-6，即：

$$\left. \begin{array}{l} p = \left( \dfrac{16}{3D} \tau_0 + \dfrac{32}{D^2} \mu_\beta \times 3.708 \right) L_2 \leqslant 5.26 \times 10^6 \\[3mm] p = \left( \dfrac{16}{3D} \tau_0 + \dfrac{32}{D^2} \mu_\beta \times 3.708 \right) L_2 \leqslant \gamma H + \dfrac{16}{3D} \tau_0 L_1 \end{array} \right\} \tag{6-8}$$

整理式 6-8 得：

$$\left. \begin{array}{l} L_2 \leqslant 5.26 \times 10^6 \left( \dfrac{16}{3D} \tau_0 + \dfrac{32}{D^2} \mu_\beta \times 3.708 \right)^{-1} \\[3mm] \text{同时} \\ L_2 \leqslant \left( \gamma H + \dfrac{16}{3D} \tau_0 L_1 \right) \times \left( \dfrac{16}{3D} \tau_0 + \dfrac{32}{D^2} \mu_\beta \times 3.708 \right)^{-1} \end{array} \right\} \tag{6-9}$$

将上述两式简化为：

$$L_2 \leqslant \frac{5.26 D^2 \times 10^6}{5.3 D \tau_0 + 118.7 \mu_\beta}$$

同时

$$L_2 \leqslant \frac{\gamma H D^2 + 5.3 \tau_0 L_1 D}{5.3 D \tau_0 + 118.7 \mu_\beta}$$

设

$$E = \frac{5.26D^2 \times 10^6}{5.3D\tau_0 + 118.7\mu_\beta} \Bigg\}$$

$$F = \frac{\gamma HD^2 + 5.3\tau_0 L_1 D}{5.3D\tau_0 + 118.7\mu_\beta} \Bigg\} \tag{6-10}$$

则在活塞推压过程中，达到理想状态，即输送缸内的料浆不出现反向流动的条件是出口管道长度同时小于按式 6 – 10 计算的 $E$ 和 $F$。

## 6.4　倾斜管测试充填料浆流变力学参数

对于某一具体充填系统，其充填管道直径和充填管路长度是已知的，应用挤压输送方法时，必须知道充填料浆的流变力学参数。对于采用自流输送和泵压输送充填的矿山，普遍采用环管模拟试验来测定高浓度浆体流变力学参数。环管模拟试验需要大量试验设备，需制备和消耗大量试验物料，试验时间长，费用高。针对环管模拟试验的缺陷，结合高浓度浆体的特性，研制了一套高浓度浆体流变参数倾斜管道测试装置（图 2 – 9）。

试验与生产实践证明，尾矿高浓度浆体具有以下两个特性：

（1）由于尾矿充填料浆浓度高、稳定性好，在静置时，料浆没有粗、细颗粒的分选沉降过程，只有颗粒间隙减小、体积收缩和水渐渐析出的压缩过程。测试时，料浆在漏斗中待置时间短，压缩现象不明显。

（2）尾砂高浓度浆体在管道中呈"柱塞"流动，其流态属非牛顿流体，一般可以用宾汉流体模型近似表征其流变力学性质，即：

$$\tau = \tau_0 + \mu_\beta \left( \frac{\mathrm{d}v}{\mathrm{d}y} \right) \tag{6-11}$$

式中　$\tau$——剪切应力，$N/m^2$；

　　　$\tau_0$——浆体的屈服应力，$N/m^2$；

　　　$\mu_\beta$——塑性黏度，$N \cdot s/m^2$；

　　　$\dfrac{\mathrm{d}v}{\mathrm{d}y}$——剪切速率，$s^{-1}$。

考虑管道全断面浆体的平均流速，亦可用下式表示：

$$\tau_{\omega} = \mu_{\beta} \frac{8v}{D} + \frac{4}{3} \tau_0 \qquad (6-12)$$

式中  $\tau_{\omega}$——管壁处剪切应力，N/m²；

$v$——管道内浆体平均流速，m/s；

$D$——管道直径，m。

在倾斜管道内取直径为 $d_0$，长度为 dl 的微元体 $A$，其受力分析见图 6-7。

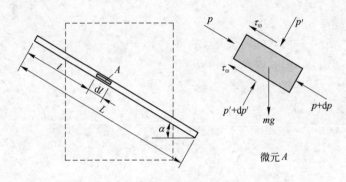

图 6-7  浆体微元体受力分析

在管道的倾斜方向上有：

$$\tau \pi d_0 \mathrm{d}l + \pi \left( \frac{d_0}{2} \right)^2 \mathrm{d}p = \gamma \pi \left( \frac{d_0}{2} \right)^2 \sin\alpha \mathrm{d}l \qquad (6-13)$$

式中  $d_0$——浆体微元体直径，m；

$\alpha$——浆体微元体倾角，(°)。

沿倾斜管道全长积分得：

$$\tau = \frac{d_0 p}{4L} + \frac{d_0}{4} \gamma \sin\alpha \qquad (6-14)$$

从式 6-14 可知，当管道倾角为 $\alpha$ 时，管道内壁处浆体切应力最大为：

$$\tau_{\omega} = \frac{Dp}{4L} + \frac{D}{4} \gamma \sin\alpha \qquad (6-15)$$

式中  $L$——管道长度，m；

$\gamma$——浆体密度，N/m³；

　　$p$——管道入口处压力，Pa；

　　$\alpha$——管道倾角，(°)。

　　考虑到漏斗高度相对倾斜管道长较小，料浆在漏斗内流动摩阻损失较小，为了计算方便，料浆在漏斗内流动摩阻损失（包括漏斗转弯处的局部阻力损失）忽略不计，取漏斗内料浆面和倾斜管道入口处断面分析，根据伯努利方程[106]有：

$$h_0 = \frac{p}{g\rho} + \frac{v^2}{2g} \tag{6-16}$$

式中　$h_0$——漏斗内料浆高度，m；

　　　　$\rho$——料浆密度，kg/m$^3$；

　　　　$g$——重力加速度，m/s$^2$。

由式 6-16 得：

$$p = \rho\left(gh_0 - \frac{v^2}{2}\right) \tag{6-17}$$

把式 2-2、式 2-7 代入式 2-5，得：

$$\mu_\beta \frac{8v}{D} + \frac{4}{3}\tau_0 = \frac{D}{4L}\rho\left(gh_0 - \frac{v^2}{2}\right) + \frac{D}{4}\gamma\sin\alpha \tag{6-18}$$

　　对于一套设计好的倾斜管道测试装置（图 2-9），$D$、$L$、$h_0$ 为已知值。同样，对于某一批制备好的充填料浆，其物理力学性质不变，即料浆的比重 $\gamma$ 和密度 $\rho$ 可预先测定，也为已知值。具备这些条件后，改变倾斜管道测试装置中倾斜管道的倾角 $\alpha$，即可测出不同倾角 $\alpha$ 条件下相应的浆体平均流速 $v$。假定利用同一批充填料浆，分别测定两次不同倾角 $\alpha_1$ 和 $\alpha_2$ 的浆体平均流速 $v_1$ 和 $v_2$，根据式 6-18，则可得到以下方程组：

$$\left.\begin{array}{l}\mu_\beta\left(\dfrac{8v_1}{D}\right) + \dfrac{4}{3}\tau_0 = \dfrac{D}{4L}\rho\left(gh_0 - \dfrac{v_1^2}{2}\right) + \dfrac{D}{4}\gamma\sin\alpha_1 \\[3mm] \mu_\beta\left(\dfrac{8v_2}{D}\right) + \dfrac{4}{3}\tau_0 = \dfrac{D}{4L}\rho\left(gh_0 - \dfrac{v_2^2}{2}\right) + \dfrac{D}{4}\gamma\sin\alpha_2\end{array}\right\} \tag{6-19}$$

上述方程组中，只有浆体的屈服应力 $\tau_0$ 和塑性黏度 $\mu_\beta$ 两个未知数，解此方程组即可求得 $\tau_0$ 和 $\mu_\beta$。

## 6.5 小结

本章介绍了自行设计的一台挤压输送设备工业样机，该机采用液压驱动形式，由主动力系统、主油缸、液控中心、辅动力系统、润滑系统和电控系统等 6 大系统组成。由一台 75kW 电机带动主油泵，一台 5.5kW 电机带动辅助油泵，给整机提供动力。主油泵采用 A8V107SR2R101F3 恒功率泵，对主油缸提供压力油，其输出功率直接用于挤压充填料浆。主油泵工作压力为 27～32MPa。辅泵采用 10SY14－1B 泵，主要控制换向阀和对润滑系统提供动力，在更换充填料浆输送活塞时，也向主油缸提供压力油，辅泵工作压力为 8MPa。

本章介绍了挤压输送设备在充填管路中安装位置的确定方法。挤压输送设备安装位置的理想状态是：

（1）在活塞回拉过程中，入口管道内料浆在垂直管道内料浆自重作用下达到足够大的移动速度，以填满输送缸的有效空腔；

（2）在活塞推压过程中，输送缸内的料浆只流向出口管道，使出口管道内的料浆加速向充填采场流动，而不出现反向流动。针对这种理想状态，根据自行研制的挤压输送设备的相关参数，建立了挤压输送设备安装位置（出口管道长度 $L_2$）的确定方法，即在挤压输送设备活塞冲程时，出口管道长度 $L_2$ 同时小于按照下列式计算的 $E$ 和 $F$。

$$E = \frac{5.26D^2 \times 10^6}{5.3D\tau_0 + 118.7\mu_\beta}$$

$$F = \frac{\gamma HD^2 + 5.3\tau_0 L_1 D}{5.3D\tau_0 + 118.7\mu_\beta}$$

在挤压输送设备活塞回程时，按下式计算的入口管道内的料浆在活塞回程时间 $t$ 内的移动距离大于或等于 $0.04943D^{-2}$，即：

$$S(t) = \left(\gamma H - \frac{16}{3D}\tau_0 L_1\right)\frac{D^2}{32\mu_\beta L_1}t - \frac{C}{A}e^{-At} + \frac{C}{A} \geq 0.04943D^2$$

　　本章介绍了一套高浓度浆体流变参数倾斜管道测试方法。应用自行研制的浆体流变参数倾斜管道测试装置及方法，根据推导出的下述方程组，即可求得 $\tau_0$ 和 $\mu_\beta$。

$$\begin{cases} \mu_\beta \dfrac{8v_1}{D} + \dfrac{4}{3}\tau_0 = \dfrac{D}{4L}\rho\left(gh_0 - \dfrac{v_1^2}{2}\right) + \dfrac{D}{4}\gamma\sin\alpha_1 \\ \mu_\beta \dfrac{8v_2}{D} + \dfrac{4}{3}\tau_0 = \dfrac{D}{4L}\rho\left(gh_0 - \dfrac{v_2^2}{2}\right) + \dfrac{D}{4}\gamma\sin\alpha_2 \end{cases}$$

# 7  充填料浆管道挤压输送应用实例

通过第2章的挤压输送原理分析和第4章的计算机模拟，表明对于某一给定充填系统，其充填管道长度、管径以及充填料浆流变力学参数一定，那么，存在一个合适的挤压输送设备安装位置，将挤压输送设备安装在管路的此处，可以实现浆体管道挤压输送。因此，本章将利用自行研制的挤压输送工业样机，结合大冶有色金属公司铜绿山矿充填系统存在的充填浓度低、充填倍线大的问题，阐述如何在工业充填系统中应用挤压输送理论及应用参数。

## 7.1  铜绿山矿充填系统及其存在的问题

大冶有色金属公司铜绿山铜铁矿是我国有色金属工业的大型矿山之一，二期工程采用露天与地下联合开采。设计坑采能力 2500 t/d，为确保古矿遗址长期保存和充分回收铜矿资源，地下采用胶结充填采矿法。二期设计了膏体胶结充填系统 1 套，负担开采 1500t/d 矿石的充填能力，余下开采 1000t/d 矿石的充填能力将由矿山已建的充填站负担。由于该充填站是根据当时二期工程露天分步实施方案建设的，胶结充填用于水砂充填采场的铺面，设计能力 300~500t/d。

### 7.1.1  充填料浆制备系统

铜绿山铜铁矿充填站由立式砂仓、水泥仓、搅拌槽、中央控制室和管道组成。立式砂仓采用底部卸料或局部流态化吸出式卸料。选厂磁选后的原生矿尾矿，经直径 500mm 水力旋流器分级，+37μm 的尾砂用砂泵输送到立式砂仓，在仓内自重沉降，溢流水由环形槽流入主排水沟。水泥仓储存散装水泥，并装有风力上料和定量给料设备以及库内的压气喷嘴。尾砂与水泥按设计的配比定量给入搅拌槽，经搅拌后的充填料浆进入充填管道，然后通过井下充填管路至各采场。充填料浆制备工艺流程见图 7-1。

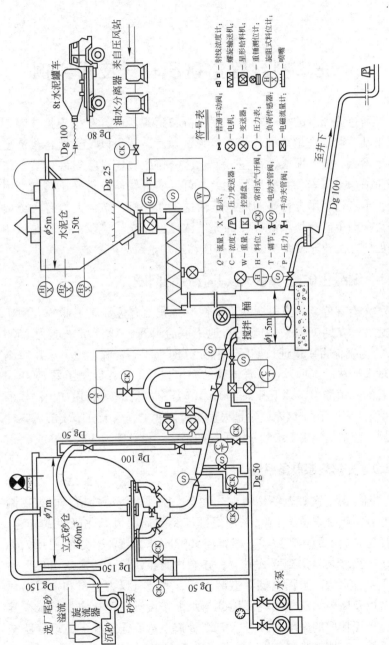

图 7 - 1 挤压输送充填料浆制备工艺流程

### 7.1.2 充填料浆制备系统存在的问题及解决方案

该矿的生产实践表明，已建的充填站存在以下主要问题：

（1）Ⅳ号矿体北端采场充填线大，充填站自流输送距离有限；

（2）矿山充填料来源不足，要求把分级尾砂充填改为全尾砂充填，充填站自流输送难以满足全尾砂高浓度料浆要求；

（3）充填系统能力低，不能满足开采 1000t/d 矿石的要求；

（4）受输送距离等因素制约，充填料浆浓度低。

欲解决上述问题，有两种方案可供选择：一是按照当时的价格计算，需要投资 700~800 万元，新建一套充填系统；二是利用矿山已建成的充填站，实现大倍线高浓度充填，即采用挤压输送。第二方案可以解决该矿充填站存在的Ⅳ号矿体北端采场充填线大、充填站自流输送距离有限以及受输送距离等因素制约造成充填料浆浓度低等问题，并且不需要对已建成的充填站料浆制备系统进行任何改造，只是将挤压输送设备安装在井下充填管路中，比第一方案具有较大的优点。因此，矿山决定采用挤压输送方案。

## 7.2 铜绿山矿尾砂流变参数测试

采用第 6 章介绍的倾斜管测试充填料浆流变力学参数方法，对铜绿山矿尾砂流变力学参数进行了测试。铜绿山尾砂密度为 3.020 t/m³，粒径组成见表 7-1。用倾斜管道测得铜绿山矿尾砂不同浓度下的流变力学参数见表 7-2。

表 7-1 铜绿山矿全尾砂粒级组成

| 粒径/μm | 分计/% | 累计/% |
|---|---|---|
| -450 +224 | 4.76 | 4.76 |
| -224 +125 | 15.33 | 20.09 |
| -125 +100 | 11.60 | 31.69 |
| -100 +71 | 51.42 | 83.11 |
| -71 +56 | 11.57 | 94.68 |
| -56 +40 | 2.13 | 96.81 |
| -40 | 3.19 | 100 |

表 7 – 2　铜绿山矿尾砂流变力学参数

| 测 试 次 数 | 第一次 | 第二次 | 第三次 |
|---|---|---|---|
| 质量浓度/% | 69.94 | 72.65 | 75.75 |
| 料浆密度/kg·m$^{-3}$ | 1878.9 | 1945.2 | 2027.0 |
| 屈服应力/Pa | 6.5032 | 12.0713 | 14.1753 |
| 塑性黏度/Pa·s | 0.0570 | 0.0901 | 3.0773 |

## 7.3　挤压输送设备的安装位置确定

　　铜绿山矿充填采用的充填管为内径 $D = 100$mm 的无缝钢管，其管道布置见图 7 – 2。充填管从地表充填站的 + 40m 水平，经 165m 深的充填斜井，200m 长的 – 125m 中段回风巷，60m 深的垂直充填小井和 – 185m 中段的回风巷到达各充填采场。最远采场的充填管道长度为 1235m，27 线 ~ 35 线之间的充填区域自流输送充填倍线为 5.49。根据第 2 章自流输送充填倍线试验结果，对于质量浓度为 75.75% 的料浆自流输送充填最大倍线为 2.6，显然，依靠重力输送高浓度充填料浆至 – 245m 中段 27 线 ~ 35 线之间的充填采场是不可能的。因此，需要加压输送。根据 – 185m 水平实际情况，尽量利用现有工程，以减少挤压输送设备安装硐室工程量。将挤压输送设备布置在矿体上盘回风巷与 3 号穿脉交叉口处（图 7 – 2）。考虑自流输送充填最大倍线，选定挤压输送设备安装位置的充填倍线在 2 ~ 3 之间，取 $N = 2.5$，并按第 6 章介绍的挤压输送设备安装位置的两个理想状态进行验算。

　　根据流变力学参数测试结果（表 7 – 2），取质量浓度为 72.65% 的料浆流变力学参数对挤压输出装置安装位置进行计算，即：

屈服应力 $\tau_0 = 12.0713$Pa；

密度 $\rho = 1.9452$t/m$^3$；

塑性黏度 $\mu_\beta = 0.0901$Pa·s。

根据充填管道布置已知：

至 −185m 水平垂直管道总长 $H = 225m$；

管道总长度 $L = 1235m$；

管道直径 $D = 0.1m$；

入口管道长度 $L_1 = NH = 2.5 \times 225 = 562.5m$；

出口管道长度 $L_2 = L - L_1 = 1235 - 562.5 = 672.5m$。

将上述已知参数代入式 6−2，得：

$$v(t) = \left(\rho g H - \frac{16}{3D}\tau_0 L_1\right)\frac{D^2}{32\mu_\beta L_1} + Ce^{-At}$$

$$= \left(1945.2 \times 9.8 \times 225 - \frac{16}{3 \times 0.1} \times 12.0713 \times 562.5\right) \times$$

$$\frac{0.1^2}{32 \times 0.0901 \times 562.5} + Ce^{-At}$$

$$= 24.2140 + Ce^{-At} \tag{7-1}$$

$$A = \frac{32\mu_\beta}{D^2\rho} = \frac{32 \times 0.0901}{0.1^2 \times 1945.2} = 0.1482$$

将 $A = 0.1482$，$t = 0$，$v = 0$ 代入式 7−1，得：

$$C = -24.2140$$

将上述已知值代入式 6−3，得：

$$S(t) = \left(\rho g H - \frac{16}{3D}\tau_0 L_1\right)\frac{D^2}{32\mu_\beta L_1}t - \frac{C}{A}e^{-At} + \frac{C}{A}$$

$$= \left(1945.2 \times 9.8 \times 225 - \frac{16}{3 \times 0.1} \times 12.0713 \times 562.5\right) \times$$

$$\frac{0.1^2}{32 \times 0.0901 \times 562.5}t + \frac{24.2140}{0.1482}e^{-0.1482t} - \frac{24.2140}{0.1482}$$

$$= 24.2140t + 163.3873e^{-0.1482t} - 163.3873$$

当 $t = 2s$ 时，则：

$$S(2) = 24.2140 \times 2 + 163.3873e^{-0.1482 \times 2} - 163.3873 = 6.5544$$

将上述已知参数代入式 6 – 5，得：

$$S_0 = 0.04943D^{-2} = 0.04943 \times 0.1^{-2} = 4.943$$

显然，$S(2) \geq S_0$，说明在活塞回拉过程中，入口管道内料浆在垂直管道内料浆自重作用下能够填满输送缸的有效空腔，符合活塞回程时的理想状态。

将已知的参数代入式 6 – 10，得：

$$E = \frac{5.26D^2 \times 10^6}{5.3D\tau_0 + 118.7\mu_\beta}$$

$$= \frac{5.26 \times 0.1^2 \times 10^6}{5.3 \times 0.1 \times 12.0713 + 118.7 \times 0.0901} = 3070.8$$

$$F = \frac{9.8\rho HD^2 + 5.3\tau_0 L_1 D}{5.3D\tau_0 + 118.7\mu_\beta}$$

$$= \frac{9.8 \times 1945.2 \times 225 \times 0.1^2 + 5.3 \times 12.0713 \times 562.2 \times 0.1}{5.3 \times 0.1 \times 12.0713 + 118.7 \times 0.0901}$$

$$= 2715.4$$

从上述计算可知，$L_2 = 672.5\,\mathrm{m}$，小于 $E$ 和 $F$，符合活塞冲程时的理想状态，即在活塞推压过程中，输送缸内的料只流向出口管道，使出口管道内的料浆加速向充填采场流动，而不出现反向流动。

由此可知，挤压输送设备安装在自流输送倍线 2.5 处，同时满足活塞回程和冲程时需要满足的条件，因此，安装位置可行。此外，根据 –185m 水平实际情况，尽量利用现有工程，以减少挤压输送设备安装硐室工程量。因此，将挤压输送设备布置在矿体上盘回风巷与 3 号穿脉交叉口处，入口管道自流输送充填倍线约为 2.5。充填料挤压输送设备安装位置见图 7 – 2，充填料挤压输送设备安装基础见图 7 – 3，挤压输送设备安装现场见图 7 – 4。

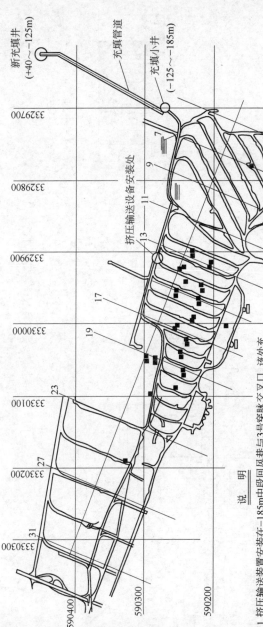

**图 7-2 充填管道布置与挤压输送设备安装位置**

说 明

1. 挤压输送装置安装在-185m中段回风巷与3号穿脉交叉口,该处充填线为2.9;

2. 挤压输送装置总功率为80kW,动力从下盘变电硐室经运输巷利3号穿脉引入,采用(450/750V)YC3×50+1X16电缆,实际铺缆长度为227m,考虑一定的备用量,共需250m电缆;

3. 挤压输送设备的冷却器用冷却水,水从主运输巷经3号穿脉引入,采用内径为φ25.4mm的普通管,共需125m。

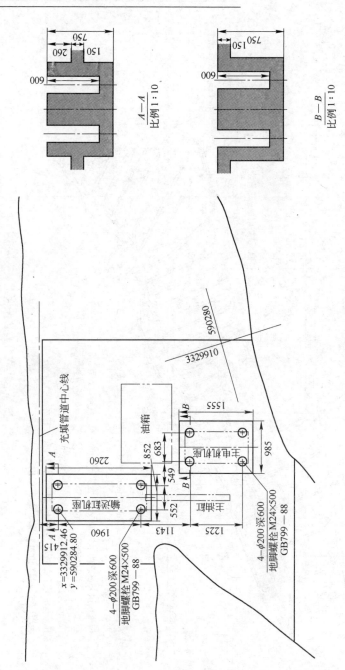

图 7 - 3　充填料挤压输送设备安装基础

图 7 - 4 挤压输送设备安装现场

## 7.4 充填料浆挤压输送

### 7.4.1 清水挤压输送

为了确保充填料挤压输送设备各项性能指标符合设计要求以及检验整个充填系统的适应性，在充填之前进行了清水负载试验。此项试验是将充填料挤压泵输送缸与充填管路相连的三通出料口端断开，装上特制的配有压力表的端盖（图 7 - 5）。试验时，在充填制备站向充填管道充水，使充填管路中的垂直管段和垂直管与充填料

图 7 - 5 挤压输送设备三通及压力表

挤压泵相连的水平管段装满水，其中，垂直管段中的水是逐渐加高的。启动充填料挤压输送设备，观察充填料挤压输送设备的运行状况与特制端盖上压力表读数的变化情况。

试验时观察到，在充填管道装满一定量的水时，当充填料挤压输送设备活塞向前推进时，油泵的压力逐渐升高，最高达到 4MPa，此时三通端盖上压力表读数为 1.1~1.2MPa；当充填料挤压输送设备活塞处于回程时，主油泵的压力逐渐降低，直至为 0.0MPa。继续增加充填管段中的水时，充填管道出现泄漏，直至局部爆管。

清水试验也发现充填料挤压输送设备的先导阀动作不灵活，导致活塞杆偶有换向失控，依靠手动换向。针对清水试验出现的问题，随后进行了分析与改造。对于充填管道爆管问题，是由于该套充填管道安装使用多年，管道之间密封胶垫出现老化，在高压力作用下，必然出现泄漏与爆管现象。鉴于此情况，决定部分更换充填管道，并加固管道连接处。对于先导阀动作失灵情况，究其原因是由于加工精度不够造成的。因此，按原设计重新加工新的先导阀；同时，对原设计进行更改，按更改的设计制造两套先导阀备用与试验。

### 7.4.2   5412 号采场充填挤压输送

5412 号采场位于 -185~-245m 水平之间，靠近 23 线，上向分层充填法回采。试验的这个分层空区约 800m³，其中的上半分层用挤压输送充填。采场至地表充填站之间的管道长 1020m（图 7-6）。

试验时，设备开机后连续工作 10h，将该分层后半层充完，充填量约为 400m³。试验过程中，设备运转正常，加压效果显著。试验时的充填料浆浓度为 72%~74%，是充填制备站制浆浓度极限。在料浆浓度达 74% 左右时，充填料挤压输送设备的主泵压力为 10MPa，远低于设计的主泵压力 27~32MPa，说明充填料挤压输送设备的能力尚未完全发挥出来，具有较大潜力。试验时，在充填管道出口可看出，充填料周期性地从充填管道间断流出，也可听出由于充填料挤压输送设备的挤压作用，在充填管路中产生的周期性响声。充填 5412 号采场时，管道仍出现多处破裂现象，需要更换与加固。

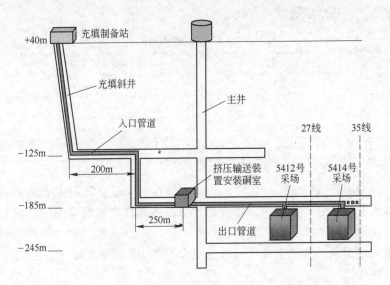

图 7-6 挤压输送充填管路与充填采场示意图

### 7.4.3 5414 号采场充填挤压输送

5414 号采场位于 5412 号采场北端，充填管道全长 1080m（图 7-6）。为了进一步考核充填料挤压输送设备运行的可靠性，对 5414 号采场进行了充填，此次充填量约为 600m³，设备的充填能力大于 40m³/h，达到了设计要求。充填过程中，设备运转正常，充填管道出口还有较大的富余压力，可输送更远的距离。

### 7.4.4 充填挤压输送结果

应用自行研制的工业样机，结合铜绿山矿充填站存在的Ⅳ号矿体北端采场充填线大、充填站自流输送距离有限以及受输送距离等因素制约造成充填料浆浓度低等问题，开展了充填料挤压输送工业试验与应用。工业试验完成了两个采场的充填，充填量约为 1000m³，充填料浆质量浓度为 72% ~74%，充填最远采场的管道长度为 1080m（充填倍线为 4.9）。试验过程中，系统运行平稳，充填料挤压输送设备性能可靠，设备的生产能力大于 40m³/h，满足了生产要求。挤压输送结果见表 7 - 3。

表 7 - 3　挤压输送结果

| | |
|---|---|
| 充填料浆质量浓度/% | 72 ~ 74 |
| 充填管道长度/m | 1080 |
| 充填倍线 | 4. 9 |
| 充填能力/m³ · h⁻¹ | > 40 |
| 充填量/m³ | 1000 |

　　充填挤压输送结果证明，利用充填管道中垂直管道内充填料浆自重和浆体沿管道壁的屈服应力，通过安装在充填管路中的充填料挤压输送设备将充填料送入采空区，技术路线正确。设计的充填料挤压输送设备达到了设计要求，适合铜绿山矿的充填工艺，可在矿山推广应用。

## 7.5　充填料浆管道挤压输送存在的问题与展望

### 7.5.1　存在的问题

　　本书介绍了充填料挤压输送方法，并对其进行了原理分析和计算机模拟，介绍了首台挤压输送工业样机，结合铜绿山矿充填站介绍如何在工业充填系统中运用充填料挤压输送方法。但是，本书作者认为在以下几个方面还应开展进一步的研究，为该方法的推广应用提供更加完善的理论与经验。

　　(1) 充填料双缸（并联）挤压输送。从充填料挤压管道输送方法思路的形成，我们就知道，充填料挤压输送方法最初只考虑了单缸输送的情况，书中介绍的工业样机及应用实例也是单缸输送，它解决了充填料输送距离长的问题，但单缸输送在活塞回程过程中，能量未能充分利用。尽管本书第 3 章和第 6 章介绍了充填料双缸（并联）挤压输送的模型、受力分析、速度和加速度方程，并进行了充填料双缸（并联）挤压输送计算机模拟，但没有进行试验研究，也没有设计出工业样机，因此，充填料双缸（并联）挤压输送是否可行，还需要进一步的研究，以解决单缸输送的能量利用问题。

（2）充填料串联挤压输送。充填料挤压输送方法的原理及应用表明，充填料挤压输送能够解决长距离问题，但对于充填管道太长，一台挤压输送设备不能解决问题时，能否采用两台或两台以上挤压输送设备串联工作，仍需要从理论上进行分析与试验研究。

（3）第6章介绍了一种斜管测试充填料浆流变力学参数的方法，从原理上分析了该方法的可行性，在一定条件下，它是一种可替代传统环管试验的新方法，具有试验装置简单、成本低和费时少等优点，但设计的斜管测试装置的结构和精度有待改进与完善。

### 7.5.2 展望

矿山充填料浆挤压输送新方法，是专门针对矿山充填料浆浓度低、充填管路长，利用充填管路中垂直管道（包括斜管）内充填料浆自重和浆体沿管边的屈服应力，而开发的一种除自流输送和传统泵压输送方法之外，投资省、运行成本低、可远距离输送高浓度/膏体充填料的第三种水力输送充填料的新方法。由于其原理独特，使得挤压输送设备无分配阀，结构简单，磨损件少。它的推广应用，将能够解决水力充填存在的料浆浓度低、水泥流失和料浆离析严重以及由此给采矿后续工艺带来的其他问题，因此该方法的应用前景广阔。

此外，高浓度充填料浆挤压输送方法在深井充填中的应用也存在可能性。与浅部开采充填系统相比，深井充填的特点在于充填倍线小，充填料浆垂直压力水头大，它是造成充填料浆在管道中流动速度快的主要原因[107,108]。而控制深井充填管道磨损和减轻管道过早破坏，亦即减少爆管事故的发生，提高生产安全性，最有效的方法就是采用"低速"满管输送。南非是最早研究深井充填技术的国家之一。最初，南非深井充填系统是按"自由落体"原理进行设计的。实践表明，垂直管道自由降落段的管道磨损率极高[109]。为了降低管道磨损率，减轻管道破坏，随着开采深度的增加，南非、澳大利亚等国家的深井矿山开始研究、试验和采用满管输送系统。主要包括满管流高压充填料分配系统和满管流低压充填料分配系统。前者是在选定的运输段安装小直径"节流"管，以便形成有效压头，按所需流量输送充填料。虽然"节流"管中的高速会增加这些管的磨损，但这些小直径管易于更换。这种方法可使竖井垂直管道底部系统工作压力明显提高，因此在井筒内需要安装厚壁管。后者是为了解决管道中的高压力问题，在水平管段安装大直径管，在垂直管段安装小直径管。在管道压力过高的深井矿山，用大直径管道将充填料输送到地下贮仓，再用小一些的管道从贮仓输送到采场，实现降低管道压力的目的。在井下设贮仓作为充填减压站在南非等国家的深井矿山得到少量应用[109,110]。国内凡口矿曾探讨过利用井下搅拌桶减压，而不是国外用的井下贮仓[111]。除了采用这些技术措施实现充填料满管输送外，南非还研究与应用了部分满管流分配系统、自由降落钻孔系统、缓慢流系统和能量消耗器等方法[112]。

从国外深井充填研究与实践看，采用低速满管输送充填料浆，是控制深井充填管道磨损和减轻管道过早破坏较为有效的方法。如何降低深井充填料浆流速，除了国外采用的安装小直径"节流"管、设井下贮仓作为充填减压站、安装能量消耗器等方法外，高浓度充填料浆挤压输送方法能够实现这一目的。根据高浓度充填料浆挤压输送方法的原理，挤压输送是依靠在充填管路中间介入机械"挤压"力，在此机械力的作用下，迫使充填料浆流动周期性地停止，通过"流动—停止—流动"这种循环过程，实际上这个过程降低了管道中充填料浆流速，这正是深井低速满管流输送所需要的。因此，高浓度充填料浆挤压输送方法在深井充填中的应用存在可能性。

# 参 考 文 献

［1］ 何哲祥，古德生. 矿山充填管道水力输送研究进展 ［J］. 有色金属（季刊），2008，60（3）：116～120.

［2］ Archibald J F, Lausch P, He Zhexiang. Quality control problems associated with backfill use in Mines ［J］. CIM Bulletin July – Aug., 1993：53～57.

［3］ 何哲祥，徐从武. 武山铜矿北矿带充填存在的问题与对策 ［J］. 铜业工程，2002（3）：1～3.

［4］ 张安康，张国良，冯俊刚，等. 金城金矿东季矿充填系统改造 ［J］. 有色金属，2004（5）：90～92.

［5］ Newman P D, Pine R J, Ross Kevin. The optimization of high density backfill at the Stratoni Operations, Greece ［C］//David Stone P E. Proceedings of the 7th International Symposium on Mining with Backfill. Colorado：Society for Mining, Metallurgy and Exploration Inc.（SME），2001：273～283.

［6］ Brackebusch F W. Basic of paste backfill system ［J］. Mining Engineering, 1994, 46：1175～1178.

［7］ Richard Brummer, Allan Moss. Paste：The Fill of the Future ［J］. Canadian Mining Journal, Nov., Dec., 1991：31～35.

［8］ Vickery J D, Boldt C M K. Total Tailings Backfill Properties and Pumping ［C］// Hassani F P, Scoble M J, Yu T R. Proceedings of the 4th International Symposium on Mining with Backfill. Montreal：1989：369～377.

［9］ Lange J. 低含水量充填料的制备 ［G］//中国有色金属学会采矿学术委员会，金川有色金属公司，长沙矿山研究院. 国外金属矿山充填采矿技术的研究与应用. 1997：290～296.

［10］ Verkerk C G, Marcus R D. The Pumping Characteristics and Rheology of Paste Fills ［C］//The South African Institute of Mining and Metallurgy. Backfill in South African Mines. Special Publications SP2, 1988：221～234.

［11］ Wingrove A C. Engineering research and development with respect to JCI backfill operations ［C］//The South African Institute of Mining and Metallurgy. Backfill in South African Mines. Special Publications SP2, 1988：525～546.

［12］ Henderson A, Jardine G, Woodall C. The implementation of paste fill at the Henty Gold Mine ［C］//Bloss M. Proceedings of the Sixth international symposium on mining with backfill. Queensland：The Australasian Institute of Mining and Metallurgy, 1998：299～303.

［13］ 费祥俊. 浆体与粒状物料输送水力学 ［M］. 北京：清华大学出版社，1994：457.

［14］ Perry R J, Churcher D L. The application of high density paste backfill at Dome Mine

[J]. CIM Bulletin, May 1990: 53～58.

[15] 陈长杰, 蔡嗣经. 金川二矿区膏体充填系统试运行有关问题的探讨 [J]. 矿业研究与开发, 2001 (6): 21～23.

[16] Bloss M L, Revll M B. Mining with Paste Fill at BHP Cannington [C] //David Stone P E. Proceedings of the 7th International Symposium on Mining with Backfill. Colorado: Society for Mining, Metallurgy and Exploration Inc. (SME), 2001: 209～221.

[17] 何哲祥, 谢开维, 周爱民. 全尾砂胶结充填技术研究与实践 [J]. 中国有色金属学报, 1998 (12): 739～744.

[18] He Zhexiang, Xiu Benxian, Zhou Aimin, et al. Research and application of squeezed－transport technique and equipment for high density and paste backfill [C] //David Stone P E. Proceedings of the 7th International Symposium on Mining with Backfill. Colorado: Society for Mining, Metallurgy and Exploration Inc. (SME), 2001: 157～162.

[19] 何哲祥, 古德生. 水力充填管道挤压输送方法试验研究 [J]. 湖南科技大学学报 (自然科学版), 2007 (3): 26～30.

[20] Dickout M H. Filling effect on mining and properties of backfill materials [C] //Proceedings of the Jubilee Symposium on Mine Filling. North West Queensland Branch, A. I. M. M., 1973: 6～12. .

[21] Thomas C. Homestake mine em dash largest United States gold producer [J]. Mining Engineering, Mar, 1974: 24～27.

[22] Anon. Mine filling installation at Mount Isa [J]. Mining Magazine, 1974, 30: 7.

[23] Udd J E, Annor A. Backfill Research in Canada. MINEFILL 93 [J]. Johannesburg, SAIMM, 1993: 361～368.

[24] Zhou Aimin. Mining Backfill Technology in China: An Overview [C] //The Nonferrous Metals Society of China. Proceedings of the 8th International Symposium on Mining with Backfill. Beijing: 2004: 1～7.

[25] 张常青. 凡口铅锌矿采矿方法的技术进步 [J]. 世界采矿快报, 1997 (19): 14～17.

[26] 刘同有, 周成浦. 金川镍矿充填采矿技术的发展 [J]. 科学中国人, 1999 (7): 8～10.

[27] 彭续承. 充填理论及应用 [M]. 长沙: 中南工业大学出版社, 1998.

[28] Nantel J. Recent Development and Trends in Backfill Practices in Canada [C] //Bloss M. Proceedings of the Sixth international symposium on mining with backfill. Queensland: The Australasian Institute of Mining and Metallurgy, 1998: 11～16.

[29] Iigner H J, Kramers C P. Developments in backfill technology in South Africa [C]. //Bloss M. Proceedings of the Sixth international symposium on mining with backfill. Queensland: The Australasian Institute of Mining and Metallurgy, 1998: 129～135.

[30] 何哲祥, 谢开维. 膏体充填技术新进展 [J]. 有色金属采矿, 1996 (1): 1, 2.

[31] Anthony, G. Grice. Recent Minefill Developments in Australia [C] //David Stone P E. Proceedings of the 7th International Symposium on Mining with Backfill. Colorado: Society for Mining, Metallurgy and Exploration Inc. (SME), 2001: 351~357.

[32] 何哲祥, 陈石安. 地下金属矿山全尾砂充填技术的发展 [J]. 充填采矿法工艺设备学术会论文专辑, 有色金属采矿, 1994: 59~61.

[33] Richard Brummer, Allan Moss. Paste: The Fill of the Future [J]. Canadian Mining Journal, Nov., Dec., 1991: 31~35.

[34] Helms W. The development of backfill techniques in German metal mines during the past decade. MINEFILL 93 [C]. Johannesburg, SAIMM, 1993: 323~331.

[35] Riihe A. 一种用于稠料液力输送的新型四活塞泵的研制与开发 [G] //中国有色金属学会采矿学术委员会, 金川有色金属公司, 长沙矿山研究院. 国外金属矿山充填采矿技术的研究与应用, 1997: 285~289.

[36] 金川工程考察组. 全尾砂膏体泵送充填及其在格隆德矿的应用与发展 [J]. 有色矿山, 1990 (2): 1~12.

[37] Lerche R, Renetzeder H. The Development of Pumped fill at Grund Mine [J]. Erzmetall, 1984, 37: 494~501.

[38] 金川公司技术考察组. 金川公司赴德、法泵送充填技术考察报告 [J]. 中国矿业, 1995 (5): 37~40.

[39] Udd J E. Backfill research in Canadian Mines. Innovations in Mining Backfill Technology [C] //Hassani F P, Scoble M J, Yu T R. Proceedings of the 4th International Symposium on Mining with Backfill. Montreal: 1989: 3~13.

[40] Landriault D, Goard B. Research into High Density Backfill Placement Methods by the Ontario Division of Inco Limited [J]. CIM Bull, Jan. 1987: 46~50.

[41] Thibodeau D. In situ determination of density alluvial sand fill [C] //Hassani F P, Scoble M J, Yu T R. Proceedings of the 4th International Symposium on Mining with Backfill. Montreal: 1989: 267~274.

[42] Kramers C P, Russell P M, Billingsley I. Hydraulic Transport of High Concentration Backfill [C] //Hassani F P, Scoble M J, Yu T R. Proceedings of the 4th International Symposium on Mining with Backfill. Montreal: 1989. 387~394.

[43] Gilchrist I C R. 充填料管道输送设计中流体参数的预测 [G] //中国有色金属学会采矿学术委员会, 金川有色金属公司, 长沙矿山研究院. 国外金属矿山充填采矿技术的研究与应用. 1997: 268~278.

[44] Lidkea W, Landriault D. Tests on Paste Fill at INCO [C] //S. Afr. Inst. Min. Metall. Minefill 93. Johannesburg: Sept. 1993: 337~347.

[45] Hollinderbaeumer E W, Kraemer U. Waste disposal backfilling, technology in the German hard coal mining industry [J]. Bulk Solids Handling, Oct-Dec 1994, 14: 795~798.

[46] Paste Fill [J]. Supplement to Canadian Mining Journal, April 1995.

[47] Jurgen Kronenberg. Backfilling and mine drainage with KOS pumps [J]. Mining Magazine, Jan. 1995: 37, 38.

[48] Pump it up; Pump it down [J]. E&Mj, April 1995: 44.

[49] 周成浦, 等. 金川胶结充填技术新进展 [J]. 有色矿山, 1992 (4): 1~10.

[50] 周成浦. 90年代金川的胶结充填技术 [C] //中国有色金属学会采矿学术委员会. 充填采矿法工艺设备学术会论文专辑. 有色金属采矿, 1994: 55~58.

[51] 刘同有, 周成浦. 金川镍矿充填采矿技术的发展及面临的挑战 [C] //中国有色金属学会采矿学术委员会. 第四届全国充填采矿会议论文集. 1999: 6~10.

[52] 王佩勋, 袁家谦, 王五松. 膏体泵送充填工艺设备选择 [J]. 有色矿山, 2002 (2): 10~12.

[53] 杨立根, 姚中亮, 包东曙, 等. 赤泥浆体泵送胶结充填采矿法研究 [J]. 矿业研究与开发, 1996 (9): 18~22.

[54] He Zhexiang, Zhou Aimin, Shi Shengyi, et al. Research and application of total tailings backfill at Zhangmatun Iron Mine [C] //Bloss M. Proceedings of the Sixth international symposium on mining with backfill. Queensland: The Australasian Institute of Mining and Metallurgy, 1998: 221~225.

[55] 康建华. 张马屯铁矿全尾砂胶结充填试验 [J]. 山东冶金, 2001, 23 (2): 39~41.

[56] 刘乃锡. 铜绿山矿膏体泵送充填工艺的实施及其设备 [C] //中国有色金属学会采矿学术委员会. 第四届全国充填采矿会议论文集. 1999: 16~20.

[57] 何哲祥, 鲍侠杰, 董泽振. 铜绿山铜矿不脱泥尾矿充填试验研究 [J]. 金属矿山, 2005 (1): 15~17.

[58] 陈树楠, 杨焕文. 全尾砂泵压充填采矿法技术可行的研究 [J]. 矿冶, 1997 (6): 2~5.

[59] 马永彬. 细尾砂泵压充填在武山铜矿应用的可行性 [J]. 有色冶金设计与研究, 1990 (2): 9~39.

[60] 佟庆理. 两相流动理论基础 [M]. 北京: 冶金工业出版社, 1982.

[61] 陈广文. 浆体管道输送流型特性及其阻力损失分析 [J]. 有色金属, 1994 (2): 15~19.

[62] Cooke R. Paste Reticulation Systems: Myths and Misconceptions [C] //David Stone P E. Proceedings of the 7th International Symposium on Mining with Backfill. Colorado: Society for Mining, Metallurgy and Exploration Inc. (SME), 2001: 3~12.

[63] 于润沧, 刘大荣, 魏孔章. 全尾砂膏体充填料泵压管输的流变特性 [C] //中国有色金属学会采矿学术委员会. 第二届中日浆体输送技术产流会论文集. 桂林: 1998: 99~104.

[64] Mez W. 选厂尾砂和电站飞灰浆体流变性能的试验 [C] //北京有色冶金设计研究总院. 膏体泵送充填专集. 1989: 12.

[65] Wasp E J, Kenny J P, Gandhi B L. Solid – Liquid flow slurry pipeline transportation [J].

Clausthal: Trans Tech Publications, 1977.

[66] 陈广文, 古德生, 高泉. 高浓度浆体的浓度判据及其层流输送特性 [J]. 中国有色金属学报, 1995 (12): 36~39.

[67] 魏孔章. 全尾砂高浓度料浆充填新技术 [G]. 北京: 北京有色冶金设计研究总院, 1992: 61.

[68] 瓦斯普 E J, 等. 固体物料的浆体管道输送 [M]. 北京: 水利电力出版社, 1984.

[69] 钱桂华, 曹晰. 浆体管道输送设备实用选型手册 [M]. 北京: 冶金工业出版社, 1987.

[70] 丁宏达. 浆体管道输送原理和工程系统设计 [G]. 中国金属学会浆体输送学术委员会, 长沙: 1990.

[71] 韩文亮, 杨焕文. 高浓度全尾砂的物理特征及阻力损失 [J]. 有色金属 (矿山部分), 1988 (6): 13~18.

[72] 谭幼媛. 高浓度浆体输送特性的研究 [J]. 矿业研究与开发, 1995 (6): 9~13.

[73] Hollinderbaumer E W, Mez W. Viscosity controlled production of high-concentration backfill pastes [C] //Bloss M. Proceedings of the Sixth international symposium on mining with backfill. Queensland: The Australasian Institute of Mining and Metallurgy, 1998: 43~47.

[74] Xu Yuhai, Xu Xinqi, Li Jianxiong, et al. High concentration backfilling, its rheologic properties and parameters in gravity flow [C] //The Nonferrous Metals Society of China. Proceedings of the 8th International Symposium on Mining with Backfill. Beijing: 2004: 304~307.

[75] 付长怀. 粗骨料对膏状浆体管道输送阻力的影响 [J]. 有色金属 (矿山部分), 1995 (2): 28~31.

[76] 陈广文, 古德生. 浆体水平管道输送阻力损失计算探讨 [J]. 中南矿冶学院学报, 1994 (4): 162~166.

[77] 刘同有, 等. 充填采矿技术与应用 [M]. 北京: 冶金工业出版社, 2001: 53~55.

[78] 美国《矿业工程管理》编辑部. 采用泵输送高浓度尾矿 [J]. 国外金属矿山, 2002 (5): 40~43.

[79] 卡特 R A. 输送高浓度浆体的新型渣浆泵 [J]. 国外金属矿山, 1999 (6): 63~66.

[80] 李正旺. ZJ 系列渣浆泵的应用 [J]. 水力采煤与管道运输, 1994 (3): 14~16.

[81] 费祥俊. 浆体与粒状物料输送水力学 [M]. 北京: 清华大学出版社, 1994: 454.

[82] 孙召周. 马露斯泥浆泵及其应用 [J]. 中国矿业, 1996 (5): 86, 87.

[83] 覃民懋. 喷水式柱塞泥浆泵在电厂和冶金矿山的应用 [J]. 金属矿山, 1994 (6): 52, 53.

[84] 吴畏, 齐宝元. 水隔离浆体泵在岩金地下矿山采场充填的应用 [J]. 黄金, 2001 (4): 24~26.

[85] 张宏艺, 陈国荣, 刘丽. 往复式隔膜泵在高浓度尾矿浆输送技术中的应用 [J]. 矿业工程, 2004 (2): 43~46.

[86] 孙萍，刘大志. 隔离式浆体泵在大颗粒浆体输送中的设计与应用 [J]. 有色金属（选矿部分），2002 (6)：26，27.

[87] 刘光顺，张存涛. YTB 型油隔离泵在尾矿高浓度输送中的应用. 金属矿山，1994 (10)：48 ~ 52.

[88] 徐绳武. 柱塞式液压泵 [M]. 北京：机械工业出版社，1985.

[89] 泵送混凝土及混凝土泵. 德国施维英（SCHWING）公司技术资料，1990.

[90] 膏体泵压充填. 德国普茨迈斯特（PM）公司技术资料，1995.

[91] 陈小星. 膏体充填管道自流输送系统分析 [J]. 有色金属，2002 (2)：88 ~ 91.

[92] 马树元，许迪微，张振军，等. 提高水砂充填能力的经验 [J]. 阜新矿业学院学报（自然科学版），1997 (12)：677 ~ 681.

[93] 方志甫. 安庆铜矿井下充填管网优化的研究 [J]. 有色金属（矿山部分），2007 (3)：5 ~ 9.

[94] Mitchell R J, Wong B C. Behaviour of cemented tailings sands [J]. Canadian Geotechnical Journal, 1982, 19：289 ~ 295.

[95] 姚中亮. 高浓度泵送充填工艺及其设备述评 [J]. 矿业研究与开发，1994 (2)：14 ~ 17.

[96] 周爱民. 泵送充填的发展应用与展望 [C]. 首届全国青年采矿学术会议论文集，1991，11：17 ~ 19.

[97] 迈埃尔 J，布罗伊歇尔 H，吕尼 A，等. 高浓度浆体泵送充填技术——地下采空区的完全充填. 国外金属矿山，1991，10：43 ~ 46.

[98] 张国忠. 现代混凝土泵车及施工应用技术 [M]. 北京：中国建材工业出版社，2004.

[99] 陈长杰，蔡嗣经. 金川二矿区膏体充填系统试运行有关问题的探讨 [J]. 矿业研究与开发，2001 (6)：21 ~ 23.

[100] 段雷，张赛珍. 提高混凝土泵眼镜板使用寿命的研究 [J]. 建筑机械，2007 (10S)：110 ~ 112.

[101] 李宝强. 活塞式混凝土泵分配阀 [J]. 建筑机械，1998 (5)：7 ~ 10.

[102] 杨善国，冯秦淮. 混凝土泵泵送系统换向过程压力特性仿真研究 [J]. 机械，2007 (9)，V (34)：17 ~ 19.

[103] 宋宏. 混凝土泵分配阀 [J]. 有色设备，1990 (01)：23 ~ 25.

[104] 陈宜通，田利芳. 混凝土泵 S 型管阀程序设计 [J]. 西安建筑科技大学学报（自然科学版），2005 (01)：34 ~ 37.

[105] 曾更祥，陈海斌. 混凝土泵分配机构缓冲装置的设计 [J]. 建设机械技术与管理，1999 (1)：25.

[106] 姜兴华，等. 流体力学 [M]. 成都：西南交通大学出版社，1999：57.

[107] Buchan A J, Spearing A J S. The effect of corrosion on the wear rate of steel pipelines conveying backfill slurry [J]. Journal of the South African Institute of Mining and Metallurgy,

1993 (6): 143~146.

[108] 王洪江，吴爱祥，姚振巩，等. 深井充填低压满管流输送技术研究 [C] //中国有色金属学会，长沙矿山研究院. 第八届国际充填采矿会议论文集. 北京: 2004: 229~233.

[109] Paterson A J C, Cooke R, Gericke D. Design of hydraulic backfill distribution systems—Lessons from case studies [C] // Bloss M. Proceedings of the sixth international symposium on mining with backfill. Queensland: The Australasian Institute of Mining and Metallurgy, 1998: 121~127.

[110] Iigner H J, Kramers C P. Developments in backfill technology in South Africa [C] // Bloss M. Proceedings of the sixth international symposium on mining with backfill. Queensland: The Australasian Institute of Mining and Metallurgy, 1998: 129~135.

[111] 淡永富. 充填减压系统在有色深井矿山中的应用探讨 [J]. 有色金属设计，2003，30 (1): 5~8.

[112] Cooke R, Steward N R. Energy dissipater [P]. South African Patent 92/3677.

# 附　录

## 附录1　管道挤压输送计算机模拟程序

```
Private Sub Text1_Click( )
Dim q0 As String
Dim L!,H!,L1!,H1!,D!,r!,t0!,ub!,Tcir!,dt!,w!,L2!
Dim q1 As String,q2 As String,q3 As String,q4 As String,q5 As String,q6 As String,
q7 As String,q8 As String,q9 As String
Dim q10 As String,q11 As String,q12 As String
q0 = " -------- 对浆体流动特性的影响"
q12 = "原始参数:"
q1 = "管道长度 L ="
q2 = "总垂高 H ="
q4 = "入口垂高 H1 ="
q5 = "管径 D ="
q6 = "浆体密度 r ="
q7 = "屈服应力 t0 ="
q8 = "塑性黏度 ub ="
q9 = "活塞运动周期 T ="
q10 = "时间步长 dt ="
q11 = "曲柄半径 ="
L = InputBox("管道长度 L =",L)
zf = InputBox("曲柄半径 =",zf)
H = InputBox("总垂高 H =",H)
H1 = InputBox("入口垂高 H1 =",H1)
D = InputBox("管径 D =",D)
r = InputBox("浆体密度 =",r)
t0 = InputBox("浆体屈服应力 t0 =",t0)
ub = InputBox("塑性黏度 ub =",ub)
Tcir = InputBox("活塞运动周期 Tcir =",Tcir)
```

```
dt = InputBox("时间步长 dt = ",dt)
Printer. Print Tab(42),q0
Printer. Print Tab(12),"_____"
Printer. Print Tab(12),q12
Printer. Print Tab(12),q1; L,q2; H,q4; H1,q5; Format(D,"0.00")
Printer. Print Tab(12),q6; r,q7; Format(t0,"0.00"),q8; Format(ub,"0.00")
Printer. Print Tab (12),q11; Format (zf," 0.00"),q9; Tcir,q10; Format (dt,
"0.00")
Printer. Print Tab(12),"_____"
For i = 0 To 0
L1 = H1 + i * 400
w = 2 * 3.14 / Tcir
L2 = L - L1
H2 = H - H1
t = 0
v1 = 0
a1 = 0
v2 = zf * w * Sin(w * t)
a2 = zf * w ^ 2 * Cos(w * t)
p1 = - r * H2 + (16 * t0/(3 * D) + 32 * ub * v2/D^2) * L2 + r * a2 * L2/9.8
```

$$式 4-10a$$

```
M = r * H1 - 16 * t0 * L1 / (3 * D)
N = r * H1 + 16 * t0 * L1 / (3 * D)
X = - r * H2 - 16 * t0 * L2 / (3 * D)
Y = - r * H2 + 16 * t0 * L2 / (3 * D)
Printer. Print Tab(14),"入口管长 L1 = "; L1
Printer. Print Tab(12),"_____"
Printer. Print Tab(12),"t","v","v1","v2","a1","a2","p (MPa)"
Printer. Print Tab(12),"_____"
vsum = 0
q = 0
Do While t < 5 * Tcir + 0.0001
If p < = M Then
If p > = Y Then
```

$c = ((16 * t0 / (3 * D * r) - H / L) * D \char94 2 * r) / (32 * ub)$

$v1 = c * Exp(-32 * 9.8 * ub * t / (D \char94 2 * r)) + D \char94 2 * r * (H / L - 16 * t0 / (3 * D * r)) / (32 * ub) - L2 * zf * w * Sin(w * t) / L$

式 4 - 11

$a1 = -32 * 9.8 * ub / (D \char94 2 * r) * c * Exp(-32 * 9.8 * ub * t / (D \char94 2 * r)) - L2 * zf * w \char94 2 * Cos(w * t) / L$

$v2 = zf * w * Sin(w * t) + v1$

$a2 = zf * w \char94 2 * Cos(w * t) + a1$

$v11 = v1$

$a11 = a1$

$v21 = v2$

$a21 = a2$

ElseIf p < = X Then

$c = -D \char94 2 * r * (H - 16 * t0 * (L1 - L2) / (3 * D * r)) / (32 * ub * L)$

$v1 = c * Exp(-32 * 9.8 * ub * t / (D \char94 2 * r)) + D \char94 2 * r * (H - 16 * t0 * (L1 - L2) / (3 * D * r)) / (32 * ub * (L1 - L2)) + L2 * zf * w * Sin(w * t) / (L1 - L2)$

式 4 - 13

$a1 = -32 * 9.8 * ub * c * Exp(-32 * 9.8 * ub * t / (D \char94 2 * r)) / (D \char94 2 * r) + L2 * zf * w \char94 2 * Cos(w * t) / (L1 - L2)$

$v2 = zf * w * Sin(w * t) + v1$

$a2 = zf * w \char94 2 * Cos(w * t) + a1$

$v11 = v1$

$a11 = a1$

$v21 = v2$

$a21 = a2$

Else

$v2 = 0$

式 4 - 12

$a2 = 0$

$v1 = -zf * w * Sin(w * t)$

$a1 = -zf * w \char94 2 * Cos(w * t)$

If v1 > 0 Then

$p1 = r * H1 - r * a1 * L1 / 9.8 - (16 * t0 / (3 * D) + 32 * ub * v1 / D \char94 2) * L1$

式 4 - 9a

Else

$p1 = r * H1 - r * a1 * L1/9.8 + (16 * t0/(3 * D) - 32 * ub * v1/D^2) * L1$

式 4 – 9c

End If

v11 = v1

a11 = a1

v21 = v2

a21 = a2

End If

ElseIf p > = N Then

If p > = Y Then

$c = -D^2 * r * (H + 16 * t0 * (L1 - L2) / (3 * D * r)) / (32 * ub * L)$

$v1 = c * Exp(-32 * 9.8 * ub * t/(D^2 * r)) + D^2 * r * (H - 16 * t0 * (L1 - L2) / (3 * D * r)) / (32 * ub * (L2 - L1)) - L2 * zf * w * Sin(w * t) / (L2 - L1)$

式 4 – 15

$a1 = -32 * 9.8 * ub * c * Exp(-32 * 9.8 * ub * t / (D^2 * r)) / (D^2 * r) - L2 * zf * w^2 * Cos(w * t) / (L2 - L1)$

$v2 = zf * w * Sin(w * t) + v1$

$a2 = zf * w^2 * Cos(w * t) + a1$

v11 = v1

a11 = a1

v21 = v2

a21 = a2

ElseIf p < X Then

$c = -((16 * t0 / (3 * D * r) + H / L) * D^2 * r) / (32 * ub)$

$v1 = c * Exp(-32 * 9.8 * ub * t/(D^2 * r)) - D^2 * r * (H / L + 16 * t0 / (3 * D * r)) / (32 * ub) - L2 * zf * w * Sin(w * t) / L$

式 4 – 16

$a1 = -32 * 9.8 * ub / (D^2 * r) * c * Exp(-32 * 9.8 * ub * t / (D^2 * r)) - L2 * zf * w^2 * Cos(w * t) / L$

$v2 = zf * w * Sin(w * t) + v1$

$a2 = zf * w^2 * Cos(w * t) + a1$

v11 = v1

```
a11 = a1
v21 = v2
a21 = a2
Else
v2 = 0
a2 = 0
v1 = - zf * w * Sin( w * t)
a1 = - zf * w ^ 2 * Cos( w * t)
If v1 > 0 Then
p1 = r * H1 - r * a1 * L1/9. 8 + ( 16 * t0/( 3 * D) - 32 * ub * v1/D^2) * L1
```
式 4 - 12

式 4 - 9c

```
Else
p1 = r * H1 - r * a * L1/9. 8 - ( 16 * t0/( 3 * D) + 32 * ub * v1/D^2) * L1
```
式 4 - 9a

```
End If
v11 = v1
a11 = a1
v21 = v2
a21 = a2
End If
Else
v1 = 0
a1 = 0
v2 = zf * w * Sin( w * t)
a2 = zf * w ^ 2 * Cos( w * t)
If v2 > 0 Then
p1 = - r * H2 + ( 16 * t0/( 3 * D) + 32 * ub * v2/D^2) * L2 + r * a2 * L2/9. 8
```
式 4 - 14

式 4 - 10a

```
Else
p1 = - r * H2 - ( 16 * t0/( 3 * D) - 32 * ub * v2/D^2) * L2 + r * a2 * L2/9. 8
```
式 4 - 10c

```
End If
v11 = v1
a11 = a1
```

```
v21 = v2
a21 = a2
End If
If v1 > 0 Then
If v2 > 0 Then
c = ((16 * t0 / (3 * D * r) - H / L) * D^2 * r) / (32 * ub)
v1 = c Exp(-32 * 9.8 * ub * t / (D^2 * r)) + D^2 * r * (H / L -
16 * t0 / (3 * D * r)) / (32 * ub) - L2 * zf * w * Sin(w * t) / L
                                                             式 4 - 11
a1 = -32 * 9.8 * ub / (D^2 * r) * c * Exp(-32 * 9.8 * ub * t / (D
^2 * r)) - L2 * zf * w^2 * Cos(w * t) / L
v2 = zf * w * Sin(w * t) + v1
a2 = zf * w^2 * Cos(w * t) + a1
p1 = r * H1 - r * a * L1/9.8 - (16 * t0/(3 * D) + 32 * ub * v1/D^2) * L1    式 4 - 9a
p1 = -r * H2 + (16 * t0/(3 * D) + 32 * ub * v2/D^2) * L2 + r * a2 * L2/9.8
                                                             式 4 - 10a

Else
c = -D^2 * r * (H - 16 * t0 * (L1 - L2) / (3 * D * r)) / (32 * ub
 * L)
v1 = c * Exp(-32 * 9.8 * ub * t / (D^2 * r)) + D^2 * r * (H - 16
 * t0 * (L1 - L2) / (3 * D * r)) / (32 * ub * (L1 - L2)) + L2 * zf * w * Sin
(w * t) / (L1 - L2)                                           式 4 - 13
a1 = -32 * 9.8 * ub * c * Exp(-32 * 9.8 * ub * t / (D^2 * r)) / (D
^2 * r) + L2 * zf * w^2 * Cos(w * t) / (L1 - L2)
v2 = zf * w * Sin(w * t) + v1
a2 = zf * w^2 * Cos(w * t) + a1
p1 = r * H1 - r * a * L1/9.8 - (16 * t0/(3 * D) + 32 * ub * v1/D^2) * L1 '   式 4 - 9a
p1 = -r * H2 - (16 * t0/(3 * D) - 32 * ub * v2/D^2) * L2 + r * a2 * L2/9.8
                                                             式 4 - 10c

End If
Else
If v2 > 0 Then
c = -D^2 * r * (H + 16 * t0 * (L1 - L2) / (3 * D * r)) / (32 * ub
 * L)
```

```
v1 = c * Exp( -32 * 9.8 * ub * t / (D^2 * r)) + D^2 * r * (H - 16
* t0 * (L1 - L2) / (3 * D * r)) / (32 * ub * (L2 - L1)) - L2 * zf * w * Sin
(w * t) / (L2 - L1)                                              式4-15
a1 = -32 * 9.8 * ub * c * Exp( -32 * 9.8 * ub * t / (D^2 * r)) / (D
^2 * r) - L2 * zf * w^2 * Cos(w * t) / (L2 - L1)
v2 = zf * w * Sin(w * t) + v1
a2 = zf * w^2 * Cos(w * t) + a1
p1 = r * H1 - r * a1 * L1/9.8 + (16 * t0/(3 * D) - 32 * ub * v1/D^2) * L1
                                                                式4-9c
p1 = -r * H2 + (16 * t0/(3 * D) + 32 * ub * v2/D^2) * L2 + r * a2 * L2/9.8
                                                                式4-10a

Else
c = -((16 * t0 / (3 * D * r) + H / L) * D^2 * r) / (32 * ub)
v1 = c * Exp( -32 * 9.8 * ub * t / (D^2 * r)) - D^2 * r * (H / L +
16 * t0 / (3 * D * r)) / (32 * ub) - L2 * zf * w * Sin(w * t) / L
                                                                式4-16
a1 = -32 * 9.8 * ub / (D^2 * r) * c * Exp( -32 * 9.8 * ub * t / (D
^2 * r)) - L2 * zf * w^2 * Cos(w * t) / L
v2 = zf * w * Sin(w * t) + v1
a2 = zf * w^2 * Cos(w * t) + a1
p1 = r * H1 - r * a1 * L1/9.8 + (16 * t0/(3 * D) - 32 * ub * v1/D^2) * L1
                                                                式4-9c
p1 = -r * H2 - (16 * t0/(3 * D) - 32 * ub * v2/D^2) * L2 + r * a2 * L2/9.8
                                                                式4-10c

End If
End If
v1 = v11
a1 = a11
v2 = v21
a2 = a21
p0 = p1 / 1000000
v = zf * w * Sin(w * t)
If t > 7.9 Then
Printer.Print Tab ( 12 ), Format ( t," 0.00 "), Format ( v," 0.00 "), Format ( v1,
```

```
"0. 00" ) , Format( v2 , "0. 00" ) , Format( a1 , "0. 00" ) , Format( a2 , "0. 00" ) , Format
( p0 , "0. 00" )
Printer. PrintTab( 12 ) , "_____ "
End If
p = p1
If t > 8. 1 Then
vsum = vsum + v2
q = q + v2 * D ^ 2 * 3. 14 * dt * 3600 / ( 4 * Tcir)
If pmax < p0 Then
pmax = p0
End If
End If
t = t + dt
Loop
Printer. Print Tab ( 12 ) , " Vsum = " ;  Format ( vsum , " 0. 00" ) , " Q = " ;  Format ( q,
"0. 00" ) ; " m3/h" , "Pmax = " ; Format( pmax , "0. 00" ) ; " MPa"
Printer. Print
Next i
Printer. EndDoc
End Sub
```

## 附录 2　并联挤压输送料浆 50 种可能的运动状态速度、加速度方程

状态（1）

$$v'_1 = C_1 \mathrm{e}^{-\frac{32g}{D^2\gamma}\mu_\beta t} + r\omega \frac{L_3}{L_1 + L_2 + L_3 + L_5}\sin\omega t + \frac{D^2\gamma}{32\mu_\beta}\left(\frac{H_1}{L_1 + L_2 + L_3 + L_5} - \frac{16\tau_0}{3D\gamma}\right)$$

$$v'_2 = C_2 \mathrm{e}^{-\frac{32g}{D^2\gamma}\mu_\beta t} + r\omega \frac{L_3}{L_1 + L_2 + L_3 + L_5}\sin\omega t + \frac{D^2\gamma}{32\mu_\beta}\left(\frac{H_1}{L_1 + L_2 + L_3 + L_5} - \frac{16\tau_0}{3D\gamma}\right)$$

$$v'_3 = C_3 \mathrm{e}^{-\frac{32g}{D^2\gamma}\mu_\beta t} - r\omega \frac{L_1 + L_2 + L_5}{L_1 + L_2 + L_3 + L_5}\sin\omega t + \frac{D^2\gamma}{32\mu_\beta}\left(\frac{H_1}{L_1 + L_2 + L_3 + L_5} - \frac{16\tau_0}{3D\gamma}\right)$$

$$v'_4 = r\omega\sin\omega t$$

$$v'_5 = C_5 \mathrm{e}^{-\frac{32g}{D^2\gamma}\mu_\beta t} + r\omega \frac{L_3}{L_1 + L_2 + L_3 + L_5}\sin\omega t + \frac{D^2\gamma}{32\mu_\beta}\left(\frac{H_1}{L_1 + L_2 + L_3 + L_5} - \frac{16\tau_0}{3D\gamma}\right)$$

$$v'_6 = 0$$

$$a'_1 = -C_1 \frac{32g}{D^2\gamma}\mu_\beta \mathrm{e}^{-\frac{32g}{D^2\gamma}\mu_\beta t} + r\omega^2 \frac{L_3}{L_1 + L_2 + L_3 + L_5}\cos\omega t$$

$$a'_2 = -C_2 \frac{32g}{D^2\gamma}\mu_\beta \mathrm{e}^{-\frac{32g}{D^2\gamma}\mu_\beta t} + r\omega^2 \frac{L_3}{L_1 + L_2 + L_3 + L_5}\cos\omega t$$

$$a'_3 = -C_3 \frac{32g}{D^2\gamma}\mu_\beta \mathrm{e}^{-\frac{32g}{D^2\gamma}\mu_\beta t} - r\omega^2 \frac{L_1 + L_2 + L_5}{L_1 + L_2 + L_3 + L_5}\cos\omega t$$

$$a'_4 = r\omega^2\cos\omega t$$

$$a'_5 = -C_5 \frac{32g}{D^2\gamma}\mu_\beta \mathrm{e}^{-\frac{32g}{D^2\gamma}\mu_\beta t} + r\omega^2 \frac{L_3}{L_1 + L_2 + L_3 + L_5}\cos\omega t$$

$$a'_6 = 0$$

状态（2）

$$v'_1 = r\omega \frac{(L_1+L_2+L_4+L_6)L_3+(L_1+L_2)(L_4-L_3)-(L_1+L_2+L_3+L_5)L_4}{(L_1+L_2)(L_3+L_4+L_5+L_6)+(L_3+L_5)(L_4+L_6)}\sin\omega t+$$

$$C_1 e^{-\frac{32g\mu_\beta}{D^2\gamma}t}+\frac{D^2\gamma}{32\mu_\beta}\cdot\frac{H_1(L_3+L_4+L_5+L_6)}{(L_1+L_2)(L_3+L_4+L_5+L_6)+(L_3+L_5)(L_4+L_6)}-\frac{D\tau_0}{6\mu_\beta}\cdot$$

$$\frac{(L_1+L_2+L_4)(L_3+L_5)+L_6(2L_1+2L_2+L_3+L_5)+(-L_4+L_6)(L_1+L_2+L_3+L_5)}{(L_1+L_2)(L_3+L_4+L_5+L_6)+(L_3+L_5)(L_4+L_6)}$$

$$v'_2 = r\omega \frac{(L_1+L_2+L_4+L_6)L_3+(L_1+L_2)(L_4-L_3)-(L_1+L_2+L_3+L_5)L_4}{(L_1+L_2)(L_3+L_4+L_5+L_6)+(L_3+L_5)(L_4+L_6)}\sin\omega t+$$

$$C_2 e^{-\frac{32g\mu_\beta}{D^2\gamma}t}+\frac{D^2\gamma}{32\mu_\beta}\cdot\frac{H_1(L_3+L_4+L_5+L_6)}{(L_1+L_2)(L_3+L_4+L_5+L_6)+(L_3+L_5)(L_4+L_6)}-\frac{D\tau_0}{6\mu_\beta}\cdot$$

$$\frac{(L_1+L_2+L_4)(L_3+L_5)+L_6(2L_1+2L_2+L_3+L_5)+(-L_4+L_6)(L_1+L_2+L_3+L_5)}{(L_1+L_2)(L_3+L_4+L_5+L_6)+(L_3+L_5)(L_4+L_6)}$$

$$v'_3 = C_3 e^{-\frac{32g\mu_\beta}{D^2\gamma}t}+r\omega\left[\frac{(L_1+L_2+L_4+L_6)L_3+(L_1+L_2)L_4}{(L_1+L_2)(L_3+L_4+L_5+L_6)+(L_3+L_5)(L_4+L_6)}-1\right]\sin\omega t+$$

$$\frac{D^2\gamma}{32\mu_\beta}\cdot\frac{(L_4+L_6)H_1}{(L_1+L_2)(L_3+L_4+L_5+L_6)+(L_3+L_5)(L_4+L_6)}-\frac{D\tau_0}{6\mu_\beta}\cdot$$

$$\frac{(L_1+L_2+L_4)(L_3+L_5)+L_6(2L_1+2L_2+L_3+L_5)}{(L_1+L_2)(L_3+L_4+L_5+L_6)+(L_3+L_5)(L_4+L_6)}$$

$$v'_4 = C_4 e^{-\frac{32g\mu_\beta}{D^2\gamma}t}-r\omega\left[\frac{(L_1+L_2+L_3+L_5)L_4+(L_1+L_2)L_3}{(L_1+L_2)(L_3+L_4+L_5+L_6)+(L_3+L_5)(L_4+L_6)}-1\right]\sin\omega t+$$

$$\frac{D^2\gamma}{32\mu_\beta}\cdot\frac{(L_3+L_5)H_1}{(L_1+L_2)(L_3+L_4+L_5+L_6)+(L_3+L_5)(L_4+L_6)}-\frac{D\tau_0}{6\mu_\beta}\cdot$$

$$\frac{(-L_4+L_6)(L_1+L_2+L_3+L_5)}{(L_1+L_2)(L_3+L_4+L_5+L_6)+(L_3+L_5)(L_4+L_6)}$$

$$v'_5 = C_5 e^{-\frac{32g\mu_\beta}{D^2\gamma}t}+r\omega \frac{(L_1+L_2+L_4+L_6)L_3+(L_1+L_2)L_4}{(L_1+L_2)(L_3+L_4+L_5+L_6)+(L_3+L_5)(L_4+L_6)}\sin\omega t+$$

$$\frac{D^2\gamma}{32\mu_\beta}\cdot\frac{(L_4+L_6)H_1}{(L_1+L_2)(L_3+L_4+L_5+L_6)+(L_3+L_5)(L_4+L_6)}-\frac{D\tau_0}{6\mu_\beta}\cdot$$

$$\frac{(L_1+L_2+L_4)(L_3+L_5)+L_6(2L_1+2L_2+L_3+L_5)}{(L_1+L_2)(L_3+L_4+L_5+L_6)+(L_3+L_5)(L_4+L_6)}$$

$$v_6' = C_6 e^{-\frac{32g\mu_\beta}{D^2\gamma}t} - r\omega\frac{(L_1+L_2+L_3+L_5)L_4+(L_1+L_2)L_3}{(L_1+L_2)(L_3+L_4+L_5+L_6)+(L_3+L_5)(L_4+L_6)}\sin\omega t +$$

$$\frac{D^2\gamma}{32\mu_\beta}\cdot\frac{(L_3+L_5)H_1}{(L_1+L_2)(L_3+L_4+L_5+L_6)+(L_3+L_5)(L_4+L_6)} - \frac{D\tau_0}{6\mu_\beta}\cdot$$

$$\frac{(-L_4+L_6)(L_1+L_2+L_3+L_5)}{(L_1+L_2)(L_3+L_4+L_5+L_6)+(L_3+L_5)(L_4+L_6)}$$

$$a_1' = r\omega^2\frac{(L_1+L_2+L_4+L_6)L_3+(L_1+L_2)(L_4-L_3)-(L_1+L_2+L_3+L_5)L_4}{(L_1+L_2)(L_3+L_4+L_5+L_6)+(L_3+L_5)(L_4+L_6)}\cos\omega t -$$

$$C_1\frac{32g\mu_\beta}{D^2\gamma}e^{-\frac{32g\mu_\beta}{D^2\gamma}t}$$

$$a_2' = r\omega^2\frac{(L_1+L_2+L_4+L_6)L_3+(L_1+L_2)(L_4-L_3)-(L_1+L_2+L_3+L_5)L_4}{(L_1+L_2)(L_3+L_4+L_5+L_6)+(L_3+L_5)(L_4+L_6)}\cos\omega t -$$

$$C_2\frac{32g\mu_\beta}{D^2\gamma}e^{-\frac{32g\mu_\beta}{D^2\gamma}t}$$

$$a_3' = r\omega^2\left[\frac{(L_1+L_2+L_4+L_6)L_3+(L_1+L_2)L_4}{(L_1+L_2)(L_3+L_4+L_5+L_6)+(L_3+L_5)(L_4+L_6)}-1\right]\cos\omega t -$$

$$C_3\frac{32g\mu_\beta}{D^2\gamma}e^{-\frac{32g\mu_\beta}{D^2\gamma}t}$$

$$a_4' = -r\omega^2\left[\frac{(L_1+L_2+L_3+L_5)L_4+(L_1+L_2)L_3}{(L_1+L_2)(L_3+L_4+L_5+L_6)+(L_3+L_5)(L_4+L_6)}-1\right]\cos\omega t -$$

$$C_4\frac{32g\mu_\beta}{D^2\gamma}e^{-\frac{32g\mu_\beta}{D^2\gamma}t}$$

$$a_5' = -C_5\frac{32g\mu_\beta}{D^2\gamma}e^{-\frac{32g\mu_\beta}{D^2\gamma}t} + r\omega^2\frac{(L_1+L_2+L_4+L_6)L_3+(L_1+L_2)L_4}{(L_1+L_2)(L_3+L_4+L_5+L_6)+(L_3+L_5)(L_4+L_6)}\cos\omega t$$

$$a_6' = -C_6\frac{32g\mu_\beta}{D^2\gamma}e^{-\frac{32g\mu_\beta}{D^2\gamma}t} - r\omega^2\frac{(L_1+L_2+L_3+L_5)L_4+(L_1+L_2)L_3}{(L_1+L_2)(L_3+L_4+L_5+L_6)+(L_3+L_5)(L_4+L_6)}\cos\omega t$$

状态(3)

$$v_1' = r\omega \frac{(L_1+L_2+L_4+L_6)L_3+(L_1+L_2)(L_4-L_3)-(L_1+L_2+L_3+L_5)L_4}{(L_1+L_2)(L_3+L_4+L_5+L_6)+(L_3+L_5)(L_4+L_6)}\sin\omega t+$$

$$C_1 e^{-\frac{32g\mu_\beta}{D^2\gamma}t}+\frac{D^2\gamma}{32\mu_\beta}\cdot\frac{H_1(L_3+L_4+L_5+L_6)}{(L_1+L_2)(L_3+L_4+L_5+L_6)+(L_3+L_5)(L_4+L_6)}-\frac{D\tau_0}{6\mu_\beta}\cdot$$

$$\frac{(L_1+L_2+L_4+L_6)(L_3+L_5)+(L_1+L_2+L_3+L_5)(L_4+L_6)}{(L_1+L_2)(L_3+L_4+L_5+L_6)+(L_3+L_5)(L_4+L_6)}$$

$$v_2' = r\omega \frac{(L_1+L_2+L_4+L_6)L_3+(L_1+L_2)(L_4-L_3)-(L_1+L_2+L_3+L_5)L_4}{(L_1+L_2)(L_3+L_4+L_5+L_6)+(L_3+L_5)(L_4+L_6)}\sin\omega t+$$

$$C_2 e^{-\frac{32g\mu_\beta}{D^2\gamma}t}+\frac{D^2\gamma}{32\mu_\beta}\cdot\frac{H_1(L_3+L_4+L_5+L_6)}{(L_1+L_2)(L_3+L_4+L_5+L_6)+(L_3+L_5)(L_4+L_6)}-\frac{D\tau_0}{6\mu_\beta}\cdot$$

$$\frac{(L_1+L_2+L_4+L_6)(L_3+L_5)+(L_1+L_2+L_3+L_5)(L_4+L_6)}{(L_1+L_2)(L_3+L_4+L_5+L_6)+(L_3+L_5)(L_4+L_6)}$$

$$v_3' = C_3 e^{-\frac{32g\mu_\beta}{D^2\gamma}t}+r\omega\left[\frac{(L_1+L_2+L_4+L_6)L_3+(L_1+L_2)L_4}{(L_1+L_2)(L_3+L_4+L_5+L_6)+(L_3+L_5)(L_4+L_6)}-1\right]\sin\omega t+$$

$$\frac{D^2\gamma}{32\mu_\beta}\cdot\frac{(L_4+L_6)H_1}{(L_1+L_2)(L_3+L_4+L_5+L_6)+(L_3+L_5)(L_4+L_6)}-\frac{D\tau_0}{6\mu_\beta}\cdot$$

$$\frac{(L_1+L_2+L_4+L_6)(L_3+L_5)}{(L_1+L_2)(L_3+L_4+L_5+L_6)+(L_3+L_5)(L_4+L_6)}$$

$$v_4' = C_4 e^{-\frac{32g\mu_\beta}{D^2\gamma}t}-r\omega\left[\frac{(L_1+L_2+L_3+L_5)L_4+(L_1+L_2)L_3}{(L_1+L_2)(L_3+L_4+L_5+L_6)+(L_3+L_5)(L_4+L_6)}-1\right]\sin\omega t+$$

$$\frac{D^2\gamma}{32\mu_\beta}\cdot\frac{(L_3+L_5)H_1}{(L_1+L_2)(L_3+L_4+L_5+L_6)+(L_3+L_5)(L_4+L_6)}-\frac{D\tau_0}{6\mu_\beta}\cdot$$

$$\frac{(L_4+L_6)(L_1+L_2+L_3+L_5)}{(L_1+L_2)(L_3+L_4+L_5+L_6)+(L_3+L_5)(L_4+L_6)}$$

$$v_5' = C_5 e^{-\frac{32g\mu_\beta}{D^2\gamma}t}+r\omega \frac{(L_1+L_2+L_4+L_6)L_3+(L_1+L_2)L_4}{(L_1+L_2)(L_3+L_4+L_5+L_6)+(L_3+L_5)(L_4+L_6)}\sin\omega t+$$

$$\frac{D^2\gamma}{32\mu_\beta} \cdot \frac{(L_4+L_6)H_1}{(L_1+L_2)(L_3+L_4+L_5+L_6)+(L_3+L_5)(L_4+L_6)} - \frac{D\tau_0}{6\mu_\beta} \cdot$$

$$\frac{(L_1+L_2+L_4+L_6)(L_3+L_5)}{(L_1+L_2)(L_3+L_4+L_5+L_6)+(L_3+L_5)(L_4+L_6)}$$

$$v_6' = C_6 e^{-\frac{32g\mu_\beta}{D^2\gamma}t} - r\omega \frac{(L_1+L_2+L_3+L_5)L_4+(L_1+L_2)L_3}{(L_1+L_2)(L_3+L_4+L_5+L_6)+(L_3+L_5)(L_4+L_6)}\sin\omega t +$$

$$\frac{D^2\gamma}{32\mu_\beta} \cdot \frac{(L_3+L_5)H_1}{(L_1+L_2)(L_3+L_4+L_5+L_6)+(L_3+L_5)(L_4+L_6)} - \frac{D\tau_0}{6\mu_\beta} \cdot$$

$$\frac{(L_4+L_6)(L_1+L_2+L_3+L_5)}{(L_1+L_2)(L_3+L_4+L_5+L_6)+(L_3+L_5)(L_4+L_6)}$$

$$a_1' = r\omega^2 \frac{(L_1+L_2+L_4+L_6)L_3+(L_1+L_2)(L_4-L_3)-(L_1+L_2+L_3+L_5)L_4}{(L_1+L_2)(L_3+L_4+L_5+L_6)+(L_3+L_5)(L_4+L_6)}\cos\omega t -$$

$$C_1 \frac{32g\mu_\beta}{D^2\gamma}e^{-\frac{32g\mu_\beta}{D^2\gamma}t}$$

$$a_2' = r\omega^2 \frac{(L_1+L_2+L_4+L_6)L_3+(L_1+L_2)(L_4-L_3)-(L_1+L_2+L_3+L_5)L_4}{(L_1+L_2)(L_3+L_4+L_5+L_6)+(L_3+L_5)(L_4+L_6)}\cos\omega t -$$

$$C_2 \frac{32g\mu_\beta}{D^2\gamma}e^{-\frac{32g\mu_\beta}{D^2\gamma}t}$$

$$a_3' = r\omega^2 \left[ \frac{(L_1+L_2+L_4+L_6)L_3+(L_1+L_2)L_4}{(L_1+L_2)(L_3+L_4+L_5+L_6)+(L_3+L_5)(L_4+L_6)} - 1 \right]\cos\omega t -$$

$$C_3 \frac{32g\mu_\beta}{D^2\gamma}e^{-\frac{32g\mu_\beta}{D^2\gamma}t}$$

$$a_4' = -r\omega^2 \left[ \frac{(L_1+L_2+L_3+L_5)L_4+(L_1+L_2)L_3}{(L_1+L_2)(L_3+L_4+L_5+L_6)+(L_3+L_5)(L_4+L_6)} - 1 \right]\cos\omega t -$$

$$C_4 \frac{32g\mu_\beta}{D^2\gamma}e^{-\frac{32g\mu_\beta}{D^2\gamma}t}$$

$$a_5' = -C_5 \frac{32g\mu_\beta}{D^2\gamma}e^{-\frac{32g\mu_\beta}{D^2\gamma}t} + r\omega^2 \frac{(L_1+L_2+L_4+L_6)L_3+(L_1+L_2)L_4}{(L_1+L_2)(L_3+L_4+L_5+L_6)+(L_3+L_5)(L_4+L_6)}\cos\omega t$$

$$a_6' = -C_6 \frac{32g\mu_\beta}{D^2\gamma} e^{-\frac{32g\mu_\beta}{D^2\gamma}t} - r\omega^2 \frac{(L_1+L_2+L_3+L_5)L_4+(L_1+L_2)L_3}{(L_1+L_2)(L_3+L_4+L_5+L_6)+(L_3+L_5)(L_4+L_6)}\cos\omega t$$

状态(4)

$$v_1' = r\omega\sin\omega t \qquad\qquad a_1' = r\omega^2\cos\omega t$$

$$v_2' = r\omega\sin\omega t \qquad\qquad a_2' = r\omega^2\cos\omega t$$

$$v_3' = 0 \qquad\qquad a_3' = 0$$

$$v_4' = r\omega\sin\omega t \qquad\qquad a_4' = r\omega^2\cos\omega t$$

$$v_5' = r\omega\sin\omega t \qquad\qquad a_5' = r\omega^2\cos\omega t$$

$$v_6' = 0 \qquad\qquad a_6' = 0$$

状态(5)

$$v_1' = C_1 e^{-\frac{32g}{D^2\gamma}\mu_\beta t} - r\omega\left(\frac{L_1+L_2+L_4}{L_1+L_2+L_4+L_6}-1\right)\sin\omega t + \frac{D^2\gamma}{32\mu_\beta}\left(\frac{H_1}{L_1+L_2+L_4+L_6}-\right.$$
$$\left.\frac{16\tau_0}{3D\gamma}\cdot\frac{L_1+L_2+L_4-L_6}{L_1+L_2+L_4+L_6}\right)$$

$$v_2' = C_2 e^{-\frac{32g}{D^2\gamma}\mu_\beta t} - r\omega\left(\frac{L_1+L_2+L_4}{L_1+L_2+L_4+L_6}-1\right)\sin\omega t + \frac{D^2\gamma}{32\mu_\beta}\left(\frac{H_1}{L_1+L_2+L_4+L_6}-\right.$$
$$\left.\frac{16\tau_0}{3D\gamma}\cdot\frac{L_1+L_2+L_4-L_6}{L_1+L_2+L_4+L_6}\right)$$

$$v_3' = 0$$

$$v_4' = C_4 e^{-\frac{32g}{D^2\gamma}\mu_\beta t} - r\omega\left(\frac{L_1+L_2+L_4}{L_1+L_2+L_4+L_6}-1\right)\sin\omega t + \frac{D^2\gamma}{32\mu_\beta}\left(\frac{H_1}{L_1+L_2+L_4+L_6}-\right.$$
$$\left.\frac{16\tau_0}{3D\gamma}\cdot\frac{L_1+L_2+L_4-L_6}{L_1+L_2+L_4+L_6}\right)$$

$$v_5' = r\omega\sin\omega t$$

$$v_6' = C_6 e^{-\frac{32g}{D^2\gamma}\mu_\beta t} - r\omega\frac{L_1+L_2+L_4}{L_1+L_2+L_4+L_6}\sin\omega t + \frac{D^2\gamma}{32\mu_\beta}\left(\frac{H_1}{L_1+L_2+L_4+L_6}-\right.$$

$$\frac{16\tau_0}{3D\gamma}\cdot\frac{L_1+L_2+L_4-L_6}{L_1+L_2+L_4+L_6}\Bigg)$$

$$a_1'=-C_1\frac{32g\mu_\beta}{D^2\gamma}\mathrm{e}^{-\frac{32g}{D^2\gamma}\mu_\beta t}+r\omega^2\frac{L_6}{L_1+L_2+L_4+L_6}\cos\omega t$$

$$a_2'=-C_2\frac{32g\mu_\beta}{D^2\gamma}\mathrm{e}^{-\frac{32g}{D^2\gamma}\mu_\beta t}+r\omega^2\frac{L_6}{L_1+L_2+L_4+L_6}\cos\omega t$$

$$a_3'=0$$

$$a_4'=-C_4\frac{32g\mu_\beta}{D^2\gamma}\mathrm{e}^{-\frac{32g}{D^2\gamma}\mu_\beta t}+r\omega^2\frac{L_6}{L_1+L_2+L_4+L_6}\cos\omega t$$

$$a_5'=r\omega^2\cos\omega t$$

$$a_6'=-C_6\frac{32g\mu_\beta}{D^2\gamma}\mathrm{e}^{-\frac{32g}{D^2\gamma}\mu_\beta t}-r\omega^2\frac{L_1+L_2+L_4}{L_1+L_2+L_4+L_6}\cos\omega t$$

状态(6)

$$v_1'=C_1\mathrm{e}^{-\frac{32g}{D^2g}m_bt}+r\omega\frac{L_6}{L_1+L_2+L_4+L_6}\sin\omega t+\frac{D^2g}{32m_b}\left(\frac{H_1}{L_1+L_2+L_4+L_6}-\frac{16\tau_0}{3Dg}\right)$$

$$v_2'=C_2\mathrm{e}^{-\frac{32g}{D^2g}m_bt}+r\omega\frac{L_6}{L_1+L_2+L_4+L_6}\sin\omega t+\frac{D^2g}{32m_b}\left(\frac{H_1}{L_1+L_2+L_4+L_6}-\frac{16\tau_0}{3Dg}\right)$$

$$v_3'=0$$

$$v_4'=C_4\mathrm{e}^{-\frac{32g}{D^2g}m_bt}+r\omega\frac{L_6}{L_1+L_2+L_4+L_6}\sin\omega t+\frac{D^2g}{32m_b}\left(\frac{H_1}{L_1+L_2+L_4+L_6}-\frac{16\tau_0}{3Dg}\right)$$

$$v_5'=r\omega\sin\omega t$$

$$v_6'=C_6\mathrm{e}^{-\frac{32g}{D^2\gamma}\mu_\beta t}-r\omega\frac{L_1+L_2+L_4}{L_1+L_2+L_4+L_6}\sin\omega t+\frac{D^2\gamma}{32\mu_\beta}\left(\frac{H_1}{L_1+L_2+L_4+L_6}-\frac{16\tau_0}{3Dg}\right)$$

$$a_1'=-C_1\frac{32gm_b}{D^2g}\mathrm{e}^{-\frac{32g}{D^2g}m_bt}+r\omega^2\frac{L_6}{L_1+L_2+L_4+L_6}\cos\omega t$$

$$a_2'=-C_2\frac{32gm_b}{D^2g}\mathrm{e}^{-\frac{32g}{D^2g}m_bt}+r\omega^2\frac{L_6}{L_1+L_2+L_4+L_6}\cos\omega t$$

$$a_3' = 0$$

$$a_4' = -C_4 \frac{32gm_b}{D^2g} e^{-\frac{32g}{D^2g}m_b t} + r\omega^2 \frac{L_6}{L_1+L_2+L_4+L_6}\cos\omega t$$

$$a_5' = r\omega^2\cos\omega t$$

$$a_6' = -C_6 \frac{32gm_b}{D^2g} e^{-\frac{32g}{D^2g}m_b t} - r\omega^2 \frac{L_1+L_2+L_4}{L_1+L_2+L_4+L_6}\cos\omega t$$

状态(7)

$$v_1' = r\omega \frac{L_3}{L_1+L_2+L_3+L_5}\sin\omega t + \frac{D^2\gamma}{32\mu_\beta}\left(\frac{H_1}{L_1+L_2+L_3+L_5} - \frac{16\tau_0}{3D\gamma}\cdot\right.$$

$$\left.\frac{L_1+L_2-L_3+L_5}{L_1+L_2+L_3+L_5}\right) + C_1 e^{-\frac{32g}{D^2\gamma}\mu_\beta t}$$

$$v_2' = r\omega \frac{L_3}{L_1+L_2+L_3+L_5}\sin\omega t + \frac{D^2\gamma}{32\mu_\beta}\left(\frac{H_1}{L_1+L_2+L_3+L_5} - \frac{16\tau_0}{3D\gamma}\cdot\right.$$

$$\left.\frac{L_1+L_2-L_3+L_5}{L_1+L_2+L_3+L_5}\right) + C_2 e^{-\frac{32g}{D^2\gamma}\mu_\beta t}$$

$$v_3' = C_1 e^{-\frac{32g}{D^2g}m_b t} - r\omega \frac{L_1+L_2+L_5}{L_1+L_2+L_3+L_5}\sin\omega t + \frac{D^2g}{32m_b}\left(\frac{H_1}{L_1+L_2+L_3+L_5} - \right.$$

$$\left.\frac{16\tau_0}{3Dg}\cdot\frac{L_1+L_2-L_3+L_5}{L_1+L_2+L_3+L_5}\right)$$

$$v_4' = r\omega\sin\omega t$$

$$v_5' = r\omega \frac{L_3}{L_1+L_2+L_3+L_5}\sin\omega t + \frac{D^2\gamma}{32\mu_\beta}\left(\frac{H_1}{L_1+L_2+L_3+L_5} - \frac{16\tau_0}{3D\gamma}\cdot\right.$$

$$\left.\frac{L_1+L_2-L_3+L_5}{L_1+L_2+L_3+L_5}\right) + C_5 e^{-\frac{32g}{D^2\gamma}\mu_\beta t}$$

$$v_6' = 0$$

$$a_1' = -\frac{32g\mu_\beta}{D^2\gamma}C_1 e^{-\frac{32g}{D^2\gamma}\mu_\beta t} + r\omega^2 \frac{L_3}{L_1+L_2+L_3+L_5}\cos\omega t$$

$$a_2' = -\frac{32g\mu_\beta}{D^2\gamma}C_2 e^{-\frac{32g}{D^2\gamma}\mu_\beta t} + r\omega^2 \frac{L_3}{L_1+L_2+L_3+L_5}\cos\omega t$$

$$a_3' = -\frac{32g\mu_\beta}{D^2\gamma}C_3 e^{-\frac{32g}{D^2\gamma}\mu_\beta t} + r\omega^2 \left(\frac{L_3}{L_1+L_2+L_3+L_5} - 1\right)\cos\omega t$$

$$a_4' = r\omega^2\cos\omega t$$

$$a_5' = -\frac{32g\mu_\beta}{D^2\gamma}C_5 e^{-\frac{32g}{D^2\gamma}\mu_\beta t} + r\omega^2 \frac{L_3}{L_1+L_2+L_3+L_5}\cos\omega t$$

$$a_6' = 0$$

状态(8)

$$v_1' = 0$$

$$v_2' = 0$$

$$v_3' = C_3 e^{-\frac{32g}{D^2\gamma}\mu_\beta t} - r\omega \frac{L_5+L_6}{L_3+L_4+L_5+L_6}\sin\omega t + \frac{D\tau_0}{6\mu_\beta}\cdot\frac{L_3+L_4-L_5-L_6}{L_3+L_4+L_5+L_6}$$

$$v_4' = -C_4 e^{-\frac{32g}{D^2\gamma}\mu_\beta t} + r\omega \frac{L_5+L_6}{L_3+L_4+L_5+L_6}\sin\omega t - \frac{D\tau_0}{6\mu_\beta}\cdot\frac{L_3+L_4-L_5-L_6}{L_3+L_4+L_5+L_6}$$

$$v_5' = C_5 e^{-\frac{32g}{D^2\gamma}\mu_\beta t} + r\omega \frac{L_3+L_4}{L_3+L_4+L_5+L_6}\sin\omega t + \frac{D\tau_0}{6\mu_\beta}\cdot\frac{L_3+L_4-L_5-L_6}{L_3+L_4+L_5+L_6}$$

$$v_6' = -C_6 e^{-\frac{32g}{D^2\gamma}\mu_\beta t} - r\omega \frac{L_3+L_4}{L_3+L_4+L_5+L_6}\sin\omega t - \frac{D\tau_0}{6\mu_\beta}\cdot\frac{L_3+L_4-L_5-L_6}{L_3+L_4+L_5+L_6}$$

$$a_1' = 0$$

$$a_2' = 0$$

$$a_3' = -C_3 \frac{32g}{D^2\gamma}\mu_\beta e^{-\frac{32g}{D^2\gamma}\mu_\beta t} - r\omega^2 \frac{L_5+L_6}{L_3+L_4+L_5+L_6}\cos\omega t$$

$$a_4' = C_4 \frac{32g}{D^2\gamma}\mu_\beta e^{-\frac{32g}{D^2\gamma}\mu_\beta t} + r\omega^2 \frac{L_5+L_6}{L_3+L_4+L_5+L_6}\cos\omega t$$

$$a_5' = -C_5 \frac{32g}{D^2\gamma}\mu_\beta e^{-\frac{32g}{D^2\gamma}\mu_\beta t} + r\omega^2 \frac{L_3+L_4}{L_3+L_4+L_5+L_6}\cos\omega t$$

$$a_6' = C_6 \frac{32g}{D^2\gamma}\mu_\beta e^{-\frac{32g}{D^2\gamma}\mu_\beta t} - r\omega^2 \frac{L_3+L_4}{L_3+L_4+L_5+L_6}\cos\omega t$$

状态(9)

$$v_1' = r\omega \frac{(L_1+L_2+L_4+L_6)L_3+(L_1+L_2)(L_4-L_3)-(L_1+L_2+L_3+L_5)L_4}{(L_1+L_2)(L_3+L_4+L_5+L_6)+(L_3+L_5)(L_4+L_6)}\sin\omega t +$$

$$C_1 e^{-\frac{32g\mu_\beta}{D^2\gamma}t} + \frac{D^2\gamma}{32\mu_\beta}\cdot\frac{H_1(L_3+L_4+L_5+L_6)}{(L_1+L_2)(L_3+L_4+L_5+L_6)+(L_3+L_5)(L_4+L_6)} - \frac{D\tau_0}{6\mu_\beta}\cdot$$

$$\frac{2(L_1+L_2+L_4)(L_1+L_2+L_5)-2L_3L_6-(L_1+L_2)(2L_1+2L_2-L_3+L_4+L_5-L_6)}{(L_1+L_2)(L_3+L_4+L_5+L_6)+(L_3+L_5)(L_4+L_6)}$$

$$v_2' = r\omega \frac{(L_1+L_2+L_4+L_6)L_3+(L_1+L_2)(L_4-L_3)-(L_1+L_2+L_3+L_5)L_4}{(L_1+L_2)(L_3+L_4+L_5+L_6)+(L_3+L_5)(L_4+L_6)}\sin\omega t +$$

$$C_2 e^{-\frac{32g\mu_\beta}{D^2\gamma}t} + \frac{D^2\gamma}{32\mu_\beta}\cdot\frac{H_1(L_3+L_4+L_5+L_6)}{(L_1+L_2)(L_3+L_4+L_5+L_6)+(L_3+L_5)(L_4+L_6)} - \frac{D\tau_0}{6\mu_\beta}\cdot$$

$$\frac{2(L_1+L_2+L_4)(L_1+L_2+L_5)-2L_3L_6-(L_1+L_2)(2L_1+2L_2-L_3+L_4+L_5-L_6)}{(L_1+L_2)(L_3+L_4+L_5+L_6)+(L_3+L_5)(L_4+L_6)}$$

$$v_3' = C_3 e^{-\frac{32g\mu_\beta}{D^2\gamma}t} + r\omega\left[\frac{(L_1+L_2+L_4+L_6)L_3+(L_1+L_2)L_4}{(L_1+L_2)(L_3+L_4+L_5+L_6)+(L_3+L_5)(L_4+L_6)}-1\right]\sin\omega t +$$

$$\frac{D^2\gamma}{32\mu_\beta}\cdot\frac{(L_4+L_6)H_1}{(L_1+L_2)(L_3+L_4+L_5+L_6)+(L_3+L_5)(L_4+L_6)} -$$

$$\frac{D\tau_0}{6\mu_\beta}\cdot\frac{(L_1+L_2+L_4+L_6)(L_1+L_2-L_3+L_5)-(L_1+L_2)(L_1+L_2+L_4-L_6)}{(L_1+L_2)(L_3+L_4+L_5+L_6)+(L_3+L_5)(L_4+L_6)}$$

$$v_4' = C_4 e^{-\frac{32g\mu_\beta}{D^2\gamma}t} - r\omega\left[\frac{(L_1+L_2+L_3+L_5)L_4+(L_1+L_2)L_3}{(L_1+L_2)(L_3+L_4+L_5+L_6)+(L_3+L_5)(L_4+L_6)}-1\right]\sin\omega t +$$

$$\frac{D^2\gamma}{32\mu_\beta}\cdot\frac{(L_3+L_5)H_1}{(L_1+L_2)(L_3+L_4+L_5+L_6)+(L_3+L_5)(L_4+L_6)} - \frac{D\tau_0}{6\mu_\beta}\cdot$$

$$\frac{(L_1+L_2+L_3+L_5)(L_1+L_2+L_4-L_6)-(L_1+L_2)(L_1+L_2-L_3+L_5)}{(L_1+L_2)(L_3+L_4+L_5+L_6)+(L_3+L_5)(L_4+L_6)}$$

$$v_5' = C_5 \mathrm{e}^{-\frac{32 g \mu_\beta}{D^2 \gamma} t} + r\omega \frac{(L_1+L_2+L_4+L_6)L_3+(L_1+L_2)L_4}{(L_1+L_2)(L_3+L_4+L_5+L_6)+(L_3+L_5)(L_4+L_6)}\sin\omega t +$$

$$\frac{D^2\gamma}{32\mu_\beta} \cdot \frac{(L_4+L_6)H_1}{(L_1+L_2)(L_3+L_4+L_5+L_6)+(L_3+L_5)(L_4+L_6)} - \frac{D\tau_0}{6\mu_\beta} \cdot$$

$$\frac{(L_1+L_2+L_4+L_6)(L_1+L_2-L_3+L_5)-(L_1+L_2)(L_1+L_2+L_4-L_6)}{(L_1+L_2)(L_3+L_4+L_5+L_6)+(L_3+L_5)(L_4+L_6)}$$

$$v_6' = C_6 \mathrm{e}^{-\frac{32 g \mu_\beta}{D^2 \gamma} t} - r\omega \frac{(L_1+L_2+L_3+L_5)L_4+(L_1+L_2)L_3}{(L_1+L_2)(L_3+L_4+L_5+L_6)+(L_3+L_5)(L_4+L_6)}\sin\omega t +$$

$$\frac{D^2\gamma}{32\mu_\beta} \cdot \frac{(L_3+L_5)H_1}{(L_1+L_2)(L_3+L_4+L_5+L_6)+(L_3+L_5)(L_4+L_6)} - \frac{D\tau_0}{6\mu_\beta} \cdot$$

$$\frac{(L_1+L_2+L_3+L_5)(L_1+L_2+L_4-L_6)-(L_1+L_2)(L_1+L_2-L_3+L_5)}{(L_1+L_2)(L_3+L_4+L_5+L_6)+(L_3+L_5)(L_4+L_6)}$$

$$a_1' = r\omega^2 \frac{(L_1+L_2+L_4+L_6)L_3+(L_1+L_2)(L_4-L_3)-(L_1+L_2+L_3+L_5)L_4}{(L_1+L_2)(L_3+L_4+L_5+L_6)+(L_3+L_5)(L_4+L_6)}\cos\omega t -$$

$$C_1 \frac{32 g\mu_\beta}{D^2\gamma}\mathrm{e}^{-\frac{32 g\mu_\beta}{D^2\gamma} t}$$

$$a_2' = r\omega^2 \frac{(L_1+L_2+L_4+L_6)L_3+(L_1+L_2)(L_4-L_3)-(L_1+L_2+L_3+L_5)L_4}{(L_1+L_2)(L_3+L_4+L_5+L_6)+(L_3+L_5)(L_4+L_6)}\cos\omega t -$$

$$C_2 \frac{32 g\mu_\beta}{D^2\gamma}\mathrm{e}^{-\frac{32 g\mu_\beta}{D^2\gamma} t}$$

$$a_3' = r\omega^2 \left[ \frac{(L_1+L_2+L_4+L_6)L_3+(L_1+L_2)L_4}{(L_1+L_2)(L_3+L_4+L_5+L_6)+(L_3+L_5)(L_4+L_6)} - 1 \right]\cos\omega t -$$

$$C_3 \frac{32 g\mu_\beta}{D^2\gamma}\mathrm{e}^{-\frac{32 g\mu_\beta}{D^2\gamma} t}$$

$$a_4' = -r\omega^2 \left[ \frac{(L_1+L_2+L_3+L_5)L_4+(L_1+L_2)L_3}{(L_1+L_2)(L_3+L_4+L_5+L_6)+(L_3+L_5)(L_4+L_6)} - 1 \right]\cos\omega t -$$

$$C_4 \frac{32 g\mu_\beta}{D^2\gamma}\mathrm{e}^{-\frac{32 g\mu_\beta}{D^2\gamma} t}$$

$$a_5' = -C_5 \frac{32g\mu_\beta}{D^2\gamma}e^{-\frac{32g\mu_\beta}{D^2\gamma}t} + r\omega^2 \frac{(L_1+L_2+L_4+L_6)L_3+(L_1+L_2)L_4}{(L_1+L_2)(L_3+L_4+L_5+L_6)+(L_3+L_5)(L_4+L_6)}\cos\omega t$$

$$a_6' = -C_6 \frac{32g\mu_\beta}{D^2\gamma}e^{-\frac{32g\mu_\beta}{D^2\gamma}t} - r\omega^2 \frac{(L_1+L_2+L_3+L_5)L_4+(L_1+L_2)L_3}{(L_1+L_2)(L_3+L_4+L_5+L_6)+(L_3+L_5)(L_4+L_6)}\cos\omega t$$

状态(10)

$$v_1' = r\omega \frac{(L_1+L_2+L_4+L_6)L_3+(L_1+L_2)(L_4-L_3)-(L_1+L_2+L_3+L_5)L_4}{(L_1+L_2)(L_3+L_4+L_5+L_6)+(L_3+L_5)(L_4+L_6)}\sin\omega t +$$

$$C_1 e^{-\frac{32g\mu_\beta}{D^2\gamma}t} + \frac{D^2\gamma}{32\mu_\beta}\cdot\frac{H_1(L_3+L_4+L_5+L_6)}{(L_1+L_2)(L_3+L_4+L_5+L_6)+(L_3+L_5)(L_4+L_6)} +$$

$$\frac{D\tau_0}{6\mu_\beta}\cdot\frac{(L_4+L_6)(L_1+L_2+L_3-L_5)+(L_3+L_5)(L_1+L_2-L_4+L_6)}{(L_1+L_2)(L_3+L_4+L_5+L_6)+(L_3+L_5)(L_4+L_6)}$$

$$v_2' = r\omega \frac{(L_1+L_2+L_4+L_6)L_3+(L_1+L_2)(L_4-L_3)-(L_1+L_2+L_3+L_5)L_4}{(L_1+L_2)(L_3+L_4+L_5+L_6)+(L_3+L_5)(L_4+L_6)}\sin\omega t +$$

$$C_2 e^{-\frac{32g\mu_\beta}{D^2\gamma}t} + \frac{D^2\gamma}{32\mu_\beta}\cdot\frac{H_1(L_3+L_4+L_5+L_6)}{(L_1+L_2)(L_3+L_4+L_5+L_6)+(L_3+L_5)(L_4+L_6)} + \frac{D\tau_0}{6\mu_\beta}\cdot$$

$$\frac{(L_4+L_6)(L_1+L_2+L_3-L_5)+(L_3+L_5)(L_1+L_2-L_4+L_6)}{(L_1+L_2)(L_3+L_4+L_5+L_6)+(L_3+L_5)(L_4+L_6)}$$

$$v_3' = C_3 e^{-\frac{32g\mu_\beta}{D^2\gamma}t} + r\omega\left[\frac{(L_1+L_2+L_4+L_6)L_3+(L_1+L_2)L_4}{(L_1+L_2)(L_3+L_4+L_5+L_6)+(L_3+L_5)(L_4+L_6)}-1\right]\sin\omega t +$$

$$\frac{D^2\gamma}{32\mu_\beta}\cdot\frac{(L_4+L_6)H_1}{(L_1+L_2)(L_3+L_4+L_5+L_6)+(L_3+L_5)(L_4+L_6)} +$$

$$\frac{D\tau_0}{6\mu_\beta}\cdot\frac{(L_1+L_2+L_4+L_6)(L_1+L_2+L_3-L_5)-(L_1+L_2)(L_1+L_2-L_4+L_6)}{(L_1+L_2)(L_3+L_4+L_5+L_6)+(L_3+L_5)(L_4+L_6)}$$

$$v_4' = C_4 e^{-\frac{32g\mu_\beta}{D^2\gamma}t} - \left[r\omega\frac{(L_1+L_2+L_3+L_5)L_4+(L_1+L_2)L_3}{(L_1+L_2)(L_3+L_4+L_5+L_6)+(L_3+L_5)(L_4+L_6)}-1\right]\sin\omega t +$$

$$\frac{D^2\gamma}{32\mu_\beta} \cdot \frac{(L_3+L_5)H_1}{(L_1+L_2)(L_3+L_4+L_5+L_6)+(L_3+L_5)(L_4+L_6)} + \frac{D\tau_0}{6\mu_\beta} \cdot$$

$$\frac{(L_1+L_2+L_3+L_5)(L_1+L_2-L_4+L_6)-(L_1+L_2)(L_1+L_2+L_3-L_5)}{(L_1+L_2)(L_3+L_4+L_5+L_6)+(L_3+L_5)(L_4+L_6)}$$

$$v_5' = C_5 e^{-\frac{32g\mu_\beta}{D^2\gamma}t} + r\omega \frac{(L_1+L_2+L_4+L_6)L_3+(L_1+L_2)L_4}{(L_1+L_2)(L_3+L_4+L_5+L_6)+(L_3+L_5)(L_4+L_6)}\sin\omega t +$$

$$\frac{D^2\gamma}{32\mu_\beta} \cdot \frac{(L_4+L_6)H_1}{(L_1+L_2)(L_3+L_4+L_5+L_6)+(L_3+L_5)(L_4+L_6)} +$$

$$\frac{D\tau_0}{6\mu_\beta} \cdot \frac{(L_1+L_2+L_4+L_6)(L_1+L_2+L_3-L_5)-(L_1+L_2)(L_1+L_2-L_4+L_6)}{(L_1+L_2)(L_3+L_4+L_5+L_6)+(L_3+L_5)(L_4+L_6)}$$

$$v_6' = C_6 e^{-\frac{32g\mu_\beta}{D^2\gamma}t} - r\omega \frac{(L_1+L_2+L_3+L_5)L_4+(L_1+L_2)L_3}{(L_1+L_2)(L_3+L_4+L_5+L_6)+(L_3+L_5)(L_4+L_6)}\sin\omega t +$$

$$\frac{D^2\gamma}{32\mu_\beta} \cdot \frac{(L_3+L_5)H_1}{(L_1+L_2)(L_3+L_4+L_5+L_6)+(L_3+L_5)(L_4+L_6)} +$$

$$\frac{D\tau_0}{6\mu_\beta} \cdot \frac{(L_1+L_2+L_3+L_5)(L_1+L_2-L_4+L_6)-(L_1+L_2)(L_1+L_2+L_3-L_5)}{(L_1+L_2)(L_3+L_4+L_5+L_6)+(L_3+L_5)(L_4+L_6)}$$

$$a_1' = r\omega^2 \frac{(L_1+L_2+L_4+L_6)L_3+(L_1+L_2)(L_4-L_3)-(L_1+L_2+L_3+L_5)L_4}{(L_1+L_2)(L_3+L_4+L_5+L_6)+(L_3+L_5)(L_4+L_6)}\cos\omega t -$$

$$C_1 \frac{32g\mu_\beta}{D^2\gamma}e^{-\frac{32g\mu_\beta}{D^2\gamma}t}$$

$$a_2' = r\omega^2 \frac{(L_1+L_2+L_4+L_6)L_3+(L_1+L_2)(L_4-L_3)-(L_1+L_2+L_3+L_5)L_4}{(L_1+L_2)(L_3+L_4+L_5+L_6)+(L_3+L_5)(L_4+L_6)}\cos\omega t -$$

$$C_2 \frac{32g\mu_\beta}{D^2\gamma}e^{-\frac{32g\mu_\beta}{D^2\gamma}t}$$

$$a_3' = r\omega^2 \left[ \frac{(L_1+L_2+L_4+L_6)L_3+(L_1+L_2)L_4}{(L_1+L_2)(L_3+L_4+L_5+L_6)+(L_3+L_5)(L_4+L_6)} - 1 \right]\cos\omega t -$$

$$C_3 \frac{32g\mu_\beta}{D^2\gamma}e^{-\frac{32g\mu_\beta}{D^2\gamma}t}$$

$$a_4' = -r\omega^2 \left[ \frac{(L_1+L_2+L_3+L_5)L_4+(L_1+L_2)L_3}{(L_1+L_2)(L_3+L_4+L_5+L_6)+(L_3+L_5)(L_4+L_6)} - 1 \right]\cos\omega t -$$

$$C_4 \frac{32g\mu_\beta}{D^2\gamma}e^{-\frac{32g\mu_\beta}{D^2\gamma}t}$$

$$a_5' = -C_5 \frac{32g\mu_\beta}{D^2\gamma}e^{-\frac{32g\mu_\beta}{D^2\gamma}t} + r\omega^2 \frac{(L_1+L_2+L_4+L_6)L_3+(L_1+L_2)L_4}{(L_1+L_2)(L_3+L_4+L_5+L_6)+(L_3+L_5)(L_4+L_6)}\cos\omega t$$

$$a_6' = -C_6 \frac{32g\mu_\beta}{D^2\gamma}e^{-\frac{32g\mu_\beta}{D^2\gamma}t} - r\omega^2 \frac{(L_1+L_2+L_3+L_5)L_4+(L_1+L_2)L_3}{(L_1+L_2)(L_3+L_4+L_5+L_6)+(L_3+L_5)(L_4+L_6)}\cos\omega t$$

状态(11)

$$v_1' = r\omega \frac{(L_1+L_2+L_4+L_6)L_3+(L_1+L_2)(L_4-L_3)-(L_1+L_2+L_3+L_5)L_4}{(L_1+L_2)(L_3+L_4+L_5+L_6)+(L_3+L_5)(L_4+L_6)}\sin\omega t +$$

$$C_1 e^{-\frac{32g\mu_\beta}{D^2\gamma}t} + \frac{D^2\gamma}{32\mu_\beta}\cdot\frac{H_1(L_3+L_4+L_5+L_6)}{(L_1+L_2)(L_3+L_4+L_5+L_6)+(L_3+L_5)(L_4+L_6)} - \frac{D\tau_0}{6\mu_\beta}\cdot$$

$$\frac{(L_1+L_2+L_3+L_5)(L_1+L_2+L_4+L_6)-(L_1+L_2)(L_1+L_2-L_3+L_5)+(-L_3+L_5)}{(L_1+L_2)(L_3+L_4+L_5+L_6)+(L_3+L_5)(L_4+L_6)}$$

$$v_2' = r\omega \frac{(L_1+L_2+L_4+L_6)L_3+(L_1+L_2)(L_4-L_3)-(L_1+L_2+L_3+L_5)L_4}{(L_1+L_2)(L_3+L_4+L_5+L_6)+(L_3+L_5)(L_4+L_6)}\sin\omega t +$$

$$C_2 e^{-\frac{32g\mu_\beta}{D^2\gamma}t} + \frac{D^2\gamma}{32\mu_\beta}\cdot\frac{H_1(L_3+L_4+L_5+L_6)}{(L_1+L_2)(L_3+L_4+L_5+L_6)+(L_3+L_5)(L_4+L_6)} - \frac{D\tau_0}{6\mu_\beta}\cdot$$

$$\frac{(L_1+L_2+L_3+L_5)(L_1+L_2+L_4+L_6)-(L_1+L_2)(L_1+L_2-L_3+L_5)+(-L_3+L_5)}{(L_1+L_2)(L_3+L_4+L_5+L_6)+(L_3+L_5)(L_4+L_6)}$$

$$v_3' = C_3 e^{-\frac{32g\mu_\beta}{D^2\gamma}t} + r\omega\left[ \frac{(L_1+L_2+L_4+L_6)L_3+(L_1+L_2)L_4}{(L_1+L_2)(L_3+L_4+L_5+L_6)+(L_3+L_5)(L_4+L_6)} - 1 \right]\sin\omega t +$$

$$\frac{D^2\gamma}{32\mu_\beta}\cdot\frac{(L_4+L_6)H_1}{(L_1+L_2)(L_3+L_4+L_5+L_6)+(L_3+L_5)(L_4+L_6)} - \frac{D\tau_0}{6\mu_\beta}\cdot$$

$$\frac{-L_3+L_5}{(L_1+L_2)(L_3+L_4+L_5+L_6)+(L_3+L_5)(L_4+L_6)}$$

$$v_4' = C_4 e^{-\frac{32g\mu_\beta}{D^2\gamma}t} - r\omega\left[\frac{(L_1+L_2+L_3+L_5)L_4+(L_1+L_2)L_3}{(L_1+L_2)(L_3+L_4+L_5+L_6)+(L_3+L_5)(L_4+L_6)}-1\right]\sin\omega t +$$

$$\frac{D^2\gamma}{32\mu_\beta}\cdot\frac{(L_3+L_5)H_1}{(L_1+L_2)(L_3+L_4+L_5+L_6)+(L_3+L_5)(L_4+L_6)}+\frac{D\tau_0}{6\mu_\beta}\cdot$$

$$\frac{(L_1+L_2+L_3+L_5)(L_1+L_2+L_4+L_6)-(L_1+L_2)(L_1+L_2-L_3+L_5)}{(L_1+L_2)(L_3+L_4+L_5+L_6)+(L_3+L_5)(L_4+L_6)}$$

$$v_5' = C_5 e^{-\frac{32g\mu_\beta}{D^2\gamma}t} + r\omega\frac{(L_1+L_2+L_4+L_6)L_3+(L_1+L_2)L_4}{(L_1+L_2)(L_3+L_4+L_5+L_6)+(L_3+L_5)(L_4+L_6)}\sin\omega t +$$

$$\frac{D^2\gamma}{32\mu_\beta}\cdot\frac{(L_4+L_6)H_1}{(L_1+L_2)(L_3+L_4+L_5+L_6)+(L_3+L_5)(L_4+L_6)}-\frac{D\tau_0}{6\mu_\beta}\cdot$$

$$\frac{-L_3+L_5}{(L_1+L_2)(L_3+L_4+L_5+L_6)+(L_3+L_5)(L_4+L_6)}$$

$$v_6' = C_6 e^{-\frac{32g\mu_\beta}{D^2\gamma}t} - r\omega\frac{(L_1+L_2+L_3+L_5)L_4+(L_1+L_2)L_3}{(L_1+L_2)(L_3+L_4+L_5+L_6)+(L_3+L_5)(L_4+L_6)}\sin\omega t +$$

$$\frac{D^2\gamma}{32\mu_\beta}\cdot\frac{(L_3+L_5)H_1}{(L_1+L_2)(L_3+L_4+L_5+L_6)+(L_3+L_5)(L_4+L_6)}+\frac{D\tau_0}{6\mu_\beta}\cdot$$

$$\frac{(L_1+L_2+L_3+L_5)(L_1+L_2+L_4+L_6)-(L_1+L_2)(L_1+L_2-L_3+L_5)}{(L_1+L_2)(L_3+L_4+L_5+L_6)+(L_3+L_5)(L_4+L_6)}$$

$$a_1' = r\omega^2\frac{(L_1+L_2+L_4+L_6)L_3+(L_1+L_2)(L_4-L_3)-(L_1+L_2+L_3+L_5)L_4}{(L_1+L_2)(L_3+L_4+L_5+L_6)+(L_3+L_5)(L_4+L_6)}\cos\omega t -$$

$$C_1\frac{32g\mu_\beta}{D^2\gamma}e^{-\frac{32g\mu_\beta}{D^2\gamma}t}$$

$$a_2' = r\omega^2\frac{(L_1+L_2+L_4+L_6)L_3+(L_1+L_2)(L_4-L_3)-(L_1+L_2+L_3+L_5)L_4}{(L_1+L_2)(L_3+L_4+L_5+L_6)+(L_3+L_5)(L_4+L_6)}\cos\omega t -$$

$$C_2\frac{32g\mu_\beta}{D^2\gamma}e^{-\frac{32g\mu_\beta}{D^2\gamma}t}$$

$$a_3' = r\omega^2\left[\frac{(L_1+L_2+L_4+L_6)L_3+(L_1+L_2)L_4}{(L_1+L_2)(L_3+L_4+L_5+L_6)+(L_3+L_5)(L_4+L_6)}-1\right]\cos\omega t -$$

$$C_3 \frac{32g\mu_\beta}{D^2\gamma} e^{-\frac{32g\mu_\beta}{D^2\gamma}t}$$

$$a_4' = -r\omega^2 \left[ \frac{(L_1+L_2+L_3+L_5)L_4+(L_1+L_2)L_3}{(L_1+L_2)(L_3+L_4+L_5+L_6)+(L_3+L_5)(L_4+L_6)} - 1 \right]\cos\omega t -$$

$$C_4 \frac{32g\mu_\beta}{D^2\gamma} e^{-\frac{32g\mu_\beta}{D^2\gamma}t}$$

$$a_5' = -C_5 \frac{32g\mu_\beta}{D^2\gamma} e^{-\frac{32g\mu_\beta}{D^2\gamma}t} + r\omega^2 \frac{(L_1+L_2+L_4+L_6)L_3+(L_1+L_2)L_4}{(L_1+L_2)(L_3+L_4+L_5+L_6)+(L_3+L_5)(L_4+L_6)}\cos\omega t$$

$$a_6' = -C_6 \frac{32g\mu_\beta}{D^2\gamma} e^{-\frac{32g\mu_\beta}{D^2\gamma}t} - r\omega^2 \frac{(L_1+L_2+L_3+L_5)L_4+(L_1+L_2)L_3}{(L_1+L_2)(L_3+L_4+L_5+L_6)+(L_3+L_5)(L_4+L_6)}\cos\omega t$$

状态(12)

$$v_1' = C_1 e^{-\frac{32g}{D^2\gamma}\mu_\beta t} - r\omega \frac{L_5}{L_1+L_2+L_3+L_5}\sin\omega t + \frac{D^2\gamma}{32\mu_\beta}\left( \frac{H_1}{L_1+L_2+L_3+L_5} - \frac{16\tau_0}{3D\gamma} \right)$$

$$v_2' = C_2 e^{-\frac{32g}{D^2\gamma}\mu_\beta t} - r\omega \frac{L_5}{L_1+L_2+L_3+L_5}\sin\omega t + \frac{D^2\gamma}{32\mu_\beta}\left( \frac{H_1}{L_1+L_2+L_3+L_5} - \frac{16\tau_0}{3D\gamma} \right)$$

$$v_3' = C_3 e^{-\frac{32g}{D^2\gamma}\mu_\beta t} - r\omega \frac{L_5}{L_1+L_2+L_3+L_5}\sin\omega t + \frac{D^2\gamma}{32\mu_\beta}\left( \frac{H_1}{L_1+L_2+L_3+L_5} - \frac{16\tau_0}{3D\gamma} \right)$$

$$v_4' = 0$$

$$v_5' = C_5 e^{-\frac{32g}{D^2\gamma}\mu_\beta t} + r\omega \frac{L_1+L_2+L_3}{L_1+L_2+L_3+L_5}\sin\omega t + \frac{D^2\gamma}{32\mu_\beta}\left( \frac{H_1}{L_1+L_2+L_3+L_5} - \frac{16\tau_0}{3D\gamma} \right)$$

$$v_6' = -r\omega\sin\omega t$$

$$a_1' = -C_1 \frac{32g}{D^2\gamma}\mu_\beta e^{-\frac{32g}{D^2\gamma}\mu_\beta t} - r\omega^2 \frac{L_5}{L_1+L_2+L_3+L_5}\cos\omega t$$

$$a_2' = -C_2 \frac{32g}{D^2\gamma}\mu_\beta e^{-\frac{32g}{D^2\gamma}\mu_\beta t} - r\omega^2 \frac{L_5}{L_1+L_2+L_3+L_5}\cos\omega t$$

$$a_3' = -C_3 \frac{32g}{D^2\gamma}\mu_\beta e^{-\frac{32g}{D^2\gamma}\mu_\beta t} - r\omega^2 \frac{L_5}{L_1+L_2+L_3+L_5}\cos\omega t$$

$$a'_4 = 0$$

$$a'_5 = -C_5 \frac{32g}{D^2\gamma}\mu_\beta e^{-\frac{32g}{D^2\gamma}\mu_\beta t} + r\omega^2 \frac{L_1+L_2+L_3}{L_1+L_2+L_3+L_5}\cos\omega t$$

$$a'_6 = -r\omega^2\cos\omega t$$

状态(13)

$$v'_1 = 0$$

$$v'_2 = 0$$

$$v'_3 = C_3 e^{-\frac{32g}{D^2\gamma}\mu_\beta t} - r\omega \frac{L_5+L_6}{L_3+L_4+L_5+L_6}\sin\omega t - \frac{D\tau_0}{6\mu_\beta}$$

$$v'_4 = -C_4 e^{-\frac{32g}{D^2\gamma}\mu_\beta t} + r\omega \frac{L_5+L_6}{L_3+L_4+L_5+L_6}\sin\omega t + \frac{D\tau_0}{6\mu_\beta}$$

$$v'_5 = -C_5 e^{-\frac{32g}{D^2\gamma}\mu_\beta t} + r\omega \frac{L_3+L_4}{L_3+L_4+L_5+L_6}\sin\omega t - \frac{D\tau_0}{6\mu_\beta}$$

$$v'_6 = -C_6 e^{-\frac{32g}{D^2\gamma}\mu_\beta t} - r\omega \frac{L_3+L_4}{L_3+L_4+L_5+L_6}\sin\omega t + \frac{D\tau_0}{6\mu_\beta}$$

$$a'_1 = 0$$

$$a'_2 = 0$$

$$a'_3 = -C_3 \frac{32g}{D^2\gamma}\mu_\beta e^{-\frac{32g}{D^2\gamma}\mu_\beta t} - r\omega^2 \frac{L_5+L_6}{L_3+L_4+L_5+L_6}\cos\omega t$$

$$a'_4 = C_4 \frac{32g}{D^2\gamma}\mu_\beta e^{-\frac{32g}{D^2\gamma}\mu_\beta t} + r\omega^2 \frac{L_5+L_6}{L_3+L_4+L_5+L_6}\cos\omega t$$

$$a'_5 = -C_5 \frac{32g}{D^2\gamma}\mu_\beta e^{-\frac{32g}{D^2\gamma}\mu_\beta t} + r\omega^2 \frac{L_3+L_4}{L_3+L_4+L_5+L_6}\cos\omega t$$

$$a'_6 = C_6 \frac{32g}{D^2\gamma}\mu_\beta e^{-\frac{32g}{D^2\gamma}\mu_\beta t} - r\omega^2 \frac{L_3+L_4}{L_3+L_4+L_5+L_6}\cos\omega t$$

状态(14)

$$v_1' = r\omega \frac{(L_1+L_2+L_4+L_6)L_3+(L_1+L_2)(L_4-L_3)-(L_1+L_2+L_3+L_5)L_4}{(L_1+L_2)(L_3+L_4+L_5+L_6)+(L_3+L_5)(L_4+L_6)}\sin\omega t +$$

$$C_1 e^{-\frac{32g\mu_\beta}{D^2\gamma}t} + \frac{D^2\gamma}{32\mu_\beta} \cdot \frac{H_1(L_3+L_4+L_5+L_6)}{(L_1+L_2)(L_3+L_4+L_5+L_6)+(L_3+L_5)(L_4+L_6)} -$$

$$\frac{D\tau_0}{6\mu_\beta} \cdot \frac{(L_1+L_2)(L_3+L_4+L_5+L_6)}{(L_1+L_2)(L_3+L_4+L_5+L_6)+(L_3+L_5)(L_4+L_6)}$$

$$v_2' = r\omega \frac{(L_1+L_2+L_4+L_6)L_3+(L_1+L_2)(L_4-L_3)-(L_1+L_2+L_3+L_5)L_4}{(L_1+L_2)(L_3+L_4+L_5+L_6)+(L_3+L_5)(L_4+L_6)}\sin\omega t +$$

$$C_2 e^{-\frac{32g\mu_\beta}{D^2\gamma}t} + \frac{D^2\gamma}{32\mu_\beta} \cdot \frac{H_1(L_3+L_4+L_5+L_6)}{(L_1+L_2)(L_3+L_4+L_5+L_6)+(L_3+L_5)(L_4+L_6)} -$$

$$\frac{D\tau_0}{6\mu_\beta} \cdot \frac{(L_1+L_2)(L_3+L_4+L_5+L_6)}{(L_1+L_2)(L_3+L_4+L_5+L_6)+(L_3+L_5)(L_4+L_6)}$$

$$v_3' = C_3 e^{-\frac{32g\mu_\beta}{D^2\gamma}t} + r\omega\left[\frac{(L_1+L_2+L_4+L_6)L_3+(L_1+L_2)L_4}{(L_1+L_2)(L_3+L_4+L_5+L_6)+(L_3+L_5)(L_4+L_6)}-1\right]\sin\omega t +$$

$$\frac{D^2\gamma}{32\mu_\beta} \cdot \frac{(L_4+L_6)H_1}{(L_1+L_2)(L_3+L_4+L_5+L_6)+(L_3+L_5)(L_4+L_6)} -$$

$$\frac{D\tau_0}{6\mu_\beta} \cdot \frac{(L_1+L_2+L_4+L_6)(L_1+L_2+L_3+L_5)-(L_1+L_2)(L_1+L_2-L_4-L_6)}{(L_1+L_2)(L_3+L_4+L_5+L_6)+(L_3+L_5)(L_4+L_6)}$$

$$v_4' = C_4 e^{-\frac{32g\mu_\beta}{D^2\gamma}t} - r\omega\left[\frac{(L_1+L_2+L_3+L_5)L_4+(L_1+L_2)L_3}{(L_1+L_2)(L_3+L_4+L_5+L_6)+(L_3+L_5)(L_4+L_6)}-1\right]\sin\omega t +$$

$$\frac{D^2\gamma}{32\mu_\beta} \cdot \frac{(L_3+L_5)H_1}{(L_1+L_2)(L_3+L_4+L_5+L_6)+(L_3+L_5)(L_4+L_6)} +$$

$$\frac{D\tau_0}{6\mu_\beta} \cdot \frac{(L_1+L_2+L_3+L_5)(L_4+L_6)}{(L_1+L_2)(L_3+L_4+L_5+L_6)+(L_3+L_5)(L_4+L_6)}$$

$$v_5' = C_5 e^{-\frac{32g\mu_\beta}{D^2\gamma}t} + r\omega \frac{(L_1+L_2+L_4+L_6)L_3+(L_1+L_2)L_4}{(L_1+L_2)(L_3+L_4+L_5+L_6)+(L_3+L_5)(L_4+L_6)}\sin\omega t +$$

$$\frac{D^2\gamma}{32\mu_\beta} \cdot \frac{(L_4+L_6)H_1}{(L_1+L_2)(L_3+L_4+L_5+L_6)+(L_3+L_5)(L_4+L_6)} -$$

$$\frac{D\tau_0}{6\mu_\beta} \cdot \frac{(L_1+L_2+L_4+L_6)(L_1+L_2+L_3+L_5)-(L_1+L_2)(L_1+L_2-L_4-L_6)}{(L_1+L_2)(L_3+L_4+L_5+L_6)+(L_3+L_5)(L_4+L_6)}$$

$$v_6' = C_6 e^{-\frac{32g\mu_\beta}{D^2\gamma}t} - r\omega \frac{(L_1+L_2+L_3+L_5)L_4+(L_1+L_2)L_3}{(L_1+L_2)(L_3+L_4+L_5+L_6)+(L_3+L_5)(L_4+L_6)}\sin\omega t +$$

$$\frac{D^2\gamma}{32\mu_\beta} \cdot \frac{(L_3+L_5)H_1}{(L_1+L_2)(L_3+L_4+L_5+L_6)+(L_3+L_5)(L_4+L_6)} +$$

$$\frac{D\tau_0}{6\mu_\beta} \cdot \frac{(L_1+L_2+L_3+L_5)(L_4+L_6)}{(L_1+L_2)(L_3+L_4+L_5+L_6)+(L_3+L_5)(L_4+L_6)}$$

$$a_1' = r\omega^2 \frac{(L_1+L_2+L_4+L_6)L_3+(L_1+L_2)(L_4-L_3)-(L_1+L_2+L_3+L_5)L_4}{(L_1+L_2)(L_3+L_4+L_5+L_6)+(L_3+L_5)(L_4+L_6)}\cos\omega t -$$

$$C_1 \frac{32g\mu_\beta}{D^2\gamma}e^{-\frac{32g\mu_\beta}{D^2\gamma}t}$$

$$a_2' = r\omega^2 \frac{(L_1+L_2+L_4+L_6)L_3+(L_1+L_2)(L_4-L_3)-(L_1+L_2+L_3+L_5)L_4}{(L_1+L_2)(L_3+L_4+L_5+L_6)+(L_3+L_5)(L_4+L_6)}\cos\omega t -$$

$$C_2 \frac{32g\mu_\beta}{D^2\gamma}e^{-\frac{32g\mu_\beta}{D^2\gamma}t}$$

$$a_3' = r\omega^2 \left[\frac{(L_1+L_2+L_4+L_6)L_3+(L_1+L_2)L_4}{(L_1+L_2)(L_3+L_4+L_5+L_6)+(L_3+L_5)(L_4+L_6)}-1\right]\cos\omega t -$$

$$C_3 \frac{32g\mu_\beta}{D^2\gamma}e^{-\frac{32g\mu_\beta}{D^2\gamma}t}$$

$$a_4' = -r\omega^2 \left[\frac{(L_1+L_2+L_3+L_5)L_4+(L_1+L_2)L_3}{(L_1+L_2)(L_3+L_4+L_5+L_6)+(L_3+L_5)(L_4+L_6)}-1\right]\cos\omega t -$$

$$C_4 \frac{32g\mu_\beta}{D^2\gamma}e^{-\frac{32g\mu_\beta}{D^2\gamma}t}$$

$$a_5' = -C_5 \frac{32g\mu_\beta}{D^2\gamma}e^{-\frac{32g\mu_\beta}{D^2\gamma}t} + r\omega^2 \frac{(L_1+L_2+L_4+L_6)L_3+(L_1+L_2)L_4}{(L_1+L_2)(L_3+L_4+L_5+L_6)+(L_3+L_5)(L_4+L_6)}\cos\omega t$$

$$a_6' = -C_6 \frac{32g\mu_\beta}{D^2\gamma}e^{-\frac{32g\mu_\beta}{D^2\gamma}t} - r\omega^2 \frac{(L_1+L_2+L_3+L_5)L_4+(L_1+L_2)L_3}{(L_1+L_2)(L_3+L_4+L_5+L_6)+(L_3+L_5)(L_4+L_6)}\cos\omega t$$

状态(15)

$$v_1' = r\omega \frac{(L_1+L_2+L_4+L_6)L_3+(L_1+L_2)(L_4-L_3)-(L_1+L_2+L_3+L_5)L_4}{(L_1+L_2)(L_3+L_4+L_5+L_6)+(L_3+L_5)(L_4+L_6)}\sin\omega t+$$

$$C_1 e^{-\frac{32g\mu_\beta}{D^2\gamma}t}+\frac{D^2\gamma}{32\mu_\beta}\cdot\frac{H_1(L_3+L_4+L_5+L_6)}{(L_1+L_2)(L_3+L_4+L_5+L_6)+(L_3+L_5)(L_4+L_6)}+$$

$$\frac{D\tau_0}{6\mu_\beta}\cdot\frac{(L_3+L_4+L_5+L_6)(L_1+L_2)}{(L_1+L_2)(L_3+L_4+L_5+L_6)+(L_3+L_5)(L_4+L_6)}$$

$$v_2' = r\omega \frac{(L_1+L_2+L_4+L_6)L_3+(L_1+L_2)(L_4-L_3)-(L_1+L_2+L_3+L_5)L_4}{(L_1+L_2)(L_3+L_4+L_5+L_6)+(L_3+L_5)(L_4+L_6)}\sin\omega t+$$

$$C_2 e^{-\frac{32g\mu_\beta}{D^2\gamma}t}+\frac{D^2\gamma}{32\mu_\beta}\cdot\frac{H_1(L_3+L_4+L_5+L_6)}{(L_1+L_2)(L_3+L_4+L_5+L_6)+(L_3+L_5)(L_4+L_6)}+$$

$$\frac{D\tau_0}{6\mu_\beta}\cdot\frac{(L_3+L_4+L_5+L_6)(L_1+L_2)}{(L_1+L_2)(L_3+L_4+L_5+L_6)+(L_3+L_5)(L_4+L_6)}$$

$$v_3' = C_3 e^{-\frac{32g\mu_\beta}{D^2\gamma}t}+r\omega\left[\frac{(L_1+L_2+L_4+L_6)L_3+(L_1+L_2)L_4}{(L_1+L_2)(L_3+L_4+L_5+L_6)+(L_3+L_5)(L_4+L_6)}-1\right]\sin\omega t+$$

$$\frac{D^2\gamma}{32\mu_\beta}\cdot\frac{(L_4+L_6)H_1}{(L_1+L_2)(L_3+L_4+L_5+L_6)+(L_3+L_5)(L_4+L_6)}-$$

$$\frac{D\tau_0}{6\mu_\beta}\cdot\frac{(L_1+L_2+L_4+L_6)(L_3+L_5)}{(L_1+L_2)(L_3+L_4+L_5+L_6)+(L_3+L_5)(L_4+L_6)}$$

$$v_4' = C_4 e^{-\frac{32g\mu_\beta}{D^2\gamma}t}-r\omega\left[\frac{(L_1+L_2+L_3+L_5)L_4+(L_1+L_2)L_3}{(L_1+L_2)(L_3+L_4+L_5+L_6)+(L_3+L_5)(L_4+L_6)}-1\right]\sin\omega t+$$

$$\frac{D^2\gamma}{32\mu_\beta}\cdot\frac{(L_3+L_5)H_1}{(L_1+L_2)(L_3+L_4+L_5+L_6)+(L_3+L_5)(L_4+L_6)}+$$

$$\frac{D\tau_0}{6\mu_\beta}\cdot\frac{(L_1+L_2+L_3+L_5)(L_1+L_2+L_4+L_6)-(L_1+L_2)(L_1+L_2-L_3-L_5)}{(L_1+L_2)(L_3+L_4+L_5+L_6)+(L_3+L_5)(L_4+L_6)}$$

$$v_5' = C_5 e^{-\frac{32g\mu_\beta}{D^2\gamma}t}+r\omega\frac{(L_1+L_2+L_4+L_6)L_3+(L_1+L_2)L_4}{(L_1+L_2)(L_3+L_4+L_5+L_6)+(L_3+L_5)(L_4+L_6)}\sin\omega t+$$

$$\frac{D^2\gamma}{32\mu_\beta}\cdot\frac{(L_4+L_6)H_1}{(L_1+L_2)(L_3+L_4+L_5+L_6)+(L_3+L_5)(L_4+L_6)}-\frac{D\tau_0}{6\mu_\beta}\cdot$$

$$\frac{(L_1+L_2+L_4+L_6)(L_3+L_5)}{(L_1+L_2)(L_3+L_4+L_5+L_6)+(L_3+L_5)(L_4+L_6)}$$

$$v_6'=C_6\mathrm{e}^{-\frac{32g\mu_\beta}{D^2\gamma}t}-r\omega\frac{(L_1+L_2+L_3+L_5)L_4+(L_1+L_2)L_3}{(L_1+L_2)(L_3+L_4+L_5+L_6)+(L_3+L_5)(L_4+L_6)}\sin\omega t+$$

$$\frac{D^2\gamma}{32\mu_\beta}\cdot\frac{(L_3+L_5)H_1}{(L_1+L_2)(L_3+L_4+L_5+L_6)+(L_3+L_5)(L_4+L_6)}+$$

$$\frac{D\tau_0}{6\mu_\beta}\cdot\frac{(L_1+L_2+L_3+L_5)(L_1+L_2+L_4+L_6)-(L_1+L_2)(L_1+L_2-L_3-L_5)}{(L_1+L_2)(L_3+L_4+L_5+L_6)+(L_3+L_5)(L_4+L_6)}$$

$$a_1'=r\omega^2\frac{(L_1+L_2+L_4+L_6)L_3+(L_1+L_2)(L_4-L_3)-(L_1+L_2+L_3+L_5)L_4}{(L_1+L_2)(L_3+L_4+L_5+L_6)+(L_3+L_5)(L_4+L_6)}\cos\omega t-$$

$$C_1\frac{32g\mu_\beta}{D^2\gamma}\mathrm{e}^{-\frac{32g\mu_\beta}{D^2\gamma}t}$$

$$a_2'=r\omega^2\frac{(L_1+L_2+L_4+L_6)L_3+(L_1+L_2)(L_4-L_3)-(L_1+L_2+L_3+L_5)L_4}{(L_1+L_2)(L_3+L_4+L_5+L_6)+(L_3+L_5)(L_4+L_6)}\cos\omega t-$$

$$C_2\frac{32g\mu_\beta}{D^2\gamma}\mathrm{e}^{-\frac{32g\mu_\beta}{D^2\gamma}t}$$

$$a_3'=r\omega^2\left[\frac{(L_1+L_2+L_4+L_6)L_3+(L_1+L_2)L_4}{(L_1+L_2)(L_3+L_4+L_5+L_6)+(L_3+L_5)(L_4+L_6)}-1\right]\cos\omega t-$$

$$C_3\frac{32g\mu_\beta}{D^2\gamma}\mathrm{e}^{-\frac{32g\mu_\beta}{D^2\gamma}t}$$

$$a_4'=-r\omega^2\left[\frac{(L_1+L_2+L_3+L_5)L_4+(L_1+L_2)L_3}{(L_1+L_2)(L_3+L_4+L_5+L_6)+(L_3+L_5)(L_4+L_6)}-1\right]\cos\omega t-$$

$$C_4\frac{32g\mu_\beta}{D^2\gamma}\mathrm{e}^{-\frac{32g\mu_\beta}{D^2\gamma}t}$$

$$a_5'=-C_5\frac{32g\mu_\beta}{D^2\gamma}\mathrm{e}^{-\frac{32g\mu_\beta}{D^2\gamma}t}+r\omega^2\frac{(L_1+L_2+L_4+L_6)L_3+(L_1+L_2)L_4}{(L_1+L_2)(L_3+L_4+L_5+L_6)+(L_3+L_5)(L_4+L_6)}\cos\omega t$$

$$a_6' = -C_6 \frac{32g\mu_\beta}{D^2\gamma} e^{-\frac{32g\mu_\beta}{D^2\gamma}t} - r\omega^2 \frac{(L_1+L_2+L_3+L_5)L_4+(L_1+L_2)L_3}{(L_1+L_2)(L_3+L_4+L_5+L_6)+(L_3+L_5)(L_4+L_6)}\cos\omega t$$

状态(16)

$$v_1' = 0 \qquad\qquad a_1' = 0$$

$$v_2' = 0 \qquad\qquad a_2' = 0$$

$$v_3' = 0 \qquad\qquad a_3' = 0$$

$$v_4' = 0 \qquad\qquad a_4' = 0$$

$$v_5' = r\omega\sin\omega t \qquad\qquad a_5' = r\omega^2\cos\omega t$$

$$v_6' = -r\omega\sin\omega t \qquad\qquad a_6' = -r\omega^2\cos\omega t$$

状态(17)

$$v_1' = C_1 e^{-\frac{32g}{D^2g}m_b t} + r\omega \frac{L_6}{L_1+L_2+L_4+L_6}\sin\omega t + \frac{D^2g}{32m_b}\left(\frac{H_1}{L_1+L_2+L_4+L_6}+\frac{16\tau_0}{3Dg}\right)$$

$$v_2' = C_2 e^{-\frac{32g}{D^2g}m_b t} + r\omega \frac{L_6}{L_1+L_2+L_4+L_6}\sin\omega t + \frac{D^2g}{32m_b}\left(\frac{H_1}{L_1+L_2+L_4+L_6}+\frac{16\tau_0}{3Dg}\right)$$

$$v_3' = 0$$

$$v_4' = C_4 e^{-\frac{32g}{D^2g}m_b t} + r\omega \frac{L_6}{L_1+L_2+L_4+L_6}\sin\omega t + \frac{D^2g}{32m_b}\left(\frac{H_1}{L_1+L_2+L_4+L_6}+\frac{16\tau_0}{3Dg}\right)$$

$$v_5' = r\omega\sin\omega t$$

$$v_6' = C_6 e^{-\frac{32g}{D^2\gamma}\mu_\beta t} - r\omega \frac{L_1+L_2+L_4}{L_1+L_2+L_4+L_6}\sin\omega t + \frac{D^2\gamma}{32\mu_\beta}\left(\frac{H_1}{L_1+L_2+L_4+L_6}+\frac{16\tau_0}{3Dg}\right)$$

$$a_1' = -C_1 \frac{32gm_b}{D^2g} e^{-\frac{32g}{D^2g}m_b t} + r\omega^2 \frac{L_6}{L_1+L_2+L_4+L_6}\cos\omega t$$

$$a_2' = -C_2 \frac{32gm_b}{D^2g} e^{-\frac{32g}{D^2g}m_b t} + r\omega^2 \frac{L_6}{L_1+L_2+L_4+L_6}\cos\omega t$$

$$a_3' = 0$$

$$a_4' = -C_4 \frac{32gm_b}{D^2g} e^{-\frac{32g}{D^2g}m_b t} + r\omega^2 \frac{L_6}{L_1+L_2+L_4+L_6} \cos\omega t$$

$$a_5' = r\omega^2 \cos\omega t$$

$$a_6' = -C_6 \frac{32g\mu_\beta}{D^2\gamma} e^{-\frac{32g}{D^2\gamma}\mu_\beta t} - r\omega^2 \frac{L_1+L_2+L_4}{L_1+L_2+L_4+L_6} \cos\omega t$$

状态(18)

$$v_1' = C_1 e^{-\frac{32g}{D^2\gamma}\mu_\beta t} - r\omega \frac{L_2+L_5}{L_1+L_2+L_3+L_5} \sin\omega t + \frac{D^2\gamma}{32\mu_\beta} \left( \frac{H_1}{L_1+L_2+L_3+L_5} + \frac{16\tau_0}{3D\gamma} \cdot \right.$$

$$\left. \frac{L_1-L_2+L_3-L_5}{L_1+L_2+L_3+L_5} \right)$$

$$v_2' = C_2 e^{-\frac{32g}{D^2\gamma}\mu_\beta t} - r\omega \frac{L_2+L_5}{L_1+L_2+L_3+L_5} \sin\omega t + \frac{D^2\gamma}{32\mu_\beta} \left( \frac{H_1}{L_1+L_2+L_3+L_5} + \frac{16\tau_0}{3D\gamma} \cdot \right.$$

$$\left. \frac{L_1-L_2+L_3-L_5}{L_1+L_2+L_3+L_5} \right)$$

$$v_3' = C_3 e^{-\frac{32g}{D^2\gamma}\mu_\beta t} - r\omega \frac{L_2+L_5}{L_1+L_2+L_3+L_5} \sin\omega t + \frac{D^2\gamma}{32\mu_\beta} \left( \frac{H_1}{L_1+L_2+L_3+L_5} + \frac{16\tau_0}{3D\gamma} \cdot \right.$$

$$\left. \frac{L_1-L_2+L_3-L_5}{L_1+L_2+L_3+L_5} \right)$$

$$v_4' = 0$$

$$v_5' = r\omega \frac{L_1+L_3}{L_1+L_2+L_3+L_5} \sin\omega t + \frac{D^2\gamma}{32\mu_\beta} \left( \frac{H_1}{L_1+L_2+L_3+L_5} + \frac{16\tau_0}{3D\gamma} \cdot \right.$$

$$\left. \frac{L_1-L_2+L_3-L_5}{L_1+L_2+L_3+L_5} \right) + C_5 e^{-\frac{32g}{D^2\gamma}\mu_\beta t}$$

$$v_6' = -r\omega \sin\omega t$$

$$a_1' = -C_1 \frac{32g}{D^2\gamma}\mu_\beta e^{-\frac{32g}{D^2\gamma}\mu_\beta t} - r\omega^2 \frac{L_2+L_5}{L_1+L_2+L_3+L_5} \cos\omega t$$

$$a_2' = -C_2 \frac{32g}{D^2\gamma}\mu_\beta e^{-\frac{32g}{D^2\gamma}\mu_\beta t} - r\omega^2 \frac{L_2+L_5}{L_1+L_2+L_3+L_5}\cos\omega t$$

$$a_3' = -C_3 \frac{32g}{D^2\gamma}\mu_\beta e^{-\frac{32g}{D^2\gamma}\mu_\beta t} - r\omega^2 \frac{L_2+L_5}{L_1+L_2+L_3+L_5}\cos\omega t$$

$$a_4' = 0$$

$$a_5' = -C_5 \frac{32g}{D^2\gamma}\mu_\beta e^{-\frac{32g}{D^2\gamma}\mu_\beta t} + r\omega^2 \frac{L_1+L_3}{L_1+L_2+L_3+L_5}\cos\omega t$$

$$a_6' = -r\omega^2 \cos\omega t$$

状态(19)

$$v_1' = r\omega \frac{(L_1+L_2+L_4+L_6)L_3+(L_1+L_2)(L_4-L_3)-(L_1+L_2+L_3+L_5)L_4}{(L_1+L_2)(L_3+L_4+L_5+L_6)+(L_3+L_5)(L_4+L_6)}\sin\omega t +$$

$$C_1 e^{-\frac{32g\mu_\beta}{D^2\gamma}t} + \frac{D^2\gamma}{32\mu_\beta}\cdot\frac{H_1(L_3+L_4+L_5+L_6)}{(L_1+L_2)(L_3+L_4+L_5+L_6)+(L_3+L_5)(L_4+L_6)} +$$

$$\frac{D\tau_0}{6\mu_\beta}\cdot\frac{(L_1+L_2+L_4+L_6)(2L_5-L_1-L_2)+(L_1+L_2+L_3-L_5)(L_1+L_2)}{(L_1+L_2)(L_3+L_4+L_5+L_6)+(L_3+L_5)(L_4+L_6)}$$

$$v_2' = r\omega \frac{(L_1+L_2+L_4+L_6)L_3+(L_1+L_2)(L_4-L_3)-(L_1+L_2+L_3+L_5)L_4}{(L_1+L_2)(L_3+L_4+L_5+L_6)+(L_3+L_5)(L_4+L_6)}\sin\omega t +$$

$$C_2 e^{-\frac{32g\mu_\beta}{D^2\gamma}t} + \frac{D^2\gamma}{32\mu_\beta}\cdot\frac{H_1(L_3+L_4+L_5+L_6)}{(L_1+L_2)(L_3+L_4+L_5+L_6)+(L_3+L_5)(L_4+L_6)} +$$

$$\frac{D\tau_0}{6\mu_\beta}\cdot\frac{(L_1+L_2+L_4+L_6)(2L_5-L_1-L_2)+(L_1+L_2+L_3-L_5)(L_1+L_2)}{(L_1+L_2)(L_3+L_4+L_5+L_6)+(L_3+L_5)(L_4+L_6)}$$

$$v_3' = C_3 e^{-\frac{32g\mu_\beta}{D^2\gamma}t} + r\omega\left[\frac{(L_1+L_2+L_4+L_6)L_3+(L_1+L_2)L_4}{(L_1+L_2)(L_3+L_4+L_5+L_6)+(L_3+L_5)(L_4+L_6)}-1\right]\sin\omega t +$$

$$\frac{D^2\gamma}{32\mu_\beta}\cdot\frac{(L_4+L_6)H_1}{(L_1+L_2)(L_3+L_4+L_5+L_6)+(L_3+L_5)(L_4+L_6)} -$$

$$\frac{D\tau_0}{6\mu_\beta}\cdot\frac{(L_1+L_2+L_4+L_6)(2L_1+2L_2+L_3-L_5)}{(L_1+L_2)(L_3+L_4+L_5+L_6)+(L_3+L_5)(L_4+L_6)}$$

$$v_4' = C_4 e^{-\frac{32g\mu_\beta}{D^2\gamma}t} - r\omega\left[\frac{(L_1+L_2+L_3+L_5)L_4+(L_1+L_2)L_3}{(L_1+L_2)(L_3+L_4+L_5+L_6)+(L_3+L_5)(L_4+L_6)}-1\right]\sin\omega t +$$

$$\frac{D^2\gamma}{32\mu_\beta} \cdot \frac{(L_3+L_5)H_1}{(L_1+L_2)(L_3+L_4+L_5+L_6)+(L_3+L_5)(L_4+L_6)} +$$

$$\frac{D\tau_0}{6\mu_\beta} \cdot \frac{(L_1+L_2+L_3+L_5)(L_1+L_2+L_4+L_6)+(L_1+L_2)(L_1+L_2+L_3-L_5)}{(L_1+L_2)(L_3+L_4+L_5+L_6)+(L_3+L_5)(L_4+L_6)}$$

$$v_5' = C_5 e^{-\frac{32g\mu_\beta}{D^2\gamma}t} + r\omega\frac{(L_1+L_2+L_4+L_6)L_3+(L_1+L_2)L_4}{(L_1+L_2)(L_3+L_4+L_5+L_6)+(L_3+L_5)(L_4+L_6)}\sin\omega t +$$

$$\frac{D^2\gamma}{32\mu_\beta} \cdot \frac{(L_4+L_6)H_1}{(L_1+L_2)(L_3+L_4+L_5+L_6)+(L_3+L_5)(L_4+L_6)} -$$

$$\frac{D\tau_0}{6\mu_\beta} \cdot \frac{(L_1+L_2+L_4+L_6)(2L_1+2L_2+L_3-L_5)}{(L_1+L_2)(L_3+L_4+L_5+L_6)+(L_3+L_5)(L_4+L_6)}$$

$$v_6' = C_6 e^{-\frac{32g\mu_\beta}{D^2\gamma}t} - r\omega\frac{(L_1+L_2+L_3+L_5)L_4+(L_1+L_2)L_3}{(L_1+L_2)(L_3+L_4+L_5+L_6)+(L_3+L_5)(L_4+L_6)}\sin\omega t +$$

$$\frac{D^2\gamma}{32\mu_\beta} \cdot \frac{(L_3+L_5)H_1}{(L_1+L_2)(L_3+L_4+L_5+L_6)+(L_3+L_5)(L_4+L_6)} +$$

$$\frac{D\tau_0}{6\mu_\beta} \cdot \frac{(L_1+L_2+L_3+L_5)(L_1+L_2+L_4+L_6)+(L_1+L_2)(L_1+L_2+L_3-L_5)}{(L_1+L_2)(L_3+L_4+L_5+L_6)+(L_3+L_5)(L_4+L_6)}$$

$$a_1' = r\omega^2\frac{(L_1+L_2+L_4+L_6)L_3+(L_1+L_2)(L_4-L_3)-(L_1+L_2+L_3+L_5)L_4}{(L_1+L_2)(L_3+L_4+L_5+L_6)+(L_3+L_5)(L_4+L_6)}\cos\omega t -$$

$$C_1\frac{32g\mu_\beta}{D^2\gamma}e^{-\frac{32g\mu_\beta}{D^2\gamma}t}$$

$$a_2' = r\omega^2\frac{(L_1+L_2+L_4+L_6)L_3+(L_1+L_2)(L_4-L_3)-(L_1+L_2+L_3+L_5)L_4}{(L_1+L_2)(L_3+L_4+L_5+L_6)+(L_3+L_5)(L_4+L_6)}\cos\omega t -$$

$$C_2\frac{32g\mu_\beta}{D^2\gamma}e^{-\frac{32g\mu_\beta}{D^2\gamma}t}$$

$$a_3' = r\omega^2\left[\frac{(L_1+L_2+L_4+L_6)L_3+(L_1+L_2)L_4}{(L_1+L_2)(L_3+L_4+L_5+L_6)+(L_3+L_5)(L_4+L_6)}-1\right]\cos\omega t -$$

$$C_3 \frac{32g\mu_\beta}{D^2\gamma}e^{-\frac{32g\mu_\beta}{D^2\gamma}t}$$

$$a_4' = -r\omega^2\left[\frac{(L_1+L_2+L_3+L_5)L_4+(L_1+L_2)L_3}{(L_1+L_2)(L_3+L_4+L_5+L_6)+(L_3+L_5)(L_4+L_6)}-1\right]\cos\omega t -$$

$$C_4 \frac{32g\mu_\beta}{D^2\gamma}e^{-\frac{32g\mu_\beta}{D^2\gamma}t}$$

$$a_5' = -C_5\frac{32g\mu_\beta}{D^2\gamma}e^{-\frac{32g\mu_\beta}{D^2\gamma}t}+r\omega^2\frac{(L_1+L_2+L_4+L_6)L_3+(L_1+L_2)L_4}{(L_1+L_2)(L_3+L_4+L_5+L_6)+(L_3+L_5)(L_4+L_6)}\cos\omega t$$

$$a_6' = -C_6\frac{32g\mu_\beta}{D^2\gamma}e^{-\frac{32g\mu_\beta}{D^2\gamma}t}-r\omega^2\frac{(L_1+L_2+L_3+L_5)L_4+(L_1+L_2)L_3}{(L_1+L_2)(L_3+L_4+L_5+L_6)+(L_3+L_5)(L_4+L_6)}\cos\omega t$$

状态(20)

$$v_1' = C_1e^{-\frac{32g}{D^2\gamma}\mu_\beta t}-r\omega\frac{L_4}{L_1+L_2+L_4+L_6}\sin\omega t+\frac{D^2\gamma}{32\mu_\beta}\left(\frac{H_1}{L_1+L_2+L_4+L_6}-\frac{16\tau_0}{3D\gamma}\right)$$

$$v_2' = C_2e^{-\frac{32g}{D^2\gamma}\mu_\beta t}-r\omega\frac{L_4}{L_1+L_2+L_4+L_6}\sin\omega t+\frac{D^2\gamma}{32\mu_\beta}\left(\frac{H_1}{L_1+L_2+L_4+L_6}-\frac{16\tau_0}{3D\gamma}\right)$$

$$v_3' = -r\omega\sin\omega t$$

$$v_4' = C_4e^{-\frac{32g}{D^2g}m_b t}+r\omega\frac{L_1+L_2+L_6}{L_1+L_2+L_4+L_6}\sin\omega t+\frac{D^2g}{32m_b}\left(\frac{H_1}{L_1+L_2+L_4+L_6}-\frac{16\tau_0}{3Dg}\right)$$

$$v_5' = 0$$

$$v_6' = C_6e^{-\frac{32g}{D^2\gamma}\mu_\beta t}-r\omega\frac{L_4}{L_1+L_2+L_4+L_6}\sin\omega t+\frac{D^2\gamma}{32\mu_\beta}\left(\frac{H_1}{L_1+L_2+L_4+L_6}-\frac{16\tau_0}{3D\gamma}\right)$$

$$a_1' = -C_1\frac{32g\mu_\beta}{D^2\gamma}e^{-\frac{32g}{D^2\gamma}\mu_\beta t}-r\omega^2\frac{L_4}{L_1+L_2+L_4+L_6}\cos\omega t$$

$$a_2' = -C_2\frac{32g\mu_\beta}{D^2\gamma}e^{-\frac{32g}{D^2\gamma}\mu_\beta t}-r\omega^2\frac{L_4}{L_1+L_2+L_4+L_6}\cos\omega t$$

$$a_3' = -r\omega^2\cos\omega t$$

$$a_4' = -C_4 \frac{32gm_b}{D^2 g} e^{-\frac{32g}{D^2 g} m_v t} + r\omega^2 \frac{L_6}{L_1 + L_2 + L_4 + L_6} \cos\omega t$$

$$a_5' = 0$$

$$a_6' = -C_6 \frac{32g\mu_\beta}{D^2 \gamma} e^{-\frac{32g}{D^2 \gamma} \mu_\beta t} - r\omega^2 \frac{L_4}{L_1 + L_2 + L_4 + L_6} \cos\omega t$$

状态(21)

$$v_1' = 0 \qquad\qquad a_1' = 0$$

$$v_2' = 0 \qquad\qquad a_2' = 0$$

$$v_3' = -r\omega\sin\omega t \qquad a_3' = -r\omega^2\cos\omega t$$

$$v_4' = r\omega\sin\omega t \qquad a_4' = r\omega^2\cos\omega t$$

$$v_5' = 0 \qquad\qquad a_5' = 0$$

$$v_6' = 0 \qquad\qquad a_6' = 0$$

状态(22)

$$v_1' = -r\omega\sin\omega t \qquad a_1' = -r\omega^2\cos\omega t$$

$$v_2' = -r\omega\sin\omega t \qquad a_2' = -r\omega^2\cos\omega t$$

$$v_3' = -r\omega\sin\omega t \qquad a_3' = -r\omega^2\cos\omega t$$

$$v_4' = 0 \qquad\qquad a_4' = 0$$

$$v_5' = 0 \qquad\qquad a_5' = 0$$

$$v_6' = -r\omega\sin\omega t \qquad a_6' = -r\omega^2\cos\omega t$$

状态(23)

$$v_1' = C_1 e^{-\frac{32g}{D^2\gamma}\mu_\beta t} - r\omega \frac{L_4}{L_1 + L_2 + L_4 + L_6}\sin\omega t + \frac{D^2\gamma}{32\mu_\beta}\left(\frac{H_1}{L_1 + L_2 + L_4 + L_6} + \frac{16\tau_0}{3D\gamma}\right)$$

$$v_2' = C_2 e^{-\frac{32g}{D^2\gamma}\mu_\beta t} - r\omega \frac{L_4}{L_1 + L_2 + L_4 + L_6}\sin\omega t + \frac{D^2\gamma}{32\mu_\beta}\left(\frac{H_1}{L_1 + L_2 + L_4 + L_6} + \frac{16\tau_0}{3D\gamma}\right)$$

$$v'_3 = -r\omega\sin\omega t$$

$$v'_4 = C_4 e^{-\frac{32g\,m_b t}{D^2 g}} + r\omega\frac{L_1+L_2+L_6}{L_1+L_2+L_4+L_6}\sin\omega t + \frac{D^2 g}{32m_b}\left(\frac{H_1}{L_1+L_2+L_4+L_6}+\frac{16\tau_0}{3Dg}\right)$$

$$v'_5 = 0$$

$$v'_6 = C_6 e^{-\frac{32g}{D^2\gamma}\mu_\beta t} - r\omega\frac{L_4}{L_1+L_2+L_4+L_6}\sin\omega t + \frac{D^2\gamma}{32\mu_\beta}\left(\frac{H_1}{L_1+L_2+L_4+L_6}+\frac{16\tau_0}{3D\gamma}\right)$$

$$a'_1 = -C_1\frac{32g\mu_\beta}{D^2\gamma}e^{-\frac{32g}{D^2\gamma}\mu_\beta t} - r\omega^2\frac{L_4}{L_1+L_2+L_4+L_6}\cos\omega t$$

$$a'_2 = -C_2\frac{32g\mu_\beta}{D^2\gamma}e^{-\frac{32g}{D^2\gamma}\mu_\beta t} - r\omega^2\frac{L_4}{L_1+L_2+L_4+L_6}\cos\omega t$$

$$a'_3 = -r\omega^2\cos\omega t$$

$$a'_4 = -C_4\frac{32gm_b}{D^2 g}e^{-\frac{32g}{D^2 g}m_b t} + r\omega^2\frac{L_6}{L_1+L_2+L_4+L_6}\cos\omega t$$

$$a'_5 = 0$$

$$a'_6 = -C_6\frac{32g\mu_\beta}{D^2\gamma}e^{-\frac{32g}{D^2\gamma}\mu_\beta t} - r\omega^2\frac{L_4}{L_1+L_2+L_4+L_6}\cos\omega t$$

## 状态(24)

$$v'_1 = 0$$

$$v'_2 = 0$$

$$v'_3 = C_3 e^{-\frac{32g}{D^2\gamma}\mu_\beta t} - r\omega\frac{L_5+L_6}{L_3+L_4+L_5+L_6}\sin\omega t + \frac{D\tau_0}{6\mu_\beta}$$

$$v'_4 = -C_4 e^{-\frac{32g}{D^2\gamma}\mu_\beta t} + r\omega\frac{L_5+L_6}{L_3+L_4+L_5+L_6}\sin\omega t - \frac{D\tau_0}{6\mu_\beta}$$

$$v'_5 = C_5 e^{-\frac{32g}{D^2\gamma}\mu_\beta t} + r\omega\frac{L_3+L_4}{L_3+L_4+L_5+L_6}\sin\omega t + \frac{D\tau_0}{6\mu_\beta}$$

$$v'_6 = -C_6 e^{-\frac{32g}{D^2\gamma}\mu_\beta t} - r\omega\frac{L_3+L_4}{L_3+L_4+L_5+L_6}\sin\omega t - \frac{D\tau_0}{6\mu_\beta}$$

$$a_1' = 0$$

$$a_2' = 0$$

$$a_3' = -C_3 \frac{32g}{D^2\gamma}\mu_\beta e^{-\frac{32g}{D^2\gamma}\mu_\beta t} - r\omega^2 \frac{L_5+L_6}{L_3+L_4+L_5+L_6}\cos\omega t$$

$$a_4' = C_4 \frac{32g}{D^2\gamma}\mu_\beta e^{-\frac{32g}{D^2\gamma}\mu_\beta t} + r\omega^2 \frac{L_5+L_6}{L_3+L_4+L_5+L_6}\cos\omega t$$

$$a_5' = -C_5 \frac{32g}{D^2\gamma}\mu_\beta e^{-\frac{32g}{D^2\gamma}\mu_\beta t} + r\omega^2 \frac{L_3+L_4}{L_3+L_4+L_5+L_6}\cos\omega t$$

$$a_6' = C_6 \frac{32g}{D^2\gamma}\mu_\beta e^{-\frac{32g}{D^2\gamma}\mu_\beta t} - r\omega^2 \frac{L_3+L_4}{L_3+L_4+L_5+L_6}\cos\omega t$$

状态（25）

$$v_1' = r\omega \frac{(L_1+L_2+L_4+L_6)L_3+(L_1+L_2)(L_4-L_3)-(L_1+L_2+L_3+L_5)L_4}{(L_1+L_2)(L_3+L_4+L_5+L_6)+(L_3+L_5)(L_4+L_6)}\sin\omega t +$$

$$C_1 e^{-\frac{32g\mu_\beta}{D^2\gamma}t} + \frac{D^2\gamma}{32\mu_\beta} \cdot \frac{H_1(L_3+L_4+L_5+L_6)}{(L_1+L_2)(L_3+L_4+L_5+L_6)+(L_3+L_5)(L_4+L_6)} +$$

$$\frac{D\tau_0}{6\mu_\beta} \cdot \frac{(L_3+L_4+L_5+L_6)(L_1+L_2)}{(L_1+L_2)(L_3+L_4+L_5+L_6)+(L_3+L_5)(L_4+L_6)}$$

$$v_2' = r\omega \frac{(L_1+L_2+L_4+L_6)L_3+(L_1+L_2)(L_4-L_3)-(L_1+L_2+L_3+L_5)L_4}{(L_1+L_2)(L_3+L_4+L_5+L_6)+(L_3+L_5)(L_4+L_6)}\sin\omega t +$$

$$C_2 e^{-\frac{32g\mu_\beta}{D^2\gamma}t} + \frac{D^2\gamma}{32\mu_\beta} \cdot \frac{H_1(L_3+L_4+L_5+L_6)}{(L_1+L_2)(L_3+L_4+L_5+L_6)+(L_3+L_5)(L_4+L_6)} +$$

$$\frac{D\tau_0}{6\mu_\beta} \cdot \frac{(L_3+L_4+L_5+L_6)(L_1+L_2)}{(L_1+L_2)(L_3+L_4+L_5+L_6)+(L_3+L_5)(L_4+L_6)}$$

$$v_3' = C_3 e^{-\frac{32g\mu_\beta}{D^2\gamma}t} + r\omega\left[\frac{(L_1+L_2+L_4+L_6)L_3+(L_1+L_2)L_4}{(L_1+L_2)(L_3+L_4+L_5+L_6)+(L_3+L_5)(L_4+L_6)}-1\right]\sin\omega t +$$

$$\frac{D^2\gamma}{32\mu_\beta} \cdot \frac{(L_4+L_6)H_1}{(L_1+L_2)(L_3+L_4+L_5+L_6)+(L_3+L_5)(L_4+L_6)} +$$

$$\frac{D\tau_0}{6\mu_\beta} \cdot \frac{(L_1+L_2+L_4+L_6)(L_1+L_2+L_3+L_5)-(L_1+L_2)(L_1+L_2-L_4-L_6)}{(L_1+L_2)(L_3+L_4+L_5+L_6)+(L_3+L_5)(L_4+L_6)}$$

$$v_4' = C_4 e^{-\frac{32g\mu_\beta}{D^2\gamma}t} - r\omega\left[\frac{(L_1+L_2+L_3+L_5)L_4+(L_1+L_2)L_3}{(L_1+L_2)(L_3+L_4+L_5+L_6)+(L_3+L_5)(L_4+L_6)}-1\right]\sin\omega t +$$

$$\frac{D^2\gamma}{32\mu_\beta} \cdot \frac{(L_3+L_5)H_1}{(L_1+L_2)(L_3+L_4+L_5+L_6)+(L_3+L_5)(L_4+L_6)} -$$

$$\frac{D\tau_0}{6\mu_\beta} \cdot \frac{(L_1+L_2+L_3+L_5)(L_4+L_6)}{(L_1+L_2)(L_3+L_4+L_5+L_6)+(L_3+L_5)(L_4+L_6)}$$

$$v_5' = C_5 e^{-\frac{32g\mu_\beta}{D^2\gamma}t} + r\omega\frac{(L_1+L_2+L_4+L_6)L_3+(L_1+L_2)L_4}{(L_1+L_2)(L_3+L_4+L_5+L_6)+(L_3+L_5)(L_4+L_6)}\sin\omega t +$$

$$\frac{D^2\gamma}{32\mu_\beta} \cdot \frac{(L_4+L_6)H_1}{(L_1+L_2)(L_3+L_4+L_5+L_6)+(L_3+L_5)(L_4+L_6)} +$$

$$\frac{D\tau_0}{6\mu_\beta} \cdot \frac{(L_1+L_2+L_4+L_6)(L_1+L_2+L_3+L_5)-(L_1+L_2)(L_1+L_2-L_4-L_6)}{(L_1+L_2)(L_3+L_4+L_5+L_6)+(L_3+L_5)(L_4+L_6)}$$

$$v_6' = C_6 e^{-\frac{32g\mu_\beta}{D^2\gamma}t} - r\omega\frac{(L_1+L_2+L_3+L_5)L_4+(L_1+L_2)L_3}{(L_1+L_2)(L_3+L_4+L_5+L_6)+(L_3+L_5)(L_4+L_6)}\sin\omega t +$$

$$\frac{D^2\gamma}{32\mu_\beta} \cdot \frac{(L_3+L_5)H_1}{(L_1+L_2)(L_3+L_4+L_5+L_6)+(L_3+L_5)(L_4+L_6)} -$$

$$\frac{D\tau_0}{6\mu_\beta} \cdot \frac{(L_1+L_2+L_3+L_5)(L_4+L_6)}{(L_1+L_2)(L_3+L_4+L_5+L_6)+(L_3+L_5)(L_4+L_6)}$$

$$a_1' = r\omega^2\frac{(L_1+L_2+L_4+L_6)L_3+(L_1+L_2)(L_4-L_3)-(L_1+L_2+L_3+L_5)L_4}{(L_1+L_2)(L_3+L_4+L_5+L_6)+(L_3+L_5)(L_4+L_6)}\cos\omega t -$$

$$C_1\frac{32g\mu_\beta}{D^2\gamma}e^{-\frac{32g\mu_\beta}{D^2\gamma}t}$$

$$a_2' = r\omega^2\frac{(L_1+L_2+L_4+L_6)L_3+(L_1+L_2)(L_4-L_3)-(L_1+L_2+L_3+L_5)L_4}{(L_1+L_2)(L_3+L_4+L_5+L_6)+(L_3+L_5)(L_4+L_6)}\cos\omega t -$$

$$C_2\frac{32g\mu_\beta}{D^2\gamma}e^{-\frac{32g\mu_\beta}{D^2\gamma}t}$$

$$a_3' = r\omega^2 \left[ \frac{(L_1+L_2+L_4+L_6)L_3+(L_1+L_2)L_4}{(L_1+L_2)(L_3+L_4+L_5+L_6)+(L_3+L_5)(L_4+L_6)} - 1 \right]\cos\omega t -$$

$$C_3 \frac{32g\mu_\beta}{D^2\gamma}\mathrm{e}^{-\frac{32g\mu_\beta}{D^2\gamma}t}$$

$$a_4' = -r\omega^2 \left[ \frac{(L_1+L_2+L_3+L_5)L_4+(L_1+L_2)L_3}{(L_1+L_2)(L_3+L_4+L_5+L_6)+(L_3+L_5)(L_4+L_6)} - 1 \right]\cos\omega t -$$

$$C_4 \frac{32g\mu_\beta}{D^2\gamma}\mathrm{e}^{-\frac{32g\mu_\beta}{D^2\gamma}t}$$

$$a_5' = -C_5 \frac{32g\mu_\beta}{D^2\gamma}\mathrm{e}^{-\frac{32g\mu_\beta}{D^2\gamma}t} + r\omega^2 \frac{(L_1+L_2+L_4+L_6)L_3+(L_1+L_2)L_4}{(L_1+L_2)(L_3+L_4+L_5+L_6)+(L_3+L_5)(L_4+L_6)}\cos\omega t$$

$$a_6' = -C_6 \frac{32g\mu_\beta}{D^2\gamma}\mathrm{e}^{-\frac{32g\mu_\beta}{D^2\gamma}t} - r\omega^2 \frac{(L_1+L_2+L_3+L_5)L_4+(L_1+L_2)L_3}{(L_1+L_2)(L_3+L_4+L_5+L_6)+(L_3+L_5)(L_4+L_6)}\cos\omega t$$

状态(26)

$$v_1' = r\omega\frac{(L_1+L_2+L_4+L_6)L_3+(L_1+L_2)(L_4-L_3)-(L_1+L_2+L_3+L_5)L_4}{(L_1+L_2)(L_3+L_4+L_5+L_6)+(L_3+L_5)(L_4+L_6)}\sin\omega t +$$

$$C_1\mathrm{e}^{-\frac{32g\mu_\beta}{D^2\gamma}t} + \frac{D^2\gamma}{32\mu_\beta} \cdot \frac{H_1(L_3+L_4+L_5+L_6)}{(L_1+L_2)(L_3+L_4+L_5+L_6)+(L_3+L_5)(L_4+L_6)} -$$

$$\frac{D\tau_0}{6\mu_\beta} \cdot \frac{(L_1+L_2)(L_3+L_4+L_5+L_6)}{(L_1+L_2)(L_3+L_4+L_5+L_6)+(L_3+L_5)(L_4+L_6)}$$

$$v_2' = r\omega\frac{(L_1+L_2+L_4+L_6)L_3+(L_1+L_2)(L_4-L_3)-(L_1+L_2+L_3+L_5)L_4}{(L_1+L_2)(L_3+L_4+L_5+L_6)+(L_3+L_5)(L_4+L_6)}\sin\omega t +$$

$$C_2\mathrm{e}^{-\frac{32g\mu_\beta}{D^2\gamma}t} + \frac{D^2\gamma}{32\mu_\beta} \cdot \frac{H_1(L_3+L_4+L_5+L_6)}{(L_1+L_2)(L_3+L_4+L_5+L_6)+(L_3+L_5)(L_4+L_6)} -$$

$$\frac{D\tau_0}{6\mu_\beta} \cdot \frac{(L_1+L_2)(L_3+L_4+L_5+L_6)}{(L_1+L_2)(L_3+L_4+L_5+L_6)+(L_3+L_5)(L_4+L_6)}$$

$$v_3' = C_3\mathrm{e}^{-\frac{32g\mu_\beta}{D^2\gamma}t} + r\omega\left[ \frac{(L_1+L_2+L_4+L_6)L_3+(L_1+L_2)L_4}{(L_1+L_2)(L_3+L_4+L_5+L_6)+(L_3+L_5)(L_4+L_6)} - 1 \right]\sin\omega t +$$

$$\frac{D^2\gamma}{32\mu_\beta} \cdot \frac{(L_4+L_6)H_1}{(L_1+L_2)(L_3+L_4+L_5+L_6)+(L_3+L_5)(L_4+L_6)} +$$

$$\frac{D\tau_0}{6\mu_\beta} \cdot \frac{(L_1+L_2+L_4+L_6)(L_3+L_5)}{(L_1+L_2)(L_3+L_4+L_5+L_6)+(L_3+L_5)(L_4+L_6)}$$

$$v_4' = C_4 e^{-\frac{32g\mu_\beta}{D^2\gamma}t} - r\omega\left[\frac{(L_1+L_2+L_3+L_5)L_4+(L_1+L_2)L_3}{(L_1+L_2)(L_3+L_4+L_5+L_6)+(L_3+L_5)(L_4+L_6)}-1\right]\sin\omega t +$$

$$\frac{D^2\gamma}{32\mu_\beta} \cdot \frac{(L_3+L_5)H_1}{(L_1+L_2)(L_3+L_4+L_5+L_6)+(L_3+L_5)(L_4+L_6)} -$$

$$\frac{D\tau_0}{6\mu_\beta} \cdot \frac{(L_1+L_2+L_3+L_5)(L_1+L_2+L_4+L_6)-(L_1+L_2)(L_1+L_2-L_3-L_5)}{(L_1+L_2)(L_3+L_4+L_5+L_6)+(L_3+L_5)(L_4+L_6)}$$

$$v_5' = C_5 e^{-\frac{32g\mu_\beta}{D^2\gamma}t} + r\omega\frac{(L_1+L_2+L_4+L_6)L_3+(L_1+L_2)L_4}{(L_1+L_2)(L_3+L_4+L_5+L_6)+(L_3+L_5)(L_4+L_6)}\sin\omega t +$$

$$\frac{D^2\gamma}{32\mu_\beta} \cdot \frac{(L_4+L_6)H_1}{(L_1+L_2)(L_3+L_4+L_5+L_6)+(L_3+L_5)(L_4+L_6)} +$$

$$\frac{D\tau_0}{6\mu_\beta} \cdot \frac{(L_1+L_2+L_4+L_6)(L_3+L_5)}{(L_1+L_2)(L_3+L_4+L_5+L_6)+(L_3+L_5)(L_4+L_6)}$$

$$v_6' = C_6 e^{-\frac{32g\mu_\beta}{D^2\gamma}t} - r\omega\frac{(L_1+L_2+L_3+L_5)L_4+(L_1+L_2)L_3}{(L_1+L_2)(L_3+L_4+L_5+L_6)+(L_3+L_5)(L_4+L_6)}\sin\omega t +$$

$$\frac{D^2\gamma}{32\mu_\beta} \cdot \frac{(L_3+L_5)H_1}{(L_1+L_2)(L_3+L_4+L_5+L_6)+(L_3+L_5)(L_4+L_6)} -$$

$$\frac{D\tau_0}{6\mu_\beta} \cdot \frac{(L_1+L_2+L_3+L_5)(L_1+L_2+L_4+L_6)-(L_1+L_2)(L_1+L_2-L_3-L_5)}{(L_1+L_2)(L_3+L_4+L_5+L_6)+(L_3+L_5)(L_4+L_6)}$$

$$a_1' = r\omega^2\frac{(L_1+L_2+L_4+L_6)L_3+(L_1+L_2)(L_4-L_3)-(L_1+L_2+L_3+L_5)L_4}{(L_1+L_2)(L_3+L_4+L_5+L_6)+(L_3+L_5)(L_4+L_6)}\cos\omega t -$$

$$C_1\frac{32g\mu_\beta}{D^2\gamma}e^{-\frac{32g\mu_\beta}{D^2\gamma}t}$$

$$a_2' = r\omega^2\frac{(L_1+L_2+L_4+L_6)L_3+(L_1+L_2)(L_4-L_3)-(L_1+L_2+L_3+L_5)L_4}{(L_1+L_2)(L_3+L_4+L_5+L_6)+(L_3+L_5)(L_4+L_6)}\cos\omega t -$$

$$C_2 \frac{32g\mu_\beta}{D^2\gamma} e^{-\frac{32g\mu_\beta}{D^2\gamma}t}$$

$$a_3' = r\omega^2 \left[ \frac{(L_1+L_2+L_4+L_6)L_3+(L_1+L_2)L_4}{(L_1+L_2)(L_3+L_4+L_5+L_6)+(L_3+L_5)(L_4+L_6)} -1 \right] \cos\omega t \; -$$

$$C_3 \frac{32g\mu_\beta}{D^2\gamma} e^{-\frac{32g\mu_\beta}{D^2\gamma}t}$$

$$a_4' = -r\omega^2 \left[ \frac{(L_1+L_2+L_3+L_5)L_4+(L_1+L_2)L_3}{(L_1+L_2)(L_3+L_4+L_5+L_6)+(L_3+L_5)(L_4+L_6)} -1 \right] \cos\omega t \; -$$

$$C_4 \frac{32g\mu_\beta}{D^2\gamma} e^{-\frac{32g\mu_\beta}{D^2\gamma}t}$$

$$a_5' = -C_5 \frac{32g\mu_\beta}{D^2\gamma} e^{-\frac{32g\mu_\beta}{D^2\gamma}t} + r\omega^2 \frac{(L_1+L_2+L_4+L_6)L_3+(L_1+L_2)L_4}{(L_1+L_2)(L_3+L_4+L_5+L_6)+(L_3+L_5)(L_4+L_6)} \cos\omega t$$

$$a_6' = -C_6 \frac{32g\mu_\beta}{D^2\gamma} e^{-\frac{32g\mu_\beta}{D^2\gamma}t} - r\omega^2 \frac{(L_1+L_2+L_3+L_5)L_4+(L_1+L_2)L_3}{(L_1+L_2)(L_3+L_4+L_5+L_6)+(L_3+L_5)(L_4+L_6)} \cos\omega t$$

状态(27)

$$v_1' = C_1 e^{-\frac{32g}{D^2\gamma}\mu_\beta t} + r\omega \frac{L_3}{L_1+L_2+L_3+L_5} \sin\omega t + \frac{D^2\gamma}{32\mu_\beta} \left( \frac{H_1}{L_1+L_2+L_3+L_5} + \frac{16\tau_0}{3D\gamma} \right)$$

$$v_2' = C_2 e^{-\frac{32g}{D^2\gamma}\mu_\beta t} + r\omega \frac{L_3}{L_1+L_2+L_3+L_5} \sin\omega t + \frac{D^2\gamma}{32\mu_\beta} \left( \frac{H_1}{L_1+L_2+L_3+L_5} + \frac{16\tau_0}{3D\gamma} \right)$$

$$v_3' = C_3 e^{-\frac{32g}{D^2g}m_b t} - r\omega \frac{L_1+L_2+L_5}{L_1+L_2+L_3+L_5} \sin\omega t + \frac{D^2 g}{32m_b} \left( \frac{H_1}{L_1+L_2+L_3+L_5} + \frac{16\tau_0}{3Dg} \right)$$

$$v_4' = r\omega\sin\omega t$$

$$v_5' = C_5 e^{-\frac{32g}{D^2\gamma}\mu_\beta t} + r\omega \frac{L_3}{L_1+L_2+L_3+L_5} \sin\omega t + \frac{D^2\gamma}{32\mu_\beta} \left( \frac{H_1}{L_1+L_2+L_3+L_5} + \frac{16\tau_0}{3D\gamma} \right)$$

$$v_6' = 0$$

$$a_1' = -\frac{32g\mu_\beta}{D^2\gamma} C_1 e^{-\frac{32g}{D^2\gamma}\mu_\beta t} + r\omega^2 \frac{L_3}{L_1+L_2+L_3+L_5} \cos\omega t$$

$$a_2' = -\frac{32g\mu_\beta}{D^2\gamma}C_2 e^{-\frac{32g}{D^2\gamma}\mu_\beta t} + r\omega^2 \frac{L_3}{L_1+L_2+L_3+L_5}\cos\omega t$$

$$a_3' = -\frac{32g\mu_\beta}{D^2\gamma}C_3 e^{-\frac{32g}{D^2\gamma}\mu_\beta t} + r\omega^2 \left(\frac{L_3}{L_1+L_2+L_3+L_5}-1\right)\cos\omega t$$

$$a_4' = r\omega^2 \cos\omega t$$

$$a_5' = -\frac{32g\mu_\beta}{D^2\gamma}C_5 e^{-\frac{32g}{D^2\gamma}\mu_\beta t} + r\omega^2 \frac{L_3}{L_1+L_2+L_3+L_5}\cos\omega t$$

$$a_6' = 0$$

状态(28)

$$v_1' = r\omega \frac{(L_1+L_2+L_4+L_6)L_3+(L_1+L_2)(L_4-L_3)-(L_1+L_2+L_3+L_5)L_4}{(L_1+L_2)(L_3+L_4+L_5+L_6)+(L_3+L_5)(L_4+L_6)}\sin\omega t +$$

$$C_1 e^{-\frac{32g\mu_\beta}{D^2\gamma}t} + \frac{D^2\gamma}{32\mu_\beta}\cdot \frac{H_1(L_3+L_4+L_5+L_6)}{(L_1+L_2)(L_3+L_4+L_5+L_6)+(L_3+L_5)(L_4+L_6)} +$$

$$\frac{D\tau_0}{6\mu_\beta}\cdot \frac{(L_1+L_2+2L_6)(L_1+L_2+L_3+L_5)-(L_1+L_2)(L_1+L_2-L_4+L_6)}{(L_1+L_2)(L_3+L_4+L_5+L_6)+(L_3+L_5)(L_4+L_6)}$$

$$v_2' = C_2 e^{-\frac{32g\mu_\beta}{D^2\gamma}t} + r\omega \frac{(L_1+L_2+L_4+L_6)L_3+(L_1+L_2)(L_4-L_3)-(L_1+L_2+L_3+L_5)L_4}{(L_1+L_2)(L_3+L_4+L_5+L_6)+(L_3+L_5)(L_4+L_6)}$$

$$\sin\omega t + \frac{D^2\gamma}{32\mu_\beta}\cdot \frac{H_1(L_3+L_4+L_5+L_6)}{(L_1+L_2)(L_3+L_4+L_5+L_6)+(L_3+L_5)(L_4+L_6)} +$$

$$\frac{D\tau_0}{6\mu_\beta}\cdot \frac{(L_1+L_2+2L_6)(L_1+L_2+L_3+L_5)-(L_1+L_2)(L_1+L_2-L_4+L_6)}{(L_1+L_2)(L_3+L_4+L_5+L_6)+(L_3+L_5)(L_4+L_6)}$$

$$v_3' = C_3 e^{-\frac{32g\mu_\beta}{D^2\gamma}t} + r\omega\left[\frac{(L_1+L_2+L_4+L_6)L_3+(L_1+L_2)L_4}{(L_1+L_2)(L_3+L_4+L_5+L_6)+(L_3+L_5)(L_4+L_6)}-1\right]\sin\omega t +$$

$$\frac{D^2\gamma}{32\mu_\beta}\cdot \frac{(L_4+L_6)H_1}{(L_1+L_2)(L_3+L_4+L_5+L_6)+(L_3+L_5)(L_4+L_6)} +$$

$$\frac{D\tau_0}{6\mu_\beta}\cdot \frac{(L_1+L_2+L_4+L_6)(L_1+L_2+L_3+L_5)-(L_1+L_2)(L_1+L_2-L_4+L_6)}{(L_1+L_2)(L_3+L_4+L_5+L_6)+(L_3+L_5)(L_4+L_6)}$$

$$v_4' = C_4 \mathrm{e}^{-\frac{32g\mu_\beta}{D^2\gamma}t} - r\omega\left[\frac{(L_1+L_2+L_3+L_5)L_4+(L_1+L_2)L_3}{(L_1+L_2)(L_3+L_4+L_5+L_6)+(L_3+L_5)(L_4+L_6)}-1\right]\sin\omega t +$$

$$\frac{D^2\gamma}{32\mu_\beta} \cdot \frac{(L_3+L_5)H_1}{(L_1+L_2)(L_3+L_4+L_5+L_6)+(L_3+L_5)(L_4+L_6)} +$$

$$\frac{D\tau_0}{6\mu_\beta} \cdot \frac{(L_1+L_2+L_3+L_5)(-L_4+L_6)}{(L_1+L_2)(L_3+L_4+L_5+L_6)+(L_3+L_5)(L_4+L_6)}$$

$$v_5' = C_5 \mathrm{e}^{-\frac{32g\mu_\beta}{D^2\gamma}t} + r\omega\frac{(L_1+L_2+L_4+L_6)L_3+(L_1+L_2)L_4}{(L_1+L_2)(L_3+L_4+L_5+L_6)+(L_3+L_5)(L_4+L_6)}\sin\omega t +$$

$$\frac{D^2\gamma}{32\mu_\beta} \cdot \frac{(L_4+L_6)H_1}{(L_1+L_2)(L_3+L_4+L_5+L_6)+(L_3+L_5)(L_4+L_6)} +$$

$$\frac{D\tau_0}{6\mu_\beta} \cdot \frac{(L_1+L_2+L_4+L_6)(L_1+L_2+L_3+L_5)-(L_1+L_2)(L_1+L_2-L_4+L_6)}{(L_1+L_2)(L_3+L_4+L_5+L_6)+(L_3+L_5)(L_4+L_6)}$$

$$v_6' = C_6 \mathrm{e}^{-\frac{32g\mu_\beta}{D^2\gamma}t} - r\omega\frac{(L_1+L_2+L_3+L_5)L_4+(L_1+L_2)L_3}{(L_1+L_2)(L_3+L_4+L_5+L_6)+(L_3+L_5)(L_4+L_6)}\sin\omega t +$$

$$\frac{D^2\gamma}{32\mu_\beta} \cdot \frac{(L_3+L_5)H_1}{(L_1+L_2)(L_3+L_4+L_5+L_6)+(L_3+L_5)(L_4+L_6)} +$$

$$\frac{D\tau_0}{6\mu_\beta} \cdot \frac{(L_1+L_2+L_3+L_5)(-L_4+L_6)}{(L_1+L_2)(L_3+L_4+L_5+L_6)+(L_3+L_5)(L_4+L_6)}$$

$$a_1' = r\omega^2\frac{(L_1+L_2+L_4+L_6)L_3+(L_1+L_2)(L_4-L_3)-(L_1+L_2+L_3+L_5)L_4}{(L_1+L_2)(L_3+L_4+L_5+L_6)+(L_3+L_5)(L_4+L_6)}\cos\omega t -$$

$$C_1\frac{32g\mu_\beta}{D^2\gamma}\mathrm{e}^{-\frac{32g\mu_\beta}{D^2\gamma}t}$$

$$a_2' = r\omega^2\frac{(L_1+L_2+L_4+L_6)L_3+(L_1+L_2)(L_4-L_3)-(L_1+L_2+L_3+L_5)L_4}{(L_1+L_2)(L_3+L_4+L_5+L_6)+(L_3+L_5)(L_4+L_6)}\cos\omega t -$$

$$C_2\frac{32g\mu_\beta}{D^2\gamma}\mathrm{e}^{-\frac{32g\mu_\beta}{D^2\gamma}t}$$

$$a_3' = r\omega^2\left[\frac{(L_1+L_2+L_4+L_6)L_3+(L_1+L_2)L_4}{(L_1+L_2)(L_3+L_4+L_5+L_6)+(L_3+L_5)(L_4+L_6)}-1\right]\cos\omega t -$$

$$C_3 \frac{32g\mu_\beta}{D^2\gamma} e^{-\frac{32g\mu_\beta}{D^2\gamma}t}$$

$$a_4' = -r\omega^2 \left[ \frac{(L_1+L_2+L_3+L_5)L_4+(L_1+L_2)L_3}{(L_1+L_2)(L_3+L_4+L_5+L_6)+(L_3+L_5)(L_4+L_6)} -1 \right]\cos\omega t -$$

$$C_4 \frac{32g\mu_\beta}{D^2\gamma} e^{-\frac{32g\mu_\beta}{D^2\gamma}t}$$

$$a_5' = -C_5 \frac{32g\mu_\beta}{D^2\gamma} e^{-\frac{32g\mu_\beta}{D^2\gamma}t} + r\omega^2 \frac{(L_1+L_2+L_4+L_6)L_3+(L_1+L_2)L_4}{(L_1+L_2)(L_3+L_4+L_5+L_6)+(L_3+L_5)(L_4+L_6)}\cos\omega t$$

$$a_6' = -C_6 \frac{32g\mu_\beta}{D^2\gamma} e^{-\frac{32g\mu_\beta}{D^2\gamma}t} - r\omega^2 \frac{(L_1+L_2+L_3+L_5)L_4+(L_1+L_2)L_3}{(L_1+L_2)(L_3+L_4+L_5+L_6)+(L_3+L_5)(L_4+L_6)}\cos\omega t$$

状态(29)

$$v_1' = C_1 e^{-\frac{32g}{D^2\gamma}\mu_\beta t} - r\omega \frac{L_5}{L_1+L_2+L_3+L_5}\sin\omega t + \frac{D^2\gamma}{32\mu_\beta}\left( \frac{H_1}{L_1+L_2+L_3+L_5} + \frac{16\tau_0}{3D\gamma} \right)$$

$$v_2' = C_2 e^{-\frac{32g}{D^2\gamma}\mu_\beta t} - r\omega \frac{L_5}{L_1+L_2+L_3+L_5}\sin\omega t + \frac{D^2\gamma}{32\mu_\beta}\left( \frac{H_1}{L_1+L_2+L_3+L_5} + \frac{16\tau_0}{3D\gamma} \right)$$

$$v_3' = C_3 e^{-\frac{32g}{D^2\gamma}\mu_\beta t} - r\omega \frac{L_5}{L_1+L_2+L_3+L_5}\sin\omega t + \frac{D^2\gamma}{32\mu_\beta}\left( \frac{H_1}{L_1+L_2+L_3+L_5} + \frac{16\tau_0}{3D\gamma} \right)$$

$$v_4' = 0$$

$$v_5' = C_5 e^{-\frac{32g}{D^2\gamma}\mu_\beta t} + r\omega \frac{L_1+L_2+L_3}{L_1+L_2+L_3+L_5}\sin\omega t + \frac{D^2\gamma}{32\mu_\beta}\left( \frac{H_1}{L_1+L_2+L_3+L_5} + \frac{16\tau_0}{3D\gamma} \right)$$

$$v_6' = -r\omega\sin\omega t$$

$$a_1' = -\frac{32g\mu_\beta}{D^2\gamma}C_1 e^{-\frac{32g}{D^2\gamma}\mu_\beta t} - r\omega^2 \frac{L_5}{L_1+L_2+L_3+L_5}\cos\omega t$$

$$a_2' = -\frac{32g\mu_\beta}{D^2\gamma}C_2 e^{-\frac{32g}{D^2\gamma}\mu_\beta t} - r\omega^2 \frac{L_5}{L_1+L_2+L_3+L_5}\cos\omega t$$

$$a_3' = -\frac{32g\mu_\beta}{D^2\gamma}C_3 e^{-\frac{32g}{D^2\gamma}\mu_\beta t} - r\omega^2 \frac{L_5}{L_1+L_2+L_3+L_5}\cos\omega t$$

$$a_4' = 0$$

$$a_5' = -\frac{32g\mu_\beta}{D^2\gamma}C_5 e^{-\frac{32g}{D^2\gamma}\mu_\beta t} + r\omega^2 \frac{L_1+L_2+L_3}{L_1+L_2+L_3+L_5}\cos\omega t$$

$$a_6' = r\omega^2 \cos\omega t$$

状态(30)

$$v_1' = r\omega \frac{(L_1+L_2+L_4+L_6)L_3+(L_1+L_2)(L_4-L_3)-(L_1+L_2+L_3+L_5)L_4}{(L_1+L_2)(L_3+L_4+L_5+L_6)+(L_3+L_5)(L_4+L_6)}\sin\omega t +$$

$$C_1 e^{-\frac{32g\mu_\beta}{D^2\gamma}t} + \frac{D^2\gamma}{32\mu_\beta} \cdot \frac{H_1(L_3+L_4+L_5+L_6)}{(L_1+L_2)(L_3+L_4+L_5+L_6)+(L_3+L_5)(L_4+L_6)} +$$

$$\frac{D\tau_0}{6\mu_\beta} \cdot \frac{(L_1+L_2+L_3+L_5)(L_4+L_6)+(L_1+L_2+L_4+L_6)(L_3+L_5)}{(L_1+L_2)(L_3+L_4+L_5+L_6)+(L_3+L_5)(L_4+L_6)}$$

$$v_2' = r\omega \frac{(L_1+L_2+L_4+L_6)L_3+(L_1+L_2)(L_4-L_3)-(L_1+L_2+L_3+L_5)L_4}{(L_1+L_2)(L_3+L_4+L_5+L_6)+(L_3+L_5)(L_4+L_6)}\sin\omega t +$$

$$C_2 e^{-\frac{32g\mu_\beta}{D^2\gamma}t} + \frac{D^2\gamma}{32\mu_\beta} \cdot \frac{H_1(L_3+L_4+L_5+L_6)}{(L_1+L_2)(L_3+L_4+L_5+L_6)+(L_3+L_5)(L_4+L_6)} +$$

$$\frac{D\tau_0}{6\mu_\beta} \cdot \frac{(L_1+L_2+L_3+L_5)(L_4+L_6)+(L_1+L_2+L_4+L_6)(L_3+L_5)}{(L_1+L_2)(L_3+L_4+L_5+L_6)+(L_3+L_5)(L_4+L_6)}$$

$$v_3' = C_3 e^{-\frac{32g\mu_\beta}{D^2\gamma}t} + r\omega\left[\frac{(L_1+L_2+L_4+L_6)L_3+(L_1+L_2)L_4}{(L_1+L_2)(L_3+L_4+L_5+L_6)+(L_3+L_5)(L_4+L_6)}-1\right]\sin\omega t +$$

$$\frac{D^2\gamma}{32\mu_\beta} \cdot \frac{(L_4+L_6)H_1}{(L_1+L_2)(L_3+L_4+L_5+L_6)+(L_3+L_5)(L_4+L_6)} +$$

$$\frac{D\tau_0}{6\mu_\beta} \cdot \frac{(L_1+L_2+L_4+L_6)(L_3+L_5)}{(L_1+L_2)(L_3+L_4+L_5+L_6)+(L_3+L_5)(L_4+L_6)}$$

$$v_4' = C_4 e^{-\frac{32g\mu_\beta}{D^2\gamma}t} - r\omega\left[\frac{(L_1+L_2+L_3+L_5)L_4+(L_1+L_2)L_3}{(L_1+L_2)(L_3+L_4+L_5+L_6)+(L_3+L_5)(L_4+L_6)}-1\right]\sin\omega t +$$

$$\frac{D^2\gamma}{32\mu_\beta} \cdot \frac{(L_3+L_5)H_1}{(L_1+L_2)(L_3+L_4+L_5+L_6)+(L_3+L_5)(L_4+L_6)} +$$

$$\frac{D\tau_0}{6\mu_\beta}\cdot\frac{(L_1+L_2+L_3+L_5)(L_4+L_6)}{(L_1+L_2)(L_3+L_4+L_5+L_6)+(L_3+L_5)(L_4+L_6)}$$

$$v_5'=C_5\mathrm{e}^{-\frac{32g\mu_\beta}{D^2\gamma}t}+r\omega\,\frac{(L_1+L_2+L_4+L_6)L_3+(L_1+L_2)L_4}{(L_1+L_2)(L_3+L_4+L_5+L_6)+(L_3+L_5)(L_4+L_6)}\sin\omega t\,+$$

$$\frac{D^2\gamma}{32\mu_\beta}\cdot\frac{(L_4+L_6)H_1}{(L_1+L_2)(L_3+L_4+L_5+L_6)+(L_3+L_5)(L_4+L_6)}+$$

$$\frac{D\tau_0}{6\mu_\beta}\cdot\frac{(L_1+L_2+L_4+L_6)(L_3+L_5)}{(L_1+L_2)(L_3+L_4+L_5+L_6)+(L_3+L_5)(L_4+L_6)}$$

$$v_6'=C_6\mathrm{e}^{-\frac{32g\mu_\beta}{D^2\gamma}t}-r\omega\,\frac{(L_1+L_2+L_3+L_5)L_4+(L_1+L_2)L_3}{(L_1+L_2)(L_3+L_4+L_5+L_6)+(L_3+L_5)(L_4+L_6)}\sin\omega t\,+$$

$$\frac{D^2\gamma}{32\mu_\beta}\cdot\frac{(L_3+L_5)H_1}{(L_1+L_2)(L_3+L_4+L_5+L_6)+(L_3+L_5)(L_4+L_6)}+$$

$$\frac{D\tau_0}{6\mu_\beta}\cdot\frac{(L_1+L_2+L_3+L_5)(L_4+L_6)}{(L_1+L_2)(L_3+L_4+L_5+L_6)+(L_3+L_5)(L_4+L_6)}$$

$$a_1'=r\omega^2\,\frac{(L_1+L_2+L_4+L_6)L_3+(L_1+L_2)(L_4-L_3)-(L_1+L_2+L_3+L_5)L_4}{(L_1+L_2)(L_3+L_4+L_5+L_6)+(L_3+L_5)(L_4+L_6)}\cos\omega t\,-$$

$$C_1\,\frac{32g\mu_\beta}{D^2\gamma}\mathrm{e}^{-\frac{32g\mu_\beta}{D^2\gamma}t}$$

$$a_2'=r\omega^2\,\frac{(L_1+L_2+L_4+L_6)L_3+(L_1+L_2)(L_4-L_3)-(L_1+L_2+L_3+L_5)L_4}{(L_1+L_2)(L_3+L_4+L_5+L_6)+(L_3+L_5)(L_4+L_6)}\cos\omega t\,-$$

$$C_2\,\frac{32g\mu_\beta}{D^2\gamma}\mathrm{e}^{-\frac{32g\mu_\beta}{D^2\gamma}t}$$

$$a_3'=r\omega^2\left[\frac{(L_1+L_2+L_4+L_6)L_3+(L_1+L_2)L_4}{(L_1+L_2)(L_3+L_4+L_5+L_6)+(L_3+L_5)(L_4+L_6)}-1\right]\cos\omega t\,-$$

$$C_3\,\frac{32g\mu_\beta}{D^2\gamma}\mathrm{e}^{-\frac{32g\mu_\beta}{D^2\gamma}t}$$

$$a_4'=-r\omega^2\left[\frac{(L_1+L_2+L_3+L_5)L_4+(L_1+L_2)L_3}{(L_1+L_2)(L_3+L_4+L_5+L_6)+(L_3+L_5)(L_4+L_6)}-1\right]\cos\omega t\,-$$

$$C_4 \frac{32g\mu_\beta}{D^2\gamma}\mathrm{e}^{-\frac{32g\mu_\beta}{D^2\gamma}t}$$

$$a_5' = -C_5 \frac{32g\mu_\beta}{D^2\gamma}\mathrm{e}^{-\frac{32g\mu_\beta}{D^2\gamma}t} + r\omega^2 \frac{(L_1+L_2+L_4+L_6)L_3+(L_1+L_2)L_4}{(L_1+L_2)(L_3+L_4+L_5+L_6)+(L_3+L_5)(L_4+L_6)}\cos\omega t$$

$$a_6' = -C_6 \frac{32g\mu_\beta}{D^2\gamma}\mathrm{e}^{-\frac{32g\mu_\beta}{D^2\gamma}t} - r\omega^2 \frac{(L_1+L_2+L_3+L_5)L_4+(L_1+L_2)L_3}{(L_1+L_2)(L_3+L_4+L_5+L_6)+(L_3+L_5)(L_4+L_6)}\cos\omega t$$

状态(31)

$$v_1' = r\omega \frac{(L_1+L_2+L_4+L_6)L_3+(L_1+L_2)(L_4-L_3)-(L_1+L_2+L_3+L_5)L_4}{(L_1+L_2)(L_3+L_4+L_5+L_6)+(L_3+L_5)(L_4+L_6)}\sin\omega t +$$

$$C_1\mathrm{e}^{-\frac{32g\mu_\beta}{D^2\gamma}t} + \frac{D^2\gamma}{32\mu_\beta}\cdot\frac{H_1(L_3+L_4+L_5+L_6)}{(L_1+L_2)(L_3+L_4+L_5+L_6)+(L_3+L_5)(L_4+L_6)} -$$

$$\frac{D\tau_0}{6\mu_\beta}\cdot\frac{(L_1+L_2+L_4+L_6)(L_1+L_2+2L_3)-(L_1+L_2)(L_1+L_2+L_3-L_5)}{(L_1+L_2)(L_3+L_4+L_5+L_6)+(L_3+L_5)(L_4+L_6)}$$

$$v_2' = r\omega \frac{(L_1+L_2+L_4+L_6)L_3+(L_1+L_2)(L_4-L_3)-(L_1+L_2+L_3+L_5)L_4}{(L_1+L_2)(L_3+L_4+L_5+L_6)+(L_3+L_5)(L_4+L_6)}\sin\omega t +$$

$$C_2\mathrm{e}^{-\frac{32g\mu_\beta}{D^2\gamma}t} + \frac{D^2\gamma}{32\mu_\beta}\cdot\frac{H_1(L_3+L_4+L_5+L_6)}{(L_1+L_2)(L_3+L_4+L_5+L_6)+(L_3+L_5)(L_4+L_6)} -$$

$$\frac{D\tau_0}{6\mu_\beta}\cdot\frac{(L_1+L_2+L_4+L_6)(L_1+L_2+2L_3)-(L_1+L_2)(L_1+L_2+L_3-L_5)}{(L_1+L_2)(L_3+L_4+L_5+L_6)+(L_3+L_5)(L_4+L_6)}$$

$$v_3' = C_3\mathrm{e}^{-\frac{32g\mu_\beta}{D^2\gamma}t} + r\omega\left[\frac{(L_1+L_2+L_4+L_6)L_3+(L_1+L_2)L_4}{(L_1+L_2)(L_3+L_4+L_5+L_6)+(L_3+L_5)(L_4+L_6)}-1\right]\sin\omega t +$$

$$\frac{D^2\gamma}{32\mu_\beta}\cdot\frac{(L_4+L_6)H_1}{(L_1+L_2)(L_3+L_4+L_5+L_6)+(L_3+L_5)(L_4+L_6)} -$$

$$\frac{D\tau_0}{6\mu_\beta}\cdot\frac{(L_1+L_2+L_4+L_6)(L_3-L_5)}{(L_1+L_2)(L_3+L_4+L_5+L_6)+(L_3+L_5)(L_4+L_6)}$$

$$v_4' = C_4\mathrm{e}^{-\frac{32g\mu_\beta}{D^2\gamma}t} - r\omega\left[\frac{(L_1+L_2+L_3+L_5)L_4+(L_1+L_2)L_3}{(L_1+L_2)(L_3+L_4+L_5+L_6)+(L_3+L_5)(L_4+L_6)}-1\right]\sin\omega t +$$

$$\frac{D^2\gamma}{32\mu_\beta} \cdot \frac{(L_3+L_5)H_1}{(L_1+L_2)(L_3+L_4+L_5+L_6)+(L_3+L_5)(L_4+L_6)} -$$

$$\frac{D\tau_0}{6\mu_\beta} \cdot \frac{(L_1+L_2+L_3+L_5)(L_1+L_2+L_4+L_6)-(L_1+L_2)(L_1+L_2+L_3-L_5)}{(L_1+L_2)(L_3+L_4+L_5+L_6)+(L_3+L_5)(L_4+L_6)}$$

$$v_5' = C_5 e^{-\frac{32g\mu_\beta}{D^2\gamma}t} + r\omega \frac{(L_1+L_2+L_4+L_6)L_3+(L_1+L_2)L_4}{(L_1+L_2)(L_3+L_4+L_5+L_6)+(L_3+L_5)(L_4+L_6)}\sin\omega t +$$

$$\frac{D^2\gamma}{32\mu_\beta} \cdot \frac{(L_4+L_6)H_1}{(L_1+L_2)(L_3+L_4+L_5+L_6)+(L_3+L_5)(L_4+L_6)} -$$

$$\frac{D\tau_0}{6\mu_\beta} \cdot \frac{(L_1+L_2+L_4+L_6)(L_3-L_5)}{(L_1+L_2)(L_3+L_4+L_5+L_6)+(L_3+L_5)(L_4+L_6)}$$

$$v_6' = C_6 e^{-\frac{32g\mu_\beta}{D^2\gamma}t} - r\omega \frac{(L_1+L_2+L_3+L_5)L_4+(L_1+L_2)L_3}{(L_1+L_2)(L_3+L_4+L_5+L_6)+(L_3+L_5)(L_4+L_6)}\sin\omega t +$$

$$\frac{D^2\gamma}{32\mu_\beta} \cdot \frac{(L_3+L_5)H_1}{(L_1+L_2)(L_3+L_4+L_5+L_6)+(L_3+L_5)(L_4+L_6)} -$$

$$\frac{D\tau_0}{6\mu_\beta} \cdot \frac{(L_1+L_2+L_3+L_5)(L_1+L_2+L_4+L_6)-(L_1+L_2)(L_1+L_2+L_3-L_5)}{(L_1+L_2)(L_3+L_4+L_5+L_6)+(L_3+L_5)(L_4+L_6)}$$

$$a_1' = r\omega^2 \frac{(L_1+L_2+L_4+L_6)L_3+(L_1+L_2)(L_4-L_3)-(L_1+L_2+L_3+L_5)L_4}{(L_1+L_2)(L_3+L_4+L_5+L_6)+(L_3+L_5)(L_4+L_6)}\cos\omega t -$$

$$C_1 \frac{32g\mu_\beta}{D^2\gamma}e^{-\frac{32g\mu_\beta}{D^2\gamma}t}$$

$$a_2' = r\omega^2 \frac{(L_1+L_2+L_4+L_6)L_3+(L_1+L_2)(L_4-L_3)-(L_1+L_2+L_3+L_5)L_4}{(L_1+L_2)(L_3+L_4+L_5+L_6)+(L_3+L_5)(L_4+L_6)}\cos\omega t -$$

$$C_2 \frac{32g\mu_\beta}{D^2\gamma}e^{-\frac{32g\mu_\beta}{D^2\gamma}t}$$

$$a_3' = r\omega^2 \left[ \frac{(L_1+L_2+L_4+L_6)L_3+(L_1+L_2)L_4}{(L_1+L_2)(L_3+L_4+L_5+L_6)+(L_3+L_5)(L_4+L_6)} - 1 \right]\cos\omega t -$$

$$C_3 \frac{32g\mu_\beta}{D^2\gamma}e^{-\frac{32g\mu_\beta}{D^2\gamma}t}$$

$$a_4' = -r\omega^2 \left[ \frac{(L_1+L_2+L_3+L_5)L_4+(L_1+L_2)L_3}{(L_1+L_2)(L_3+L_4+L_5+L_6)+(L_3+L_5)(L_4+L_6)} - 1 \right]\cos\omega t -$$

$$C_4 \frac{32g\mu_\beta}{D^2\gamma} e^{-\frac{32g\mu_\beta}{D^2\gamma}t}$$

$$a_5' = -C_5 \frac{32g\mu_\beta}{D^2\gamma} e^{-\frac{32g\mu_\beta}{D^2\gamma}t} +$$

$$r\omega^2 \frac{(L_1+L_2+L_4+L_6)L_3+(L_1+L_2)L_4}{(L_1+L_2)(L_3+L_4+L_5+L_6)+(L_3+L_5)(L_4+L_6)}\cos\omega t$$

$$a_6' = -C_6 \frac{32g\mu_\beta}{D^2\gamma} e^{-\frac{32g\mu_\beta}{D^2\gamma}t} -$$

$$r\omega^2 \frac{(L_1+L_2+L_3+L_5)L_4+(L_1+L_2)L_3}{(L_1+L_2)(L_3+L_4+L_5+L_6)+(L_3+L_5)(L_4+L_6)}\cos\omega t$$

状态(32)

$$v_1' = r\omega \frac{(L_1+L_2+L_4+L_6)L_3+(L_1+L_2)(L_4-L_3)-(L_1+L_2+L_3+L_5)L_4}{(L_1+L_2)(L_3+L_4+L_5+L_6)+(L_3+L_5)(L_4+L_6)}\sin\omega t +$$

$$C_1 e^{-\frac{32g\mu_\beta}{D^2\gamma}t} + \frac{D^2\gamma}{32\mu_\beta} \cdot \frac{H_1(L_3+L_4+L_5+L_6)}{(L_1+L_2)(L_3+L_4+L_5+L_6)+(L_3+L_5)(L_4+L_6)} -$$

$$\frac{D\tau_0}{6\mu_\beta} \cdot \frac{(L_1+L_2+L_4+L_6)(L_3-L_5)+(L_1+L_2+L_3+L_5)(L_4+L_6)}{(L_1+L_2)(L_3+L_4+L_5+L_6)+(L_3+L_5)(L_4+L_6)}$$

$$v_2' = C_2 e^{-\frac{32g\mu_\beta}{D^2\gamma}t} + r\omega \frac{(L_1+L_2+L_4+L_6)L_3+(L_1+L_2)(L_4-L_3)-(L_1+L_2+L_3+L_5)L_4}{(L_1+L_2)(L_3+L_4+L_5+L_6)+(L_3+L_5)(L_4+L_6)} \cdot$$

$$\sin\omega t + \frac{D^2\gamma}{32\mu_\beta} \cdot \frac{H_1(L_3+L_4+L_5+L_6)}{(L_1+L_2)(L_3+L_4+L_5+L_6)+(L_3+L_5)(L_4+L_6)} -$$

$$\frac{D\tau_0}{6\mu_\beta} \cdot \frac{(L_1+L_2+L_4+L_6)(L_3-L_5)+(L_1+L_2+L_3+L_5)(L_4+L_6)}{(L_1+L_2)(L_3+L_4+L_5+L_6)+(L_3+L_5)(L_4+L_6)}$$

$$v_3' = C_3 e^{-\frac{32g\mu_\beta}{D^2\gamma}t} + r\omega \left[ \frac{(L_1+L_2+L_4+L_6)L_3+(L_1+L_2)L_4}{(L_1+L_2)(L_3+L_4+L_5+L_6)+(L_3+L_5)(L_4+L_6)} - 1 \right]\sin\omega t +$$

$$\frac{D^2\gamma}{32\mu_\beta}\cdot\frac{(L_4+L_6)H_1}{(L_1+L_2)(L_3+L_4+L_5+L_6)+(L_3+L_5)(L_4+L_6)}-$$

$$\frac{D\tau_0}{6\mu_\beta}\cdot\frac{(L_1+L_2+L_4+L_6)(L_3-L_5)}{(L_1+L_2)(L_3+L_4+L_5+L_6)+(L_3+L_5)(L_4+L_6)}$$

$$v_4'=C_4\mathrm{e}^{-\frac{32g\mu_\beta}{D^2\gamma}t}-r\omega\left[\frac{(L_1+L_2+L_3+L_5)L_4+(L_1+L_2)L_3}{(L_1+L_2)(L_3+L_4+L_5+L_6)+(L_3+L_5)(L_4+L_6)}-1\right]\sin\omega t\ +$$

$$\frac{D^2\gamma}{32\mu_\beta}\cdot\frac{(L_3+L_5)H_1}{(L_1+L_2)(L_3+L_4+L_5+L_6)+(L_3+L_5)(L_4+L_6)}-$$

$$\frac{D\tau_0}{6\mu_\beta}\cdot\frac{(L_4+L_6)(L_1+L_2+L_3+L_5)}{(L_1+L_2)(L_3+L_4+L_5+L_6)+(L_3+L_5)(L_4+L_6)}$$

$$v_5'=C_5\mathrm{e}^{-\frac{32g\mu_\beta}{D^2\gamma}t}+r\omega\frac{(L_1+L_2+L_4+L_6)L_3+(L_1+L_2)L_4}{(L_1+L_2)(L_3+L_4+L_5+L_6)+(L_3+L_5)(L_4+L_6)}\sin\omega t\ +$$

$$\frac{D^2\gamma}{32\mu_\beta}\cdot\frac{(L_4+L_6)H_1}{(L_1+L_2)(L_3+L_4+L_5+L_6)+(L_3+L_5)(L_4+L_6)}-$$

$$\frac{D\tau_0}{6\mu_\beta}\cdot\frac{(L_1+L_2+L_4+L_6)(L_3-L_5)}{(L_1+L_2)(L_3+L_4+L_5+L_6)+(L_3+L_5)(L_4+L_6)}$$

$$v_6'=C_6\mathrm{e}^{-\frac{32g\mu_\beta}{D^2\gamma}t}-r\omega\frac{(L_1+L_2+L_3+L_5)L_4+(L_1+L_2)L_3}{(L_1+L_2)(L_3+L_4+L_5+L_6)+(L_3+L_5)(L_4+L_6)}\sin\omega t\ +$$

$$\frac{D^2\gamma}{32\mu_\beta}\cdot\frac{(L_3+L_5)H_1}{(L_1+L_2)(L_3+L_4+L_5+L_6)+(L_3+L_5)(L_4+L_6)}-$$

$$\frac{D\tau_0}{6\mu_\beta}\cdot\frac{(L_4+L_6)(L_1+L_2+L_3+L_5)}{(L_1+L_2)(L_3+L_4+L_5+L_6)+(L_3+L_5)(L_4+L_6)}$$

$$a_1'=r\omega^2\frac{(L_1+L_2+L_4+L_6)L_3+(L_1+L_2)(L_4-L_3)-(L_1+L_2+L_3+L_5)L_4}{(L_1+L_2)(L_3+L_4+L_5+L_6)+(L_3+L_5)(L_4+L_6)}\cos\omega t\ -$$

$$C_1\frac{32g\mu_\beta}{D^2\gamma}\mathrm{e}^{-\frac{32g\mu_\beta}{D^2\gamma}t}$$

$$a_2'=r\omega^2\frac{(L_1+L_2+L_4+L_6)L_3+(L_1+L_2)(L_4-L_3)-(L_1+L_2+L_3+L_5)L_4}{(L_1+L_2)(L_3+L_4+L_5+L_6)+(L_3+L_5)(L_4+L_6)}\cos\omega t\ -$$

$$C_2 \frac{32g\mu_\beta}{D^2\gamma} e^{-\frac{32g\mu_\beta}{D^2\gamma}t}$$

$$a_3' = r\omega^2 \left[ \frac{(L_1+L_2+L_4+L_6)L_3+(L_1+L_2)L_4}{(L_1+L_2)(L_3+L_4+L_5+L_6)+(L_3+L_5)(L_4+L_6)} - 1 \right]\cos\omega t -$$

$$C_3 \frac{32g\mu_\beta}{D^2\gamma} e^{-\frac{32g\mu_\beta}{D^2\gamma}t}$$

$$a_4' = -r\omega^2 \left[ \frac{(L_1+L_2+L_3+L_5)L_4+(L_1+L_2)L_3}{(L_1+L_2)(L_3+L_4+L_5+L_6)+(L_3+L_5)(L_4+L_6)} - 1 \right]\cos\omega t -$$

$$C_4 \frac{32g\mu_\beta}{D^2\gamma} e^{-\frac{32g\mu_\beta}{D^2\gamma}t}$$

$$a_5' = -C_1 \frac{32g\mu_\beta}{D^2\gamma} e^{-\frac{32g\mu_\beta}{D^2\gamma}t} + r\omega^2 \frac{(L_1+L_2+L_4+L_6)L_3+(L_1+L_2)L_4}{(L_1+L_2)(L_3+L_4+L_5+L_6)+(L_3+L_5)(L_4+L_6)}\cos\omega t$$

$$a_6' = -C_1 \frac{32g\mu_\beta}{D^2\gamma} e^{-\frac{32g\mu_\beta}{D^2\gamma}t} - r\omega^2 \frac{(L_1+L_2+L_3+L_5)L_4+(L_1+L_2)L_3}{(L_1+L_2)(L_3+L_4+L_5+L_6)+(L_3+L_5)(L_4+L_6)}\cos\omega t$$

状态(33)

$$v_1' = r\omega \frac{(L_1+L_2+L_4+L_6)L_3+(L_1+L_2)(L_4-L_3)-(L_1+L_2+L_3+L_5)L_4}{(L_1+L_2)(L_3+L_4+L_5+L_6)+(L_3+L_5)(L_4+L_6)}\sin\omega t +$$

$$C_1 e^{-\frac{32g\mu_\beta}{D^2\gamma}t} + \frac{D^2\gamma}{32\mu_\beta} \cdot \frac{H_1(L_3+L_4+L_5+L_6)}{(L_1+L_2)(L_3+L_4+L_5+L_6)+(L_3+L_5)(L_4+L_6)} +$$

$$\frac{D\tau_0}{6\mu_\beta} \cdot \frac{2L_5(L_1+L_2+L_4+L_6)-(L_1+L_2)(L_4+L_6)}{(L_1+L_2)(L_3+L_4+L_5+L_6)+(L_3+L_5)(L_4+L_6)}$$

$$v_2' = r\omega \frac{(L_1+L_2+L_4+L_6)L_3+(L_1+L_2)(L_4-L_3)-(L_1+L_2+L_3+L_5)L_4}{(L_1+L_2)(L_3+L_4+L_5+L_6)+(L_3+L_5)(L_4+L_6)}\sin\omega t +$$

$$C_2 e^{-\frac{32g\mu_\beta}{D^2\gamma}t} + \frac{D^2\gamma}{32\mu_\beta} \cdot \frac{H_1(L_3+L_4+L_5+L_6)}{(L_1+L_2)(L_3+L_4+L_5+L_6)+(L_3+L_5)(L_4+L_6)} +$$

$$\frac{D\tau_0}{6\mu_\beta} \cdot \frac{2L_5(L_1+L_2+L_4+L_6)-(L_1+L_2)(L_4+L_6)}{(L_1+L_2)(L_3+L_4+L_5+L_6)+(L_3+L_5)(L_4+L_6)}$$

$$v_3' = C_3 e^{-\frac{32g\mu_\beta}{D^2\gamma}t} + r\omega\left[\frac{(L_1+L_2+L_4+L_6)L_3+(L_1+L_2)L_4}{(L_1+L_2)(L_3+L_4+L_5+L_6)+(L_3+L_5)(L_4+L_6)}-1\right]\sin\omega t +$$

$$\frac{D^2\gamma}{32\mu_\beta}\cdot\frac{(L_4+L_6)H_1}{(L_1+L_2)(L_3+L_4+L_5+L_6)+(L_3+L_5)(L_4+L_6)}+$$

$$\frac{D\tau_0}{6\mu_\beta}\cdot\frac{(L_1+L_2+L_4+L_6)(L_5-L_3)}{(L_1+L_2)(L_3+L_4+L_5+L_6)+(L_3+L_5)(L_4+L_6)}$$

$$v_4' = C_4 e^{-\frac{32g\mu_\beta}{D^2\gamma}t} - r\omega\left[\frac{(L_1+L_2+L_3+L_5)L_4+(L_1+L_2)L_3}{(L_1+L_2)(L_3+L_4+L_5+L_6)+(L_3+L_5)(L_4+L_6)}-1\right]\sin\omega t +$$

$$\frac{D^2\gamma}{32\mu_\beta}\cdot\frac{(L_3+L_5)H_1}{(L_1+L_2)(L_3+L_4+L_5+L_6)+(L_3+L_5)(L_4+L_6)}+$$

$$\frac{D\tau_0}{6\mu_\beta}\cdot\frac{(L_1+L_2)(L_4+L_6)+(L_3+L_5)(L_1+L_2+L_4+L_6)}{(L_1+L_2)(L_3+L_4+L_5+L_6)+(L_3+L_5)(L_4+L_6)}$$

$$v_5' = C_5 e^{-\frac{32g\mu_\beta}{D^2\gamma}t} + r\omega\frac{(L_1+L_2+L_4+L_6)L_3+(L_1+L_2)L_4}{(L_1+L_2)(L_3+L_4+L_5+L_6)+(L_3+L_5)(L_4+L_6)}\sin\omega t +$$

$$\frac{D^2\gamma}{32\mu_\beta}\cdot\frac{(L_4+L_6)H_1}{(L_1+L_2)(L_3+L_4+L_5+L_6)+(L_3+L_5)(L_4+L_6)}+$$

$$\frac{D\tau_0}{6\mu_\beta}\cdot\frac{(L_1+L_2+L_4+L_6)(L_5-L_3)}{(L_1+L_2)(L_3+L_4+L_5+L_6)+(L_3+L_5)(L_4+L_6)}$$

$$v_6' = C_6 e^{-\frac{32g\mu_\beta}{D^2\gamma}t} - r\omega\frac{(L_1+L_2+L_3+L_5)L_4+(L_1+L_2)L_3}{(L_1+L_2)(L_3+L_4+L_5+L_6)+(L_3+L_5)(L_4+L_6)}\sin\omega t +$$

$$\frac{D^2\gamma}{32\mu_\beta}\cdot\frac{(L_3+L_5)H_1}{(L_1+L_2)(L_3+L_4+L_5+L_6)+(L_3+L_5)(L_4+L_6)}+$$

$$\frac{D\tau_0}{6\mu_\beta}\cdot\frac{(L_1+L_2)(L_4+L_6)+(L_3+L_5)(L_1+L_2+L_4+L_6)}{(L_1+L_2)(L_3+L_4+L_5+L_6)+(L_3+L_5)(L_4+L_6)}$$

$$a_1' = r\omega^2\frac{(L_1+L_2+L_4+L_6)L_3+(L_1+L_2)(L_4-L_3)-(L_1+L_2+L_3+L_5)L_4}{(L_1+L_2)(L_3+L_4+L_5+L_6)+(L_3+L_5)(L_4+L_6)}\cos\omega t -$$

$$C_1\frac{32g\mu_\beta}{D^2\gamma}e^{-\frac{32g\mu_\beta}{D^2\gamma}t}$$

$$a_2' = r\omega^2 \frac{(L_1+L_2+L_4+L_6)L_3+(L_1+L_2)(L_4-L_3)-(L_1+L_2+L_3+L_5)L_4}{(L_1+L_2)(L_3+L_4+L_5+L_6)+(L_3+L_5)(L_4+L_6)}\cos\omega t -$$

$$C_2\frac{32g\mu_\beta}{D^2\gamma}e^{-\frac{32g\mu_\beta}{D^2\gamma}t}$$

$$a_3' = r\omega^2\left[\frac{(L_1+L_2+L_4+L_6)L_3+(L_1+L_2)L_4}{(L_1+L_2)(L_3+L_4+L_5+L_6)+(L_3+L_5)(L_4+L_6)}-1\right]\cos\omega t -$$

$$C_3\frac{32g\mu_\beta}{D^2\gamma}e^{-\frac{32g\mu_\beta}{D^2\gamma}t}$$

$$a_4' = -r\omega^2\left[\frac{(L_1+L_2+L_3+L_5)L_4+(L_1+L_2)L_3}{(L_1+L_2)(L_3+L_4+L_5+L_6)+(L_3+L_5)(L_4+L_6)}-1\right]\cos\omega t -$$

$$C_4\frac{32g\mu_\beta}{D^2\gamma}e^{-\frac{32g\mu_\beta}{D^2\gamma}t}$$

$$a_5' = -C_1\frac{32g\mu_\beta}{D^2\gamma}e^{-\frac{32g\mu_\beta}{D^2\gamma}t}+r\omega^2\frac{(L_1+L_2+L_4+L_6)L_3+(L_1+L_2)L_4}{(L_1+L_2)(L_3+L_4+L_5+L_6)+(L_3+L_5)(L_4+L_6)}\cos\omega t$$

$$a_6' = -C_1\frac{32g\mu_\beta}{D^2\gamma}e^{-\frac{32g\mu_\beta}{D^2\gamma}t}-r\omega^2\frac{(L_1+L_2+L_3+L_5)L_4+(L_1+L_2)L_3}{(L_1+L_2)(L_3+L_4+L_5+L_6)+(L_3+L_5)(L_4+L_6)}\cos\omega t$$

状态(34)

$$v_1' = C_1e^{-\frac{32g}{D^2\gamma}\mu_\beta t}+r\omega\frac{L_6}{L_1+L_2+L_4+L_6}\sin\omega t+\frac{D^2\gamma}{32\mu_\beta}\left(\frac{H_1}{L_1+L_2+L_4+L_6}-\frac{16\tau_0}{3D\gamma}\right)$$

$$v_2' = C_2e^{-\frac{32g}{D^2\gamma}\mu_\beta t}+r\omega\frac{L_6}{L_1+L_2+L_4+L_6}\sin\omega t+\frac{D^2\gamma}{32\mu_\beta}\left(\frac{H_1}{L_1+L_2+L_4+L_6}-\frac{16\tau_0}{3D\gamma}\right)$$

$$v_3' = 0$$

$$v_4' = C_4e^{-\frac{32g}{D^2\gamma}\mu_\beta t}+r\omega\frac{L_6}{L_1+L_2+L_4+L_6}\sin\omega t+\frac{D^2\gamma}{32\mu_\beta}\left(\frac{H_1}{L_1+L_2+L_4+L_6}-\frac{16\tau_0}{3D\gamma}\right)$$

$$v_5' = r\omega\sin\omega t$$

$$v_6' = C_6e^{-\frac{32g}{D^2\gamma}\mu_\beta t}-r\omega\frac{L_1+L_2+L_4}{L_1+L_2+L_4+L_6}\sin\omega t+\frac{D^2\gamma}{32\mu_\beta}\left(\frac{H_1}{L_1+L_2+L_4+L_6}-\frac{16\tau_0}{3D\gamma}\right)$$

$$a_1' = -C_1 \frac{32g}{D^2\gamma}\mu_\beta e^{-\frac{32g}{D^2\gamma}\mu_\beta t} + r\omega^2 \frac{L_6}{L_1+L_2+L_4+L_6}\cos\omega t$$

$$a_2' = -C_2 \frac{32g}{D^2\gamma}\mu_\beta e^{-\frac{32g}{D^2\gamma}\mu_\beta t} + r\omega^2 \frac{L_6}{L_1+L_2+L_4+L_6}\cos\omega t$$

$$a_3' = 0$$

$$a_4' = -C_4 \frac{32g}{D^2\gamma}\mu_\beta e^{-\frac{32g}{D^2\gamma}\mu_\beta t} + r\omega^2 \frac{L_6}{L_1+L_2+L_4+L_6}\cos\omega t$$

$$a_5' = r\omega^2\cos\omega t$$

$$a_6' = -C_6 \frac{32g}{D^2\gamma}\mu_\beta e^{-\frac{32g}{D^2\gamma}\mu_\beta t} - r\omega^2 \frac{L_1+L_2+L_4}{L_1+L_2+L_4+L_6}\cos\omega t$$

状态(35)

$$v_1' = -r\omega\sin\omega t \qquad\qquad a_1' = -r\omega^2\cos\omega t$$

$$v_2' = -r\omega\sin\omega t \qquad\qquad a_2' = -r\omega^2\cos\omega t$$

$$v_3' = 0 \qquad\qquad a_3' = 0$$

$$v_4' = -r\omega\sin\omega t \qquad\qquad a_4' = -r\omega^2\cos\omega t$$

$$v_5' = -r\omega\sin\omega t \qquad\qquad a_5' = -r\omega^2\cos\omega t$$

$$v_6' = 0 \qquad\qquad a_6' = 0$$

状态(36)

$$v_1' = C_1 e^{-\frac{32g}{D^2\gamma}\mu_\beta t} + r\omega \frac{L_6}{L_1+L_2+L_4+L_6}\sin\omega t + \frac{D^2\gamma}{32\mu_\beta}\left(\frac{H_1}{L_1+L_2+L_4+L_6} - \frac{16\tau_0}{3D\gamma}\right)$$

$$v_2' = C_2 e^{-\frac{32g}{D^2\gamma}\mu_\beta t} + r\omega \frac{L_6}{L_1+L_2+L_4+L_6}\sin\omega t + \frac{D^2\gamma}{32\mu_\beta}\left(\frac{H_1}{L_1+L_2+L_4+L_6} - \frac{16\tau_0}{3D\gamma}\right)$$

$$v_3' = 0$$

$$v_4' = C_4 e^{-\frac{32g}{D^2\gamma}\mu_\beta t} + r\omega \frac{L_6}{L_1+L_2+L_4+L_6}\sin\omega t + \frac{D^2\gamma}{32\mu_\beta}\left(\frac{H_1}{L_1+L_2+L_4+L_6} - \frac{16\tau_0}{3D\gamma}\right)$$

$$v_5' = r\omega\sin\omega t$$

$$v_6' = C_6 e^{-\frac{32g}{D^2\gamma}\mu_\beta t} - r\omega \frac{L_1+L_2+L_4}{L_1+L_2+L_4+L_6}\sin\omega t + \frac{D^2\gamma}{32\mu_\beta}\left(\frac{H_1}{L_1+L_2+L_4+L_6} - \frac{16\tau_0}{3D\gamma}\right)$$

$$a_1' = -\frac{32g\mu_\beta}{D^2\gamma}C_1 e^{-\frac{32g}{D^2\gamma}\mu_\beta t} + r\omega^2 \frac{L_6}{L_1+L_2+L_4+L_6}\cos\omega t$$

$$a_2' = -\frac{32g\mu_\beta}{D^2\gamma}C_2 e^{-\frac{32g}{D^2\gamma}\mu_\beta t} + r\omega^2 \frac{L_6}{L_1+L_2+L_4+L_6}\cos\omega t$$

$$a_3' = 0$$

$$a_4' = -\frac{32g\mu_\beta}{D^2\gamma}C_4 e^{-\frac{32g}{D^2\gamma}\mu_\beta t} + r\omega^2 \frac{L_6}{L_1+L_2+L_4+L_6}\cos\omega t$$

$$a_5' = r\omega^2 \cos\omega t$$

$$a_6' = -\frac{32g\mu_\beta}{D^2\gamma}C_6 e^{-\frac{32g}{D^2\gamma}\mu_\beta t} - r\omega^2 \frac{L_1+L_2+L_4}{L_1+L_2+L_4+L_6}\cos\omega t$$

状态(37)

$$v_1' = C_1 e^{-\frac{32g}{D^2\gamma}\mu_\beta t} - r\omega \frac{L_4}{L_1+L_2+L_4+L_6}\sin\omega t + \frac{D^2\gamma}{32\mu_\beta}\left(\frac{H_1}{L_1+L_2+L_4+L_6} - \frac{16\tau_0}{3D\gamma}\right)$$

$$v_2' = C_2 e^{-\frac{32g}{D^2\gamma}\mu_\beta t} - r\omega \frac{L_4}{L_1+L_2+L_4+L_6}\sin\omega t + \frac{D^2\gamma}{32\mu_\beta}\left(\frac{H_1}{L_1+L_2+L_4+L_6} - \frac{16\tau_0}{3D\gamma}\right)$$

$$v_3' = -r\omega\sin\omega t$$

$$v_4' = C_4 e^{-\frac{32g}{D^2\gamma}\mu_\beta t} + r\omega \frac{L_1+L_2+L_6}{L_1+L_2+L_4+L_6}\sin\omega t + \frac{D^2\gamma}{32\mu_\beta}\left(\frac{H_1}{L_1+L_2+L_4+L_6} - \frac{16\tau_0}{3D\gamma}\right)$$

$$v_5' = 0$$

$$v_6' = C_6 e^{-\frac{32g}{D^2\gamma}\mu_\beta t} - r\omega \frac{L_4}{L_1+L_2+L_4+L_6}\sin\omega t + \frac{D^2\gamma}{32\mu_\beta}\left(\frac{H_1}{L_1+L_2+L_4+L_6} - \frac{16\tau_0}{3D\gamma}\right)$$

$$a_1' = -C_1 \frac{32g}{D^2\gamma}\mu_\beta e^{-\frac{32g}{D^2\gamma}\mu_\beta t} - r\omega^2 \frac{L_4}{L_1+L_2+L_4+L_6}\cos\omega t$$

$$a_2' = -C_2 \frac{32g}{D^2\gamma}\mu_\beta e^{-\frac{32g}{D^2\gamma}\mu_\beta t} - r\omega^2 \frac{L_4}{L_1+L_2+L_4+L_6}\cos\omega t$$

$$a_3' = 0$$

$$a_4' = -C_4 \frac{32g}{D^2\gamma}\mu_\beta e^{-\frac{32g}{D^2\gamma}\mu_\beta t} + r\omega^2 \frac{L_1+L_2+L_6}{L_1+L_2+L_4+L_6}\cos\omega t$$

$$a_5' = 0$$

$$a_6' = -C_6 \frac{32g}{D^2\gamma}\mu_\beta e^{-\frac{32g}{D^2\gamma}\mu_\beta t} - r\omega^2 \frac{L_4}{L_1+L_2+L_4+L_6}\cos\omega t$$

状态(38)

$$v_1' = -r\omega \frac{L_4}{L_1+L_2+L_4+L_6}\sin\omega t + \frac{D^2\gamma}{32\mu_\beta}\left(\frac{H_1}{L_1+L_2+L_4+L_6} - \frac{16\tau_0}{3D\gamma}\cdot\frac{L_1+L_2-L_4+L_6}{L_1+L_2+L_4+L_6}\right) +$$

$$C_1 e^{-\frac{32g}{D^2\gamma}\mu_\beta t}$$

$$v_2' = -r\omega \frac{L_4}{L_1+L_2+L_4+L_6}\sin\omega t + \frac{D^2\gamma}{32\mu_\beta}\left(\frac{H_1}{L_1+L_2+L_4+L_6} - \frac{16\tau_0}{3D\gamma}\cdot\frac{L_1+L_2-L_4+L_6}{L_1+L_2+L_4+L_6}\right) +$$

$$C_2 e^{-\frac{32g}{D^2\gamma}\mu_\beta t}$$

$$v_3' = -r\omega\sin\omega t$$

$$v_4' = C_4 e^{-\frac{32g}{D^2g}m_b t} + r\omega \frac{L_1+L_2+L_6}{L_1+L_2+L_4+L_6}\sin\omega t + \frac{D^2g}{32m_b}\left(\frac{H_1}{L_1+L_2+L_4+L_6} - \right.$$

$$\left. \frac{16\tau_0}{3Dg}\cdot\frac{L_1+L_2-L_4+L_6}{L_1+L_2+L_4+L_6}\right)$$

$$v_5' = 0$$

$$v_6' = -r\omega \frac{L_4}{L_1+L_2+L_4+L_6}\sin\omega t + \frac{D^2\gamma}{32\mu_\beta}\left(\frac{H_1}{L_1+L_2+L_4+L_6} - \right.$$

$$\left. \frac{16\tau_0}{3D\gamma}\cdot\frac{L_1+L_2-L_4+L_6}{L_1+L_2+L_4+L_6}\right) + C_6 e^{-\frac{32g}{D^2\gamma}\mu_\beta t}$$

$$a_1' = -\frac{32g\mu_\beta}{D^2\gamma}C_1 e^{-\frac{32g}{D^2\gamma}\mu_\beta t} - r\omega^2 \frac{L_4}{L_1+L_2+L_4+L_6}\cos\omega t$$

$$a_2' = -\frac{32g\mu_\beta}{D^2\gamma}C_2 e^{-\frac{32g}{D^2\gamma}\mu_\beta t} - r\omega^2 \frac{L_4}{L_1+L_2+L_4+L_6}\cos\omega t$$

$$a_3' = -r\omega^2\cos\omega t$$

$$a_4' = -\frac{32g\mu_\beta}{D^2\gamma}C_4 e^{-\frac{32g}{D^2\gamma}\mu_\beta t} + r\omega^2 \frac{L_1+L_2+L_6}{L_1+L_2+L_4+L_6}\cos\omega t$$

$$a_5' = 0$$

$$a_6' = -\frac{32g\mu_\beta}{D^2\gamma}C_6 e^{-\frac{32g}{D^2\gamma}\mu_\beta t} - r\omega^2 \frac{L_4}{L_1+L_2+L_4+L_6}\cos\omega t$$

状态(39)

$$v_1' = C_1 e^{-\frac{32g}{D^2\gamma}\mu_\beta t} - r\omega \frac{L_4}{L_1+L_2+L_4+L_6}\sin\omega t + \frac{D^2\gamma}{32\mu_\beta}\left(\frac{H_1}{L_1+L_2+L_4+L_6}+\frac{16\tau_0}{3D\gamma}\right)$$

$$v_2' = C_2 e^{-\frac{32g}{D^2\gamma}\mu_\beta t} - r\omega \frac{L_4}{L_1+L_2+L_4+L_6}\sin\omega t + \frac{D^2\gamma}{32\mu_\beta}\left(\frac{H_1}{L_1+L_2+L_4+L_6}+\frac{16\tau_0}{3D\gamma}\right)$$

$$v_3' = -r\omega\sin\omega t$$

$$v_4' = 0$$

$$v_5' = C_5 e^{-\frac{32g}{D^2g}m_b t} + r\omega \frac{L_1+L_2+L_6}{L_1+L_2+L_4+L_6}\sin\omega t + \frac{D^2 g}{32m_b}\left(\frac{H_1}{L_1+L_2+L_4+L_6}+\frac{16\tau_0}{3Dg}\right)$$

$$v_6' = C_6 e^{-\frac{32g}{D^2\gamma}\mu_\beta t} - r\omega \frac{L_4}{L_1+L_2+L_4+L_6}\sin\omega t + \frac{D^2\gamma}{32\mu_\beta}\left(\frac{H_1}{L_1+L_2+L_4+L_6}+\frac{16\tau_0}{3D\gamma}\right)$$

$$a_1' = -\frac{32g\mu_\beta}{D^2\gamma}C_1 e^{-\frac{32g}{D^2\gamma}\mu_\beta t} - r\omega^2 \frac{L_4}{L_1+L_2+L_4+L_6}\cos\omega t$$

$$a_2' = -\frac{32g\mu_\beta}{D^2\gamma}C_2 e^{-\frac{32g}{D^2\gamma}\mu_\beta t} - r\omega^2 \frac{L_4}{L_1+L_2+L_4+L_6}\cos\omega t$$

$$a_3' = -r\omega^2\cos\omega t$$

$$a'_4 = -\frac{32gm_b}{D^2g}C_6 e^{-\frac{32g}{D^2g}m_t t} + r\omega^2 \frac{L_1+L_2+L_6}{L_1+L_2+L_4+L_6}\cos\omega t$$

$$a'_5 = 0$$

$$a'_6 = -\frac{32g\mu_\beta}{D^2\gamma}C_6 e^{-\frac{32g}{D^2\gamma}\mu_t t} - r\omega^2 \frac{L_4}{L_1+L_2+L_4+L_6}\cos\omega t$$

状态（40）

$$v'_1 = -r\omega \frac{L_5}{L_1+L_2+L_3+L_5}\sin\omega t + \frac{D^2\gamma}{32\mu_\beta}\left(\frac{H_1}{L_1+L_2+L_3+L_5} - \frac{16\tau_0}{3D\gamma} \cdot \right.$$

$$\left. \frac{L_1+L_2+L_3-L_5}{L_1+L_2+L_3+L_5}\right) + C_1 e^{-\frac{32g}{D^2\gamma}\mu_t t}$$

$$v'_2 = -r\omega \frac{L_5}{L_1+L_2+L_3+L_5}\sin\omega t + \frac{D^2\gamma}{32\mu_\beta}\left(\frac{H_1}{L_1+L_2+L_3+L_5} - \frac{16\tau_0}{3D\gamma} \cdot \right.$$

$$\left. \frac{L_1+L_2+L_3-L_5}{L_1+L_2+L_3+L_5}\right) + C_2 e^{-\frac{32g}{D^2\gamma}\mu_t t}$$

$$v'_3 = -r\omega \frac{L_5}{L_1+L_2+L_3+L_5}\sin\omega t + \frac{D^2\gamma}{32\mu_\beta}\left(\frac{H_1}{L_1+L_2+L_3+L_5} - \frac{16\tau_0}{3D\gamma} \cdot \right.$$

$$\left. \frac{L_1+L_2+L_3-L_5}{L_1+L_2+L_3+L_5}\right) + C_3 e^{-\frac{32g}{D^2\gamma}\mu_t t}$$

$$v'_4 = 0$$

$$v'_5 = r\omega \frac{L_1+L_2+L_3}{L_1+L_2+L_3+L_5}\sin\omega t + \frac{D^2\gamma}{32\mu_\beta}\left(\frac{H_1}{L_1+L_2+L_3+L_5} - \frac{16\tau_0}{3D\gamma} \cdot \right.$$

$$\left. \frac{L_1+L_2+L_3-L_5}{L_1+L_2+L_3+L_5}\right) + C_5 e^{-\frac{32g}{D^2\gamma}\mu_t t}$$

$$v'_6 = -r\omega\sin\omega t$$

$$a'_1 = -\frac{32g\mu_\beta}{D^2\gamma}C_1 e^{-\frac{32g}{D^2\gamma}\mu_t t} - r\omega^2 \frac{L_5}{L_1+L_2+L_3+L_5}\cos\omega t$$

$$a_2' = -\frac{32g\mu_\beta}{D^2\gamma}C_2 e^{-\frac{32g}{D^2\gamma}\mu_\beta t} - r\omega^2 \frac{L_5}{L_1+L_2+L_3+L_5}\cos\omega t$$

$$a_3' = -\frac{32g\mu_\beta}{D^2\gamma}C_3 e^{-\frac{32g}{D^2\gamma}\mu_\beta t} - r\omega^2 \frac{L_5}{L_1+L_2+L_3+L_5}\cos\omega t$$

$$a_4' = 0$$

$$a_5' = -\frac{32g\mu_\beta}{D^2\gamma}C_5 e^{-\frac{32g}{D^2\gamma}\mu_\beta t} + r\omega^2 \frac{L_1+L_2+L_3}{L_1+L_2+L_3+L_5}\cos\omega t$$

$$a_6' = -r\omega^2\cos\omega t$$

状态（41）

$$\begin{aligned}
v_1' &= -r\omega\sin\omega t & a_1' &= -r\omega^2\cos\omega t \\
v_2' &= -r\omega\sin\omega t & a_2' &= -r\omega^2\cos\omega t \\
v_3' &= -r\omega\sin\omega t & a_3' &= -r\omega^2\cos\omega t \\
v_4' &= 0 & a_4' &= 0 \\
v_5' &= 0 & a_5' &= 0 \\
v_6' &= -r\omega\sin\omega t & a_6' &= -r\omega^2\cos\omega t
\end{aligned}$$

状态（42）

$$v_1' = C_1 e^{-\frac{32g}{D^2\gamma}\mu_\beta t} - r\omega\frac{L_5}{L_1+L_2+L_3+L_5}\sin\omega t + \frac{D^2\gamma}{32\mu_\beta}\left(\frac{H_1}{L_1+L_2+L_3+L_5} - \frac{16\tau_0}{3D\gamma}\right)$$

$$v_2' = C_2 e^{-\frac{32g}{D^2\gamma}\mu_\beta t} - r\omega\frac{L_5}{L_1+L_2+L_3+L_5}\sin\omega t + \frac{D^2\gamma}{32\mu_\beta}\left(\frac{H_1}{L_1+L_2+L_3+L_5} - \frac{16\tau_0}{3D\gamma}\right)$$

$$v_3' = C_3 e^{-\frac{32g}{D^2\gamma}\mu_\beta t} - r\omega\frac{L_5}{L_1+L_2+L_3+L_5}\sin\omega t + \frac{D^2\gamma}{32\mu_\beta}\left(\frac{H_1}{L_1+L_2+L_3+L_5} - \frac{16\tau_0}{3D\gamma}\right)$$

$$v_4' = 0$$

$$v_5' = C_5 e^{-\frac{32g}{D^2\gamma}\mu_\beta t} + r\omega\frac{L_1+L_2+L_3}{L_1+L_2+L_3+L_5}\sin\omega t + \frac{D^2\gamma}{32\mu_\beta}\left(\frac{H_1}{L_1+L_2+L_3+L_5} - \frac{16\tau_0}{3D\gamma}\right)$$

$$v_6' = -r\omega\sin\omega t$$

$$a_1' = -C_1\frac{32g\mu_\beta}{D^2\gamma}\mathrm{e}^{-\frac{32g}{D^2\gamma}\mu_\beta t} - r\omega^2\frac{L_5}{L_1+L_2+L_3+L_5}\cos\omega t$$

$$a_2' = -C_2\frac{32g\mu_\beta}{D^2\gamma}\mathrm{e}^{-\frac{32g}{D^2\gamma}\mu_\beta t} - r\omega^2\frac{L_5}{L_1+L_2+L_3+L_5}\cos\omega t$$

$$a_3' = -C_3\frac{32g\mu_\beta}{D^2\gamma}\mathrm{e}^{-\frac{32g}{D^2\gamma}\mu_\beta t} - r\omega^2\frac{L_5}{L_1+L_2+L_3+L_5}\cos\omega t$$

$$a_4' = 0$$

$$a_5' = -C_5\frac{32g\mu_\beta}{D^2\gamma}\mathrm{e}^{-\frac{32g}{D^2\gamma}\mu_\beta t} + r\omega^2\frac{L_1+L_2+L_3}{L_1+L_2+L_3+L_5}\cos\omega t$$

$$a_6' = -r\omega^2\cos\omega t$$

状态(43)

$$v_1' = C_1\mathrm{e}^{-\frac{32g}{D^2\gamma}\mu_\beta t} - r\omega\frac{L_5}{L_1+L_2+L_3+L_5}\sin\omega t + \frac{D^2\gamma}{32\mu_\beta}\left(\frac{H_1}{L_1+L_2+L_3+L_5} + \frac{16\tau_0}{3D\gamma}\right)$$

$$v_2' = C_2\mathrm{e}^{-\frac{32g}{D^2\gamma}\mu_\beta t} - r\omega\frac{L_5}{L_1+L_2+L_3+L_5}\sin\omega t + \frac{D^2\gamma}{32\mu_\beta}\left(\frac{H_1}{L_1+L_2+L_3+L_5} + \frac{16\tau_0}{3D\gamma}\right)$$

$$v_3' = C_3\mathrm{e}^{-\frac{32g}{D^2\gamma}\mu_\beta t} - r\omega\frac{L_5}{L_1+L_2+L_3+L_5}\sin\omega t + \frac{D^2\gamma}{32\mu_\beta}\left(\frac{H_1}{L_1+L_2+L_3+L_5} + \frac{16\tau_0}{3D\gamma}\right)$$

$$v_4' = 0$$

$$v_5' = C_5\mathrm{e}^{-\frac{32g}{D^2\gamma}\mu_\beta t} + r\omega\frac{L_1+L_2+L_3}{L_1+L_2+L_3+L_5}\sin\omega t + \frac{D^2\gamma}{32\mu_\beta}\left(\frac{H_1}{L_1+L_2+L_3+L_5} + \frac{16\tau_0}{3D\gamma}\right)$$

$$v_6' = -r\omega\sin\omega t$$

$$a_1' = -C_1\frac{32gm_b}{D^2g}\mathrm{e}^{-\frac{32g}{D^2g}m_b t} - r\omega^2\frac{L_5}{L_1+L_2+L_3+L_5}\cos\omega t$$

$$a_2' = -C_2\frac{32gm_b}{D^2g}\mathrm{e}^{-\frac{32g}{D^2g}m_b t} - r\omega^2\frac{L_5}{L_1+L_2+L_3+L_5}\cos\omega t$$

$$a_3' = -C_3 \frac{32gm_b}{D^2 g} e^{-\frac{32g}{D^2 g} m_b t} - r\omega^2 \frac{L_5}{L_1+L_2+L_3+L_5}\cos\omega t$$

$$a_4' = 0$$

$$a_5' = -C_5 \frac{32g\mu_\beta}{D^2 \gamma} e^{-\frac{32g}{D^2\gamma}\mu_\beta t} + r\omega^2 \frac{L_1+L_2+L_3}{L_1+L_2+L_3+L_5}\cos\omega t$$

$$a_6' = -r\omega^2\cos\omega t$$

状态(44)

$$v_1' = C_1 e^{-\frac{32g}{D^2\gamma}\mu_\beta t} + r\omega \frac{L_3}{L_1+L_2+L_3+L_5}\sin\omega t + \frac{D^2\gamma}{32\mu_\beta}\left(\frac{H_1}{L_1+L_2+L_3+L_5} - \frac{16\tau_0}{3D\gamma}\right)$$

$$v_2' = C_2 e^{-\frac{32g}{D^2\gamma}\mu_\beta t} + r\omega \frac{L_3}{L_1+L_2+L_3+L_5}\sin\omega t + \frac{D^2\gamma}{32\mu_\beta}\left(\frac{H_1}{L_1+L_2+L_3+L_5} - \frac{16\tau_0}{3D\gamma}\right)$$

$$v_3' = C_3 e^{-\frac{32g}{D^2\gamma}\mu_\beta t} - r\omega \frac{L_1+L_2+L_5}{L_1+L_2+L_3+L_5}\sin\omega t + \frac{D^2\gamma}{32\mu_\beta}\left(\frac{H_1}{L_1+L_2+L_3+L_5} - \frac{16\tau_0}{3D\gamma}\right)$$

$$v_4' = r\omega\sin\omega t$$

$$v_5' = C_5 e^{-\frac{32g}{D^2\gamma}\mu_\beta t} + r\omega \frac{L_3}{L_1+L_2+L_3+L_5}\sin\omega t + \frac{D^2\gamma}{32\mu_\beta}\left(\frac{H_1}{L_1+L_2+L_3+L_5} - \frac{16\tau_0}{3D\gamma}\right)$$

$$v_6' = 0$$

$$a_1' = -C_1 \frac{32g\mu_\beta}{D^2 \gamma} e^{-\frac{32g}{D^2\gamma}\mu_\beta t} + r\omega^2 \frac{L_3}{L_1+L_2+L_3+L_5}\cos\omega t$$

$$a_2' = -C_2 \frac{32g\mu_\beta}{D^2 \gamma} e^{-\frac{32g}{D^2\gamma}\mu_\beta t} + r\omega^2 \frac{L_3}{L_1+L_2+L_3+L_5}\cos\omega t$$

$$a_3' = -C_3 \frac{32g\mu_\beta}{D^2 \gamma} e^{-\frac{32g}{D^2\gamma}\mu_\beta t} - r\omega^2 \frac{L_1+L_2+L_5}{L_1+L_2+L_3+L_5}\cos\omega t$$

$$a_4' = r\omega^2\cos\omega t$$

$$a_5' = -C_5 \frac{32g\mu_\beta}{D^2 \gamma} e^{-\frac{32g}{D^2\gamma}\mu_\beta t} + r\omega^2 \frac{L_3}{L_1+L_2+L_3+L_5}\cos\omega t$$

$$a_6' = 0$$

状态(45)

$$v_1' = C_1 e^{-\frac{32g}{D^2\gamma}\mu_\beta t} - r\omega \frac{L_3}{L_1+L_2+L_3+L_5}\sin\omega t + \frac{D^2\gamma}{32\mu_\beta}\left(\frac{H_1}{L_1+L_2+L_3+L_5}+\frac{16\tau_0}{3D\gamma}\right)$$

$$v_2' = C_2 e^{-\frac{32g}{D^2\gamma}\mu_\beta t} - r\omega \frac{L_3}{L_1+L_2+L_3+L_5}\sin\omega t + \frac{D^2\gamma}{32\mu_\beta}\left(\frac{H_1}{L_1+L_2+L_3+L_5}+\frac{16\tau_0}{3D\gamma}\right)$$

$$v_3' = C_3 e^{-\frac{32g}{D^2\gamma}\mu_\beta t} - r\omega \left(\frac{L_3}{L_1+L_2+L_3+L_5}+1\right)\sin\omega t + \frac{D^2\gamma}{32\mu_\beta}\left(\frac{H_1}{L_1+L_2+L_3+L_5}+\frac{16\tau_0}{3D\gamma}\right)$$

$$v_4' = r\omega\sin\omega t$$

$$v_5' = C_5 e^{-\frac{32g}{D^2\gamma}\mu_\beta t} - r\omega \frac{L_3}{L_1+L_2+L_3+L_5}\sin\omega t + \frac{D^2\gamma}{32\mu_\beta}\left(\frac{H_1}{L_1+L_2+L_3+L_5}+\frac{16\tau_0}{3D\gamma}\right)$$

$$v_6' = 0$$

$$a_1' = -C_1 \frac{32g\mu_\beta}{D^2\gamma}e^{-\frac{32g}{D^2\gamma}\mu_\beta t} - r\omega^2 \frac{L_3}{L_1+L_2+L_3+L_5}\cos\omega t$$

$$a_2' = -C_2 \frac{32g\mu_\beta}{D^2\gamma}e^{-\frac{32g}{D^2\gamma}\mu_\beta t} - r\omega^2 \frac{L_3}{L_1+L_2+L_3+L_5}\cos\omega t$$

$$a_3' = -C_3 \frac{32g\mu_\beta}{D^2\gamma}e^{-\frac{32g}{D^2\gamma}\mu_\beta t} - r\omega^2 \left(\frac{L_3}{L_1+L_2+L_3+L_5}-1\right)\cos\omega t$$

$$a_4' = r\omega^2\cos\omega t$$

$$a_5' = -C_5 \frac{32g\mu_\beta}{D^2\gamma}e^{-\frac{32g}{D^2\gamma}\mu_\beta t} - r\omega^2 \frac{L_3}{L_1+L_2+L_3+L_5}\cos\omega t$$

$$a_6' = 0$$

状态(46)

$$v_1' = -r\omega \frac{(L_1+L_2+L_3+L_5)L_4+(L_1+L_2)(L_3-L_4)-(L_1+L_2+L_4+L_6)L_3}{(L_1+L_2)(L_3+L_4+L_5+L_6)+(L_3+L_5)(L_4+L_6)}\sin\omega t +$$

$$C_1 \mathrm{e}^{-\frac{32 g \mu_\beta}{D^2 \gamma} t} + \frac{D^2 \gamma}{32 \mu_\beta} \cdot \frac{H_1 (L_3 + L_4 + L_5 + L_6)}{(L_1 + L_2)(L_3 + L_4 + L_5 + L_6) + (L_3 + L_5)(L_4 + L_6)} - \frac{D \tau_0}{6 \mu_\beta} \cdot$$

$$\frac{(L_1 + L_2 + L_3 + L_5)(L_1 + L_2 + L_4 + L_6) - (L_1 + L_2)(L_1 + L_2 - L_4 + L_6) + (-L_4 + L_6)}{(L_1 + L_2)(L_3 + L_4 + L_5 + L_6) + (L_3 + L_5)(L_4 + L_6)}$$

$$v_2' = -r\omega \frac{(L_1 + L_2 + L_3 + L_5) L_4 + (L_1 + L_2)(L_3 - L_4) - (L_1 + L_2 + L_4 + L_6) L_3}{(L_1 + L_2)(L_3 + L_4 + L_5 + L_6) + (L_3 + L_5)(L_4 + L_6)} \sin \omega t +$$

$$C_2 \mathrm{e}^{-\frac{32 g \mu_\beta}{D^2 \gamma} t} + \frac{D^2 \gamma}{32 \mu_\beta} \cdot \frac{H_1 (L_3 + L_4 + L_5 + L_6)}{(L_1 + L_2)(L_3 + L_4 + L_5 + L_6) + (L_3 + L_5)(L_4 + L_6)} - \frac{D \tau_0}{6 \mu_\beta} \cdot$$

$$\frac{(L_1 + L_2 + L_3 + L_5)(L_1 + L_2 + L_4 + L_6) - (L_1 + L_2)(L_1 + L_2 - L_4 + L_6) + (-L_4 + L_6)}{(L_1 + L_2)(L_3 + L_4 + L_5 + L_6) + (L_3 + L_5)(L_4 + L_6)}$$

$$v_3' = C_3 \mathrm{e}^{-\frac{32 g \mu_\beta}{D^2 \gamma} t} + r\omega \left[ \frac{(L_1 + L_2 + L_4 + L_6) L_3 + (L_1 + L_2) L_4}{(L_1 + L_2)(L_3 + L_4 + L_5 + L_6) + (L_3 + L_5)(L_4 + L_6)} - 1 \right] \sin \omega t +$$

$$\frac{D^2 \gamma}{32 \mu_\beta} \cdot \frac{(L_4 + L_6) H_1}{(L_1 + L_2)(L_3 + L_4 + L_5 + L_6) + (L_3 + L_5)(L_4 + L_6)} - \frac{D \tau_0}{6 \mu_\beta} \cdot$$

$$\frac{(L_1 + L_2 + L_3 + L_5)(L_1 + L_2 + L_4 + L_6) - (L_1 + L_2)(L_1 + L_2 - L_4 + L_6)}{(L_1 + L_2)(L_3 + L_4 + L_5 + L_6) + (L_3 + L_5)(L_4 + L_6)}$$

$$v_4' = C_4 \mathrm{e}^{-\frac{32 g \mu_\beta}{D^2 \gamma} t} - r\omega \left[ \frac{(L_1 + L_2 + L_3 + L_5) L_4 + (L_1 + L_2) L_3}{(L_1 + L_2)(L_3 + L_4 + L_5 + L_6) + (L_3 + L_5)(L_4 + L_6)} - 1 \right] \sin \omega t +$$

$$\frac{D^2 \gamma}{32 \mu_\beta} \cdot \frac{(L_3 + L_5) H_1}{(L_1 + L_2)(L_3 + L_4 + L_5 + L_6) + (L_3 + L_5)(L_4 + L_6)} - \frac{D \tau_0}{6 \mu_\beta} \cdot$$

$$\frac{(-L_4 + L_6)}{(L_1 + L_2)(L_3 + L_4 + L_5 + L_6) + (L_3 + L_5)(L_4 + L_6)}$$

$$v_5' = C_5 \mathrm{e}^{-\frac{32 g \mu_\beta}{D^2 \gamma} t} + r\omega \frac{(L_1 + L_2 + L_4 + L_6) L_3 + (L_1 + L_2) L_4}{(L_1 + L_2)(L_3 + L_4 + L_5 + L_6) + (L_3 + L_5)(L_4 + L_6)} \sin \omega t +$$

$$\frac{D^2 \gamma}{32 \mu_\beta} \cdot \frac{(L_4 + L_6) H_1}{(L_1 + L_2)(L_3 + L_4 + L_5 + L_6) + (L_3 + L_5)(L_4 + L_6)} -$$

$$\frac{D\tau_0}{6\mu_\beta} \cdot \frac{(L_1+L_2+L_3+L_5)(L_1+L_2+L_4+L_6)-(L_1+L_2)(L_1+L_2-L_4+L_6)}{(L_1+L_2)(L_3+L_4+L_5+L_6)+(L_3+L_5)(L_4+L_6)}$$

$$v_6' = C_6 e^{-\frac{32g\mu_\beta}{D^2\gamma}t} - r\omega \frac{(L_1+L_2+L_3+L_5)L_4+(L_1+L_2)L_3}{(L_1+L_2)(L_3+L_4+L_5+L_6)+(L_3+L_5)(L_4+L_6)}\sin\omega t +$$

$$\frac{D^2\gamma}{32\mu_\beta} \cdot \frac{(L_3+L_5)H_1}{(L_1+L_2)(L_3+L_4+L_5+L_6)+(L_3+L_5)(L_4+L_6)} -$$

$$\frac{D\tau_0}{6\mu_\beta} \cdot \frac{(-L_4+L_6)}{(L_1+L_2)(L_3+L_4+L_5+L_6)+(L_3+L_5)(L_4+L_6)}$$

$$a_1' = -r\omega^2 \frac{(L_1+L_2+L_3+L_5)L_4+(L_1+L_2)(L_3-L_4)-(L_1+L_2+L_4+L_6)L_3}{(L_1+L_2)(L_3+L_4+L_5+L_6)+(L_3+L_5)(L_4+L_6)}\cos\omega t -$$

$$C_1 \frac{32g\mu_\beta}{D^2\gamma}e^{-\frac{32g\mu_\beta}{D^2\gamma}t}$$

$$a_2' = -r\omega^2 \frac{(L_1+L_2+L_3+L_5)L_4+(L_1+L_2)(L_3-L_4)-(L_1+L_2+L_4+L_6)L_3}{(L_1+L_2)(L_3+L_4+L_5+L_6)+(L_3+L_5)(L_4+L_6)}\cos\omega t -$$

$$C_2 \frac{32g\mu_\beta}{D^2\gamma}e^{-\frac{32g\mu_\beta}{D^2\gamma}t}$$

$$a_3' = r\omega^2 \left[\frac{(L_1+L_2+L_4+L_6)L_3+(L_1+L_2)L_4}{(L_1+L_2)(L_3+L_4+L_5+L_6)+(L_3+L_5)(L_4+L_6)}-1\right]\cos\omega t -$$

$$C_3 \frac{32g\mu_\beta}{D^2\gamma}e^{-\frac{32g\mu_\beta}{D^2\gamma}t}$$

$$a_4' = -r\omega^2 \left[\frac{(L_1+L_2+L_3+L_5)L_4+(L_1+L_2)L_3}{(L_1+L_2)(L_3+L_4+L_5+L_6)+(L_3+L_5)(L_4+L_6)}-1\right]\cos\omega t -$$

$$C_4 \frac{32g\mu_\beta}{D^2\gamma}e^{-\frac{32g\mu_\beta}{D^2\gamma}t}$$

$$a_5' = -C_5 \frac{32g\mu_\beta}{D^2\gamma}e^{-\frac{32g\mu_\beta}{D^2\gamma}t} + r\omega^2 \frac{(L_1+L_2+L_4+L_6)L_3+(L_1+L_2)L_4}{(L_1+L_2)(L_3+L_4+L_5+L_6)+(L_3+L_5)(L_4+L_6)}\cos\omega t$$

$$a_6' = -C_6 \frac{32g\mu_\beta}{D^2\gamma}e^{-\frac{32g\mu_\beta}{D^2\gamma}t} - r\omega^2 \frac{(L_1+L_2+L_3+L_5)L_4+(L_1+L_2)L_3}{(L_1+L_2)(L_3+L_4+L_5+L_6)+(L_3+L_5)(L_4+L_6)}\cos\omega t$$

状态(47)

$$v_1' = r\omega \frac{(L_1+L_2+L_4+L_6)L_3+(L_1+L_2)(L_4-L_3)-(L_1+L_2+L_3+L_5)L_4}{(L_1+L_2)(L_3+L_4+L_5+L_6)+(L_3+L_5)(L_4+L_6)}\sin\omega t +$$

$$C_1 e^{-\frac{32g\mu_\beta}{D^2\gamma}t} + \frac{D^2\gamma}{32\mu_\beta} \cdot \frac{H_1(L_3+L_4+L_5+L_6)}{(L_1+L_2)(L_3+L_4+L_5+L_6)+(L_3+L_5)(L_4+L_6)} + \frac{D\tau_0}{6\mu_\beta} \cdot$$

$$\frac{(L_4+L_6)(L_1+L_2-L_3+L_5)+(L_3+L_5)(L_1+L_2+L_4-L_6)}{(L_1+L_2)(L_3+L_4+L_5+L_6)+(L_3+L_5)(L_4+L_6)}$$

$$v_2' = r\omega \frac{(L_1+L_2+L_4+L_6)L_3+(L_1+L_2)(L_4-L_3)-(L_1+L_2+L_3+L_5)L_4}{(L_1+L_2)(L_3+L_4+L_5+L_6)+(L_3+L_5)(L_4+L_6)}\sin\omega t +$$

$$C_2 e^{-\frac{32g\mu_\beta}{D^2\gamma}t} + \frac{D^2\gamma}{32\mu_\beta} \cdot \frac{H_1(L_3+L_4+L_5+L_6)}{(L_1+L_2)(L_3+L_4+L_5+L_6)+(L_3+L_5)(L_4+L_6)} +$$

$$\frac{D\tau_0}{6\mu_\beta} \cdot \frac{(L_4+L_6)(L_1+L_2-L_3+L_5)+(L_3+L_5)(L_1+L_2+L_4-L_6)}{(L_1+L_2)(L_3+L_4+L_5+L_6)+(L_3+L_5)(L_4+L_6)}$$

$$v_3' = C_3 e^{-\frac{32g\mu_\beta}{D^2\gamma}t} + r\omega\left[\frac{(L_1+L_2+L_4+L_6)L_3+(L_1+L_2)L_4}{(L_1+L_2)(L_3+L_4+L_5+L_6)+(L_3+L_5)(L_4+L_6)}-1\right]\sin\omega t +$$

$$\frac{D^2\gamma}{32\mu_\beta} \cdot \frac{(L_4+L_6)H_1}{(L_1+L_2)(L_3+L_4+L_5+L_6)+(L_3+L_5)(L_4+L_6)} +$$

$$\frac{D\tau_0}{6\mu_\beta} \cdot \frac{(L_1+L_2+L_4+L_6)(L_1+L_2-L_3+L_5)-(L_1+L_2)(L_1+L_2+L_4-L_6)}{(L_1+L_2)(L_3+L_4+L_5+L_6)+(L_3+L_5)(L_4+L_6)}$$

$$v_4' = C_4 e^{-\frac{32g\mu_\beta}{D^2\gamma}t} - r\omega\left[\frac{(L_1+L_2+L_3+L_5)L_4+(L_1+L_2)L_3}{(L_1+L_2)(L_3+L_4+L_5+L_6)+(L_3+L_5)(L_4+L_6)}-1\right]\sin\omega t +$$

$$\frac{D^2\gamma}{32\mu_\beta} \cdot \frac{(L_3+L_5)H_1}{(L_1+L_2)(L_3+L_4+L_5+L_6)+(L_3+L_5)(L_4+L_6)} +$$

$$\frac{D\tau_0}{6\mu_\beta} \cdot \frac{(L_1+L_2+L_3+L_5)(L_1+L_2+L_4-L_6)-(L_1+L_2)(L_1+L_2-L_3+L_5)}{(L_1+L_2)(L_3+L_4+L_5+L_6)+(L_3+L_5)(L_4+L_6)}$$

$$v_5' = C_5 e^{-\frac{32g\mu_\beta}{D^2\gamma}t} + r\omega \frac{(L_1+L_2+L_4+L_6)L_3+(L_1+L_2)L_4}{(L_1+L_2)(L_3+L_4+L_5+L_6)+(L_3+L_5)(L_4+L_6)}\sin\omega t +$$

$$\frac{D^2\gamma}{32\mu_\beta}\cdot\frac{(L_4+L_6)H_1}{(L_1+L_2)(L_3+L_4+L_5+L_6)+(L_3+L_5)(L_4+L_6)}+$$

$$\frac{D\tau_0}{6\mu_\beta}\cdot\frac{(L_1+L_2+L_4+L_6)(L_1+L_2-L_3+L_5)-(L_1+L_2)(L_1+L_2+L_4-L_6)}{(L_1+L_2)(L_3+L_4+L_5+L_6)+(L_3+L_5)(L_4+L_6)}$$

$$v_6'=C_6\mathrm{e}^{-\frac{32\mu_\beta}{D^2\gamma}t}-r\omega\frac{(L_1+L_2+L_3+L_5)L_4+(L_1+L_2)L_3}{(L_1+L_2)(L_3+L_4+L_5+L_6)+(L_3+L_5)(L_4+L_6)}\sin\omega t+$$

$$\frac{D^2\gamma}{32\mu_\beta}\cdot\frac{(L_3+L_5)H_1}{(L_1+L_2)(L_3+L_4+L_5+L_6)+(L_3+L_5)(L_4+L_6)}+$$

$$\frac{D\tau_0}{6\mu_\beta}\cdot\frac{(L_1+L_2+L_3+L_5)(L_1+L_2+L_4-L_6)-(L_1+L_2)(L_1+L_2-L_3+L_5)}{(L_1+L_2)(L_3+L_4+L_5+L_6)+(L_3+L_5)(L_4+L_6)}$$

$$a_1'=r\omega^2\frac{(L_1+L_2+L_4+L_6)L_3+(L_1+L_2)(L_4-L_3)-(L_1+L_2+L_3+L_5)L_4}{(L_1+L_2)(L_3+L_4+L_5+L_6)+(L_3+L_5)(L_4+L_6)}\cos\omega t-$$

$$C_1\frac{32g\mu_\beta}{D^2\gamma}\mathrm{e}^{-\frac{32g\mu_\beta}{D^2\gamma}t}$$

$$a_2'=r\omega^2\frac{(L_1+L_2+L_4+L_6)L_3+(L_1+L_2)(L_4-L_3)-(L_1+L_2+L_3+L_5)L_4}{(L_1+L_2)(L_3+L_4+L_5+L_6)+(L_3+L_5)(L_4+L_6)}\cos\omega t-$$

$$C_2\frac{32g\mu_\beta}{D^2\gamma}\mathrm{e}^{-\frac{32g\mu_\beta}{D^2\gamma}t}$$

$$a_3'=r\omega^2\left[\frac{(L_1+L_2+L_4+L_6)L_3+(L_1+L_2)L_4}{(L_1+L_2)(L_3+L_4+L_5+L_6)+(L_3+L_5)(L_4+L_6)}-1\right]\cos\omega t-$$

$$C_3\frac{32g\mu_\beta}{D^2\gamma}\mathrm{e}^{-\frac{32g\mu_\beta}{D^2\gamma}t}$$

$$a_4'=-r\omega^2\left[\frac{(L_1+L_2+L_3+L_5)L_4+(L_1+L_2)L_3}{(L_1+L_2)(L_3+L_4+L_5+L_6)+(L_3+L_5)(L_4+L_6)}-1\right]\cos\omega t-$$

$$C_4\frac{32g\mu_\beta}{D^2\gamma}\mathrm{e}^{-\frac{32g\mu_\beta}{D^2\gamma}t}$$

$$a_5'=-C_5\frac{32g\mu_\beta}{D^2\gamma}\mathrm{e}^{-\frac{32g\mu_\beta}{D^2\gamma}t}+r\omega^2\frac{(L_1+L_2+L_4+L_6)L_3+(L_1+L_2)L_4}{(L_1+L_2)(L_3+L_4+L_5+L_6)+(L_3+L_5)(L_4+L_6)}\cos\omega t$$

$$a'_6 = -C_6 \frac{32g\mu_\beta}{D^2\gamma} e^{-\frac{32g\mu_\beta}{D^2\gamma}t} - r\omega^2 \frac{(L_1+L_2+L_3+L_5)L_4+(L_1+L_2)L_3}{(L_1+L_2)(L_3+L_4+L_5+L_6)+(L_3+L_5)(L_4+L_6)}\cos\omega t$$

状态(48)

$$v'_1 = r\omega \frac{L_2+L_6}{L_1+L_2+L_4+L_6}\sin\omega t + \frac{D^2\gamma}{32\mu_\beta}\left(\frac{H_1}{L_1+L_2+L_4+L_6} + \frac{16\tau_0}{3D\gamma}\cdot\right.$$

$$\left.\frac{L_1-L_2+L_4-L_6}{L_1+L_2+L_4+L_6}\right) + C_1 e^{-\frac{32g}{D^2\gamma}\mu_\beta t}$$

$$v'_2 = r\omega \frac{L_2+L_6}{L_1+L_2+L_4+L_6}\sin\omega t + \frac{D^2\gamma}{32\mu_\beta}\left(\frac{H_1}{L_1+L_2+L_4+L_6} + \frac{16\tau_0}{3D\gamma}\cdot\right.$$

$$\left.\frac{L_1-L_2+L_4-L_6}{L_1+L_2+L_4+L_6}\right) + C_2 e^{-\frac{32g}{D^2\gamma}\mu_\beta t}$$

$$v'_3 = 0$$

$$v'_4 = r\omega \frac{L_2+L_6}{L_1+L_2+L_4+L_6}\sin\omega t + \frac{D^2\gamma}{32\mu_\beta}\left(\frac{H_1}{L_1+L_2+L_4+L_6} + \frac{16\tau_0}{3D\gamma}\cdot\right.$$

$$\left.\frac{L_1-L_2+L_4-L_6}{L_1+L_2+L_4+L_6}\right) + C_4 e^{-\frac{32g}{D^2\gamma}\mu_\beta t}$$

$$v'_5 = r\omega\sin\omega t$$

$$v'_6 = -r\omega \frac{L_1+L_4}{L_1+L_2+L_4+L_6}\sin\omega t + \frac{D^2\gamma}{32\mu_\beta}\left(\frac{H_1}{L_1+L_2+L_4+L_6} + \frac{16\tau_0}{3D\gamma}\cdot\right.$$

$$\left.\frac{L_1-L_2+L_4-L_6}{L_1+L_2+L_4+L_6}\right) + C_6 e^{-\frac{32g}{D^2\gamma}\mu_\beta t}$$

$$a'_1 = -C_1 \frac{32g}{D^2\gamma}\mu_\beta e^{-\frac{32g}{D^2\gamma}\mu_\beta t} + r\omega^2 \frac{L_2+L_6}{L_1+L_2+L_4+L_6}\cos\omega t$$

$$a'_2 = -C_2 \frac{32g}{D^2\gamma}\mu_\beta e^{-\frac{32g}{D^2\gamma}\mu_\beta t} + r\omega^2 \frac{L_2+L_6}{L_1+L_2+L_4+L_6}\cos\omega t$$

$$a'_3 = 0$$

$$a_4' = -C_4 \frac{32g}{D^2\gamma}\mu_\beta e^{-\frac{32g}{D^2\gamma}\mu_\beta t} + r\omega^2 \frac{L_2+L_6}{L_1+L_2+L_4+L_6}\cos\omega t$$

$$a_5' = r\omega^2 \cos\omega t$$

$$a_6' = -C_6 \frac{32g}{D^2\gamma}\mu_\beta e^{-\frac{32g}{D^2\gamma}\mu_\beta t} - r\omega^2 \frac{L_1+L_4}{L_1+L_2+L_4+L_6}\cos\omega t$$

状态(49)

$$v_1' = C_1 e^{-\frac{32g\mu_\beta}{D^2\gamma}t} + r\omega \frac{(L_1+L_2+L_4+L_6)L_3+(L_1+L_2)(L_4-L_3)-(L_1+L_2+L_3+L_5)L_4}{(L_1+L_2)(L_3+L_4+L_5+L_6)+(L_3+L_5)(L_4+L_6)}\sin\omega t +$$

$$\frac{D^2\gamma}{32\mu_\beta}\cdot\frac{H_1(L_3+L_4+L_5+L_6)}{(L_1+L_2)(L_3+L_4+L_5+L_6)+(L_3+L_5)(L_4+L_6)}+\frac{D\tau_0}{6\mu_\beta}\cdot$$

$$\frac{(L_1+L_2-L_3+L_5)(L_1+L_2)+(L_1+L_2+L_3+L_5)(L_1+L_2+2L_6)}{(L_1+L_2)(L_3+L_4+L_5+L_6)+(L_3+L_5)(L_4+L_6)}$$

$$v_2' = C_2 e^{-\frac{32g\mu_\beta}{D^2\gamma}t} + r\omega \frac{(L_1+L_2+L_4+L_6)L_3+(L_1+L_2)(L_4-L_3)-(L_1+L_2+L_3+L_5)L_4}{(L_1+L_2)(L_3+L_4+L_5+L_6)+(L_3+L_5)(L_4+L_6)}\sin\omega t +$$

$$\frac{D^2\gamma}{32\mu_\beta}\cdot\frac{H_1(L_3+L_4+L_5+L_6)}{(L_1+L_2)(L_3+L_4+L_5+L_6)+(L_3+L_5)(L_4+L_6)}+$$

$$\frac{D\tau_0}{6\mu_\beta}\cdot\frac{(L_1+L_2-L_3+L_5)(L_1+L_2)+(L_1+L_2+L_3+L_5)(L_1+L_2+2L_6)}{(L_1+L_2)(L_3+L_4+L_5+L_6)+(L_3+L_5)(L_4+L_6)}$$

$$v_3' = C_3 e^{-\frac{32g\mu_\beta}{D^2\gamma}t} + r\omega\left[\frac{(L_1+L_2+L_4+L_6)L_3+(L_1+L_2)L_4}{(L_1+L_2)(L_3+L_4+L_5+L_6)+(L_3+L_5)(L_4+L_6)}-1\right]\sin\omega t +$$

$$\frac{D^2\gamma}{32\mu_\beta}\cdot\frac{(L_4+L_6)H_1}{(L_1+L_2)(L_3+L_4+L_5+L_6)+(L_3+L_5)(L_4+L_6)}+$$

$$\frac{D\tau_0}{6\mu_\beta}\cdot\frac{(L_1+L_2+L_4+L_6)(L_1+L_2+L_3+L_5)+(L_1+L_2)(L_1+L_2-L_3+L_5)}{(L_1+L_2)(L_3+L_4+L_5+L_6)+(L_3+L_5)(L_4+L_6)}$$

$$v_4' = C_4 e^{-\frac{32g\mu_\beta}{D^2\gamma}t} - r\omega\left[\frac{(L_1+L_2+L_3+L_5)L_4+(L_1+L_2)L_3}{(L_1+L_2)(L_3+L_4+L_5+L_6)+(L_3+L_5)(L_4+L_6)}-1\right]\sin\omega t +$$

$$\frac{D^2\gamma}{32\mu_\beta}\cdot\frac{(L_3+L_5)H_1}{(L_1+L_2)(L_3+L_4+L_5+L_6)+(L_3+L_5)(L_4+L_6)}-$$

$$\frac{D\tau_0}{6\mu_\beta} \cdot \frac{(L_1+L_2+L_3+L_5)(L_4-L_6)}{(L_1+L_2)(L_3+L_4+L_5+L_6)+(L_3+L_5)(L_4+L_6)}$$

$$v_5' = C_5 e^{-\frac{32g\mu_\beta}{D^2\gamma}t} + r\omega\frac{(L_1+L_2+L_4+L_6)L_3+(L_1+L_2)L_4}{(L_1+L_2)(L_3+L_4+L_5+L_6)+(L_3+L_5)(L_4+L_6)}\sin\omega t \ +$$

$$\frac{D^2\gamma}{32\mu_\beta} \cdot \frac{(L_4+L_6)H_1}{(L_1+L_2)(L_3+L_4+L_5+L_6)+(L_3+L_5)(L_4+L_6)} +$$

$$\frac{D\tau_0}{6\mu_\beta} \cdot \frac{(L_1+L_2+L_4+L_6)(L_1+L_2+L_3+L_5)+(L_1+L_2)(L_1+L_2-L_3+L_5)}{(L_1+L_2)(L_3+L_4+L_5+L_6)+(L_3+L_5)(L_4+L_6)}$$

$$v_6' = C_6 e^{-\frac{32g\mu_\beta}{D^2\gamma}t} - r\omega\frac{(L_1+L_2+L_3+L_5)L_4+(L_1+L_2)L_3}{(L_1+L_2)(L_3+L_4+L_5+L_6)+(L_3+L_5)(L_4+L_6)}\sin\omega t \ +$$

$$\frac{D^2\gamma}{32\mu_\beta} \cdot \frac{(L_3+L_5)H_1}{(L_1+L_2)(L_3+L_4+L_5+L_6)+(L_3+L_5)(L_4+L_6)} -$$

$$\frac{D\tau_0}{6\mu_\beta} \cdot \frac{(L_1+L_2+L_3+L_5)(L_4-L_6)}{(L_1+L_2)(L_3+L_4+L_5+L_6)+(L_3+L_5)(L_4+L_6)}$$

$$a_1' = r\omega^2\frac{(L_1+L_2+L_4+L_6)L_3+(L_1+L_2)(L_4-L_3)-(L_1+L_2+L_3+L_5)L_4}{(L_1+L_2)(L_3+L_4+L_5+L_6)+(L_3+L_5)(L_4+L_6)}\cos\omega t \ -$$

$$C_1\frac{32g\mu_\beta}{D^2\gamma}e^{-\frac{32g\mu_\beta}{D^2\gamma}t}$$

$$a_2' = r\omega^2\frac{(L_1+L_2+L_4+L_6)L_3+(L_1+L_2)(L_4-L_3)-(L_1+L_2+L_3+L_5)L_4}{(L_1+L_2)(L_3+L_4+L_5+L_6)+(L_3+L_5)(L_4+L_6)}\cos\omega t \ -$$

$$C_2\frac{32g\mu_\beta}{D^2\gamma}e^{-\frac{32g\mu_\beta}{D^2\gamma}t}$$

$$a_3' = r\omega^2\left[\frac{(L_1+L_2+L_4+L_6)L_3+(L_1+L_2)L_4}{(L_1+L_2)(L_3+L_4+L_5+L_6)+(L_3+L_5)(L_4+L_6)}-1\right]\cos\omega t \ -$$

$$C_3\frac{32g\mu_\beta}{D^2\gamma}e^{-\frac{32g\mu_\beta}{D^2\gamma}t}$$

$$a_4' = -r\omega^2\left[\frac{(L_1+L_2+L_3+L_5)L_4+(L_1+L_2)L_3}{(L_1+L_2)(L_3+L_4+L_5+L_6)+(L_3+L_5)(L_4+L_6)}-1\right]\cos\omega t \ -$$

$$C_4 \frac{32g\mu_\beta}{D^2\gamma} e^{-\frac{32g\mu_\beta}{D^2\gamma}t}$$

$$a_5' = -C_5 \frac{32g\mu_\beta}{D^2\gamma} e^{-\frac{32g\mu_\beta}{D^2\gamma}t} + r\omega^2 \frac{(L_1+L_2+L_4+L_6)L_3+(L_1+L_2)L_4}{(L_1+L_2)(L_3+L_4+L_5+L_6)+(L_3+L_5)(L_4+L_6)}\cos\omega t$$

$$a_6' = -C_6 \frac{32g\mu_\beta}{D^2\gamma} e^{-\frac{32g\mu_\beta}{D^2\gamma}t} - r\omega^2 \frac{(L_1+L_2+L_3+L_5)L_4+(L_1+L_2)L_3}{(L_1+L_2)(L_3+L_4+L_5+L_6)+(L_3+L_5)(L_4+L_6)}\cos\omega t$$

状态(50)

$$v_6' = C_6 e^{-\frac{32g}{D^2\gamma}\mu_\beta t} - r\omega \frac{L_4}{L_1+L_2+L_4+L_6}\sin\omega t + \frac{D^2\gamma}{32\mu_\beta}\left(\frac{H_1}{L_1+L_2+L_4+L_6} - \right.$$
$$\left. \frac{16\tau_0}{3D\gamma}\cdot\frac{L_1+L_2-L_4+L_6}{L_1+L_2+L_4+L_6}\right)$$

$$v_1' = C_1 e^{-\frac{32g}{D^2\gamma}\mu_\beta t} - r\omega \frac{L_4}{L_1+L_2+L_4+L_6}\sin\omega t + \frac{D^2\gamma}{32\mu_\beta}\left(\frac{H_1}{L_1+L_2+L_4+L_6} - \right.$$
$$\left. \frac{16\tau_0}{3D\gamma}\cdot\frac{L_1+L_2-L_4+L_6}{L_1+L_2+L_4+L_6}\right)$$

$$v_2' = C_2 e^{-\frac{32g}{D^2\gamma}\mu_\beta t} - r\omega \frac{L_4}{L_1+L_2+L_4+L_6}\sin\omega t + \frac{D^2\gamma}{32\mu_\beta}\left(\frac{H_1}{L_1+L_2+L_4+L_6} - \right.$$
$$\left. \frac{16\tau_0}{3D\gamma}\cdot\frac{L_1+L_2-L_4+L_6}{L_1+L_2+L_4+L_6}\right)$$

$$v_3' = -r\omega\sin\omega t$$

$$v_4' = C_4 e^{-\frac{32g}{D^2\gamma}\mu_\beta t} + r\omega \frac{L_1+L_2+L_6}{L_1+L_2+L_4+L_6}\sin\omega t + \frac{D^2\gamma}{32\mu_\beta}\left(\frac{H_1}{L_1+L_2+L_4+L_6} - \right.$$
$$\left. \frac{16\tau_0}{3D\gamma}\cdot\frac{L_1+L_2-L_4+L_6}{L_1+L_2+L_4+L_6}\right)$$

$$v_5' = 0$$

$$a_1' = -C_1 \frac{32g\mu_\beta}{D^2\gamma} e^{-\frac{32g}{D^2\gamma}\mu_\beta t} - r\omega^2 \frac{L_4}{L_1+L_2+L_4+L_6}\cos\omega t$$

$$a_2' = -C_2 \frac{32g\mu_\beta}{D^2\gamma} e^{-\frac{32g}{D^2\gamma}\mu_\beta t} - r\omega^2 \frac{L_4}{L_1+L_2+L_4+L_6}\cos\omega t$$

$$a_3' = -r\omega^2 \cos\omega t$$

$$a_4' = -C_4 \frac{32g\mu_\beta}{D^2\gamma} e^{-\frac{32g}{D^2\gamma}\mu_\beta t} + r\omega^2 \frac{L_1+L_2+L_6}{L_1+L_2+L_4+L_6}\cos\omega t$$

$$a_5' = 0$$

$$a_6' = -C_6 \frac{32g\mu_\beta}{D^2\gamma} e^{-\frac{32g}{D^2\gamma}\mu_\beta t} - r\omega^2 \frac{L_4}{L_1+L_2+L_4+L_6}\cos\omega t$$

# 冶金工业出版社部分图书推荐

| 书　名 | 定价(元) |
| --- | --- |
| 岩石动力学特性与爆破理论(第2版) | 40.00 |
| 采矿知识问答 | 35.00 |
| 采矿手册(第1卷) | 99.00 |
| 采矿手册(第2卷) | 165.00 |
| 采矿手册(第3卷) | 155.00 |
| 采矿手册(第4卷) | 139.00 |
| 采矿手册(第5卷) | 135.00 |
| 采矿手册(第6卷) | 109.00 |
| 采矿手册(第7卷) | 125.00 |
| 地下采矿技术 | 36.00 |
| 露天采矿技术 | 36.00 |
| 采矿工程师手册(上) | 196.00 |
| 采矿工程师手册(下) | 199.00 |
| 采矿知识500问 | 49.00 |
| 采矿技术 | 49.00 |
| 露天采矿机械 | 32.00 |
| 采矿概论(第2版) | 32.00 |
| 采矿学(第2版) | 58.00 |
| 大倾角松软厚煤层综放开采矿压显现<br>　特征及控制技术 | 25.00 |
| 现代采矿环境保护 | 32.00 |
| 地下矿山安全知识问答 | 35.00 |